教育部高等农林院校理科基础课程
教学指导委员会推荐示范教材

高等农林教育"十三五"规划教材

概率论与数理统计
学习指导
Guidance for Probability and Statistics

第2版

吴坚　程靖　武东　主编

中国农业大学出版社
·北京·

内 容 简 介

本书是教育部高等农林院校理科基础课程教学指导委员会推荐示范教材《概率论与数理统计(第2版)》(吴坚、程靖、武东主编)的配套辅导教材,按照"基础课教指委"新制定的教学基本要求进行编写。

本书共10章。内容包括:随机事件与概率、条件概率与独立性、一维随机变量及其分布、多维随机变量及其分布、随机变量的数字特征、大数定律和中心极限定理、数理统计的基本概念、参数估计、假设检验、方差分析与回归分析。本书通过补充电子课件、知识点讲解、典型习题讲解和自测题等多种形式的数字资源对内容进行补充和拓展。

本书可作为高等农林院校本科学生学习《概率论与数理统计》的同步辅导用书和学生考研前的复习指导书,也可作为教师的教学参考用书。

图书在版编目(CIP)数据

概率论与数理统计学习指导/吴坚,程靖,武东主编.—2版.—北京:中国农业大学出版社,2018.12

ISBN 978-7-5655-2159-1

Ⅰ.①概… Ⅱ.①吴…②程…③武… Ⅲ.①概率论-高等学校-教学参考资料②数理统计-高等学校-教学参考资料 Ⅳ.①O21

中国版本图书馆CIP数据核字(2018)第284250号

书　　名　概率论与数理统计学习指导　第2版
作　　者　吴　坚　程　靖　武　东　主编

策划编辑　张秀环　　责任编辑　韩元凤
封面设计　郑　川
出版发行　中国农业大学出版社
社　　址　北京市海淀区圆明园西路2号　　邮政编码　100193
电　　话　发行部 010-62818525,8625　　读者服务部 010-62732336
　　　　　编辑部 010-62732617,2618　　出　版　部 010-62733440
网　　址　http://www.caupress.cn.　　E-mail cbsszs@cau.edu.cn
经　　销　新华书店
印　　刷　北京时代华都印刷有限公司
版　　次　2018年12月第2版　2018年12月第1次印刷
规　　格　787×1 092　16开本　15.5印张　380千字
定　　价　40.00元

第 2 版编写人员

主　编　吴　坚（安徽农业大学）
　　　　程　靖（安徽农业大学）
　　　　武　东（安徽农业大学）

副主编　王建楷（安徽农业大学）
　　　　马　敏（安徽农业大学）
　　　　李　坦（安徽农业大学）
　　　　王　萍（安徽农业大学）

编　著（按姓氏笔画排序）
　　　　马　敏（安徽农业大学）
　　　　王建楷（安徽农业大学）
　　　　王　萍（安徽农业大学）
　　　　左振钊（河北北方学院）
　　　　刘爱国（安徽农业大学）
　　　　吴　坚（安徽农业大学）
　　　　李　坦（安徽农业大学）
　　　　陈德玲（安徽农业大学）
　　　　张世华（安徽农业大学）
　　　　武　东（安徽农业大学）
　　　　姚贵平（内蒙古农业大学）
　　　　秦志勇（安徽农业大学）
　　　　鲁春铭（沈阳农业大学）
　　　　程　靖（安徽农业大学）

第 1 版编写人员

主　编　吴　坚(安徽农业大学)
张录达(中国农业大学)
张长勤(安徽农业大学)

副主编　刘爱国(安徽农业大学)
徐凤琴(北京林业大学)
姚贵平(内蒙古农业大学)
吴清太(南京农业大学)
鲁春铭(沈阳农业大学)
吕金凤(河北科技师范学院)
左振钊(河北北方学院)

编　者(以姓氏笔画排列)
王建楷(安徽农业大学)
左振钊(河北北方学院)
吕金凤(河北科技师范学院)
刘爱国(安徽农业大学)
吴　坚(安徽农业大学)
吴清太(南京农业大学)
张长勤(安徽农业大学)
张录达(中国农业大学)
武　东(安徽农业大学)
姚贵平(内蒙古农业大学)
徐凤琴(北京林业大学)
章林忠(安徽农业大学)
曹宗宏(安徽农业大学)
鲁春铭(沈阳农业大学)

出版说明

在教育部高教司农林医药处的关怀指导下，由教育部高等农林院校理科基础课程教学指导委员会（以下简称“基础课教指委”）推荐的本科农林类专业数学、物理、化学基础课程系列示范性教材现在与广大师生见面了.这是近些年全国高等农林院校为贯彻落实“质量工程”有关精神，广大一线教师深化改革，积极探索加强基础、注重应用、提高能力、培养高素质本科人才的立项研究成果，是具体体现“基础课教指委”组织编制的相关课程教学基本要求的物化成果.其目的在于引导深化高等农林教育教学改革，推动各农林院校紧密联系教学实际和培养人才需求，创建具有特色的数理化精品课程和精品教材，大力提高教学质量.

课程教学基本要求是高等学校制定相应课程教学计划和教学大纲的基本依据，也是规范教学和检查教学质量的依据，同时还是编写课程教材的依据.“基础课教指委”在教育部高教司农林医药处的统一部署下，经过批准立项，于 2007 年年底开始组织农林院校有关数学、物理、化学基础课程专家成立专题研究组，研究编制农林类专业相关基础课程的教学基本要求，经过多次研讨和广泛征求全国农林院校一线教师意见，于 2009 年 4 月完成教学基本要求的编制工作，由“基础课教指委”审定并报教育部农林医药处审批.

为了配合农林类专业数理化基础课程教学基本要求的试行，“基础课教指委”统一规划了名为“教育部高等农林院校理科基础课程教学指导委员会推荐示范教材”（以下简称“推荐示范教材”）.“推荐示范教材”由“基础课教指委”统一组织编写出版，不仅确保教材的高质量，同时也使其具有比较鲜明的特色.

一、“推荐示范教材”与教学基本要求并行　教育部专门立项研究制定农林类专业理科基础课程教学基本要求，旨在总结农林类专业理科基础课程教育教学改革经验，规范农林类专业理科基础课程教学工作，全面提高教育教学质量.此次农林类专业数理化基础课程教学基本要求的研制，是迄今为止参与院校和教师最多、研讨最为深入、时间最长的一次教学研讨过程，使教学基本要求的制定具有扎实的基础，使其具有很强的针对性和指导性.通过“推荐示范教材”的使用推动教学基本要求的试行，既体现了“基础课教指委”对推行教学基本要求的决心，又体现了对“推荐示范教材”的重视.

二、规范课程教学与突出农林特色兼备　长期以来各高等农林院校数理化基础课程在教学计划安排和教学内容上存在着较大的趋同性和盲目性，课程定位不准，教学不够规范，必须科学地制定课程教学基本要求．同时由于农林学科的特点和专业培养目标、培养规格的不同，对相关数理化基础课程要求必须突出农林类专业特色．这次编制的相关课程教学基本要求最大限度地体现了各校在此方面的探索成果，“推荐示范教材”比较充分反映了农林类专业教学改革的新成果．

三、教材内容拓展与考研统一要求接轨　2008年教育部实行了农学门类硕士研究生统一入学考试制度．这一制度的实行，促使农林类专业理科基础课程教学要求作必要的调整．“推荐示范教材”充分考虑了这一点，各门相关课程教材在内容上和深度上都密切配合这一考试制度的实行．

四、多种辅助教材与课程基本教材相配　为便于导教导学导考，我们以提供整体解决方案的模式，不仅提供课程主教材，还将逐步提供教学辅导书和教学课件等辅助教材，以丰富的教学资源充分满足教师和学生的需求，提高教学效果．

乘着即将编制国家级“十二五”规划教材建设项目之机，“基础课教指委”计划将“推荐示范教材”整体运行，以教材的高质量和新型高效的运行模式，力推本套教材列入“十二五”国家级规划教材项目．

“推荐示范教材”的编写和出版是一种尝试，赢得了许多院校和老师的参与和支持．在此，我们衷心地感谢积极参与的广大教师，同时真诚地希望有更多的读者参与到“推荐示范教材”的进一步建设中，为推进农林类专业理科基础课程教学改革，培养适应经济社会发展需要的基础扎实、能力强、素质高的专门人才做出更大贡献．

中国农业大学出版社

2009年8月

第 2 版前言

本书是教育部高等农林院校理科基础课程教学指导委员会推荐示范教材《概率论与数理统计(第 2 版)》(吴坚、程靖、武东主编)的配套辅导教材，是以《概率论与数理统计学习指导》(吴坚等主编)为基础结合安徽农业大学统计系教学科研成果重新修订编写的数字化教材。与第 1 版相比，第 2 版主要具有以下几个特点：

1. 根据第 2 版教材的内容体系，对学习指导书的内容进行了调整，保持逻辑性和层次感的同时注重与教材的一致性。

2. 更新了学习指导书的部分习题，特别是增加了近年来研究生入学考试的部分真题，注重提高学生分析和解决实际问题的能力。

3. 补充了较为丰富的数字资源，包括电子课件、知识点讲解、典型习题讲解和自测题等多种形式。期望通过数字资源的设计和支持帮助学生扎实数学基础、提高学习效率和增强学习兴趣。

书中前面标有 * 号的内容读者可根据自身情况选学。

第 2 版由吴坚、程靖、武东担任主编，主要修订人员有王建楷、马敏、陈德玲、刘爱国、程靖、李坦、武东、王萍、张世华、秦志勇。全书由吴坚教授定稿。

十分感谢中国农业大学出版社对本书出版所给予的关心和支持。

由于编者水平有限，书中还有许多不足之处，期待广大专家、同行和读者指正。

编　者

2018 年 8 月

第 1 版前言

本书是教育部高等农林院校理科基础课程教学指导委员会推荐示范教材《概率论与数理统计》(吴坚、张录达主编)的配套辅导教材,适用于高等农林院校农林类各专业概率论与数理统计课程的教学与学习,也可作为高等农林院校其他专业学习该课程的辅导用书。该学习指导的编写参考了教育部高等农林院校理科基础课程教学指导委员会新组织制定的概率论与数理统计课程的教学基本要求,旨在帮助该课程的教学与学习,进一步提高学生运用所学知识分析和解决实际问题的数学能力。

该学习指导主要章节结构包含:教学基本要求与知识要点,例题解析,同步练习和学期的综合测试题等内容。本书的各章涵盖了主要学习内容、解题方法和习题解析,在分析过程中指出了学习的重点和难点,并对常用知识点进行了分析和考查,对教材中的大部分习题进行了详细解答,可以帮助学生进一步掌握各章内容。作为概率论与数理统计课程的学习指导,本书为读者精选了大量有针对性的同步测试题和习题,并编排了若干套综合测试卷,模拟该课程的考试,便于学生进行自我检测。书中带 * 的内容为选学内容。

本书编写主要由安徽农业大学完成。全书由安徽农业大学吴坚、刘爱国和张长勤统稿。

编者十分感谢教育部高等农林院校理科基础课程教学指导委员会和中国农业大学出版社对该教材的出版所给予的关心和大力支持。

囿于常识,书中难免存在不妥之处,期待广大读者和教师批评指正。

编者

2010 年 4 月

目录 CONTENTS

Chapter 1 第1章

随机事件与概率

Random Events an Probability

1.1 教学基本要求

1. 理解随机现象、随机试验、样本点、样本空间、随机事件等概念，掌握事件之间的关系与运算；

2. 理解频率的概念、概率的统计定义、概率的公理化定义，掌握概率的基本性质；

3. 了解概率的古典定义与几何定义，会计算简单的古典概率与几何概率.

1.2 知识要点

1.2.1 随机现象与随机试验

1. 随机现象

在一定的条件下一定会出现(或不出现)的现象称为**确定性现象**(或**必然现象**)，可能出现也可能不出现的现象称为**随机现象**. 在大量次观察或试验中，随机现象往往会表现出某种较强的规律性，称为随机现象的统计规律性，它往往反映了事物的某种本质属性.

2. 随机试验

如果一个试验具备以下特征：①可以在相同的条件下重复进行；②试验的所有可能结果是明确的，并且不止一个；③每次试验必然并且只会出现这些可能结果中的一个，但事先无法预知会出现哪个结果，这样的试验就称为**随机试验**，简称**试验**，常用字母 E 表示.

1.2.2 样本点与样本空间

1. 定义

随机试验的每个可能结果称为该试验的一个**样本点**，随机试验的所有样本点构成的集合称为该试验的**样本空间**(或**基本事件空间**),常用 Ω 表示.

2. 说明

样本空间可以是有限集合,也可以是无限集合. 一个随机试验的样本空间的描述方式往往不是唯一的. 也就是说,我们对样本空间的描述可以有不同的看法,只要有助于正确地解决实际问题即可.

1.2.3 随机试验的随机事件

1. 定义

随机试验的样本空间的一个子集合称为该随机试验的一个**随机事件**,简称**事件**. 通常用大写字母 A、B、C 等表示随机事件. 在每次试验中,当且仅当这一子集中的一个样本点出现时,称该**事件发生**.

二维码 1-1 第 1 章知识要点讲解 1(微视频)

2. 说明

只包含一个样本点的单点集称为**基本事件**. 样本空间 Ω 也表示一个事件,在每次试验中它都会发生,所以称 Ω 为**必然事件**. 空集∅也表示一个事件,在每次试验中都不会发生,所以称∅为**不可能事件**.

1.2.4 事件之间的关系与运算

设随机试验 E 的样本空间是 Ω,而 A、B、C、$A_k(k=1,2,\cdots)$是随机事件.

1. 事件的包含

若在一次试验中,只要事件 A 发生,事件 B 就一定发生,则称**事件 A 包含于事件 B**,或**事件 B 包含事件 A**,记为 $A\subset B$,或 $B\supset A$.

2. 事件的相等

若 $A\subset B$ 且 $B\subset A$,则称事件 A 与 B **相等**,或事件 A 与 B **等价**,记为 $A=B$.

3. 事件的和

对事件 A 和事件 B,称事件"A 与 B 至少有一个发生"为事件 A 与事件 B 的**和**或 A 与 B 的**并**,记为 $A\cup B$.

$$\bigcup_{i=1}^{n} A_i = A_1 \cup A_2 \cup \cdots \cup A_n = \{A_1,A_2,\cdots,A_n \text{ 至少有一个发生}\},$$

$$\bigcup_{i=1}^{\infty} A_i = A_1 \cup A_2 \cup \cdots = \{A_1,A_2,\cdots \text{ 至少有一个发生}\}.$$

4. 事件的积

对事件 A 和事件 B,称事件"A 与 B 同时发生"为 A 与 B 的**积**或 A 与 B 的**交**,记为 $A\cap B$ 或 AB.

$$\bigcap_{i=1}^{n} A_i = A_1 \cap A_2 \cap \cdots \cap A_n = \{A_1,A_2,\cdots,A_n \text{ 同时发生}\},$$

$$\bigcap_{i=1}^{\infty} A_i = A_1 \cap A_2 \cap \cdots = \{A_1,A_2,\cdots \text{ 同时发生}\}.$$

5. 事件的差

对事件 A 和事件 B,称事件"A 发生但 B 不发生"为 A 与 B 的**差**,记为 $A-B$.

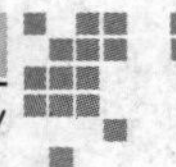

6. 事件的逆

对事件 A，称事件“A 不发生”为 A 的**对立事件**或**逆事件**，记为 $\bar{A}$.

7. 事件的互斥

若 $A\cap B=\varnothing$，则称事件 A 与 B **互斥**或 A 与 B **互不相容**.

8. 事件的互逆

若 $A\cap B=\varnothing$ 且 $A\cup B=\Omega$，称事件 A 与 B **互逆**或 A 与 B 互为**对立事件**. 通常记为 $\bar{A}=B$ 或 $\bar{B}=A$.

注 两个事件若互逆则必然互斥，但反之未必.

事件之间的关系与运算还满足下面这些性质：

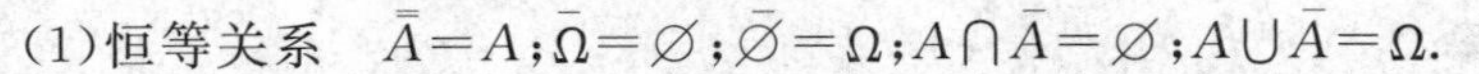

(1)恒等关系 $\bar{\bar{A}}=A$；$\bar{\Omega}=\varnothing$；$\bar{\varnothing}=\Omega$；$A\cap\bar{A}=\varnothing$；$A\cup\bar{A}=\Omega$.

(2)包含关系 $\varnothing\subset A\subset\Omega$；$AB\subset A\subset A\cup B$；$AB\subset B\subset A\cup B$.

(3)吸收律 若 $A\subset B$，则 $AB=A$，$A\cup B=B$.

(4)差化积 $A-B=A\cap\bar{B}$.

(5)交换律 $A\cup B=B\cup A$，$A\cap B=B\cap A$.

(6)结合律 $(A\cup B)\cup C=A\cup(B\cup C)$，
$(A\cap B)\cap C=A\cap(B\cap C)$.

(7)分配律 $(A\cup B)\cap C=(A\cap C)\cup(B\cap C)$，
$(A\cap B)\cup C=(A\cup C)\cap(B\cup C)$.

(8)对偶律 $\overline{A\cup B}=\bar{A}\cap\bar{B}$，$\overline{A\cap B}=\bar{A}\cup\bar{B}$.

二维码 1-2 第 1 章
知识要点讲解 2
(微视频)

其中交换律、结合律、分配律、对偶律皆可推广到多个事件的情形. 即

$$A\cap(A_1\cup A_2\cup\cdots\cup A_n)=(A\cap A_1)\cup(A\cap A_2)\cup\cdots\cup(A\cap A_n);$$

$$A\cup(A_1\cap A_2\cap\cdots\cap A_n)=(A\cup A_1)\cap(A\cup A_2)\cap\cdots\cap(A\cup A_n);$$

$$\overline{A_1\cup A_2\cup\cdots\cup A_n}=\bar{A}_1\cap\bar{A}_2\cap\cdots\cap\bar{A}_n;$$

$$\overline{A_1\cap A_2\cap\cdots\cap A_n}=\bar{A}_1\cup\bar{A}_2\cup\cdots\cup\bar{A}_n.$$

1.2.5 概率的统计定义

1. 频率的定义及其特性

设 E 是一个随机试验，A 是 E 的某个事件. 将试验 E 重复进行 n 次，引入记号：

$$f_n(A)=\frac{n_A}{n},$$

其中，n_A 表示 n 次试验中 A 发生的次数，$f_n(A)$称为 n 次试验中 A 发生的**频率**.

当试验次数 n 较小时，$f_n(A)$具有较大的不确定性. 但当 n 越来越大时，$f_n(A)$往往会越来越稳定地在某个常数附近摆动. 这种现象称为随机事件的频率稳定性，它是随机现象的统计规律性的重要体现.

2. 概率的统计定义

既然当试验次数 n 越来越大时，$f_n(A)$会越来越稳定地在某个常数附近摆动，我们就将此常数定义为事件 A 的概率，记为 $P(A)$.

二维码 1-3 第 1 章
知识要点讲解 3
(微视频)

1.2.6 概率的公理化定义

设随机试验 E 的样本空间为 Ω,对于 E 的任一事件 A,赋予一个实数 $P(A)$,如果它满足以下三条性质:

(1)非负性 $P(A)\geqslant 0$;

(2)规范性 $P(\Omega)=1$;

(3)可列可加性 对于可列无限个两两互不相容的事件 $A_i(i=1,2,\cdots)$,有

$$P(\bigcup_{i=1}^{\infty} A_i)=\sum_{i=1}^{\infty} P(A_i),$$

则称 $P(A)$ 为事件 A 的概率.

1.2.7 概率的基本性质

性质 1 不可能事件的概率为 0,即 $P(\varnothing)=0$.

性质 2 **(有限可加性)** 设 $A_1,A_2,\cdots,A_n$ 是两两互不相容的随机事件,即

$$A_iA_j=\varnothing,\ i\neq j,\ i,j=1,2,\cdots,n,\ \text{则}:P(\bigcup_{i=1}^{n} A_i)=\sum_{i=1}^{n} P(A_i).$$

性质 3 对任意事件 A,有:$P(\bar{A})=1-P(A)$.

性质 4 若事件 A 与 B 满足 $A\subset B$,则:$P(B-A)=P(B)-P(A)$.

推论 若 $A\subset B$,则:$P(A)\leqslant P(B)$;对任意事件 A,有:$P(A)\leqslant 1$.

性质 5(减法公式) 对任意两事件 A 与 B,有 $P(A-B)=P(A)-P(AB)$.

性质 6(加法公式) 对任意两事件 A 与 B,有 $P(A\cup B)=P(A)+P(B)-P(AB)$.

推论 对任意三个事件 A,B,C,有

$$P(A\cup B\cup C)=P(A)+P(B)+P(C)-P(AB)-P(AC)-P(BC)+P(ABC).$$

二维码 1-4 第 1 章
知识要点讲解 4
(微视频)

1.2.8 古典概型

1. 古典概型

若随机试验 E 的样本空间 $\Omega=\{\omega_1,\omega_2,\cdots,\omega_n\}$,$n$ 为有限正整数,各样本点发生的可能性相等,即 $P(\omega_1)=P(\omega_2)=\cdots=P(\omega_n)=1/n$,则称 E 是个**古典概型试验**,简称**古典概型**.

2. 古典概率

设 E 是古典概型,E 的事件 A 是由 E 的 m 个不同的样本点组成的,则事件 A 发生的概率为

$$P(A)=m/n=\frac{A\text{ 包含的样本点个数}}{E\text{ 的样本点总数}}.$$

A 包含的每个样本点也称为 A 的一个有利场合,m 也就是 A 的有利场合数. 按上式计算出的概率称为**古典概率**.

一个特例：抽签原理 设 n 个签中有 m 个好签，现有若干个人依次来抽签，每人抽一个签，抽后不放回，则每个人抽到好签的概率都是 m/n.

1.2.9 几何概型

1. 几何概型

设随机试验 E 的样本空间 Ω 是一个测度有限的区域，若样本点随机落在 Ω 内任何子区域 A 内的可能性大小只与 A 的测度成正比，而与 A 的形状、位置无关，则称 E 是一个**几何概型试验**，简称**几何概型**.

2. 几何概率

设 E 是上述几何概型，我们仍用 A 表示"样本点落入 Ω 的某一子区域 A 内"这一事件，则 A 发生的概率为

$$P(A)=\frac{A\text{ 的测度}}{\Omega\text{ 的测度}}.$$

按上式计算出的概率称为**几何概率**.

二维码 1-5 第 1 章
知识要点讲解 5
（微视频）

1.3 例题解析

例 1.1 描述下列各随机试验的样本空间 Ω：

(1)同时掷三颗骰子，记录三颗骰子的点数之和.

(2)10 只产品中有 3 只次品，每次从中任取一只(不放回抽样)，直到将 3 只次品都取出，记录抽取的次数.

(3)生产产品直到得到 10 件正品，记录生产产品的总件数.

(4)甲乙二人下棋一局，观察棋赛结果.

(5)将一尺之棰折成三段，观察各段的长度.

(6)在单位圆内任取一点，记录它的坐标.

二维码 1-6 第 1 章
基本要求与知识
要点

解 (1)$\Omega=\{3,4,5,\cdots,18\}$.

(2)$\Omega=\{3,4,5,\cdots,10\}$.

(3)$\Omega=\{10,11,12,\cdots\}$.

(4)$\Omega=\{$甲胜，乙胜，和局$\}$.

(5)$\Omega=\{(x,y,z)\mid x+y+z=1,x,y,z>0\}$，其中 x,y,z 分别表示第一段、第二段、第三段的长度，单位为"尺".

(6)$\Omega=\{(x,y)\mid x^2+y^2<1,x\in R,y\in R\}$.

例 1.2 描述以下随机试验 E 的样本空间 Ω，并将有关事件表示为 Ω 的子集合.

(1)E 表示"随意抛掷一粒均匀的骰子"，$A=\{$点数为奇$\}$，$B=\{$点数$\geqslant 4\}$，$C=\{$点数$\leqslant 6\}$，$D=\{$点数$>6\}$.

(2)E 表示"随意抛掷三枚均匀的硬币"，$A=\{$恰有一枚正面朝上$\}$，$B=\{$至少二枚正面朝上$\}$，$C=\{$三枚都正面朝上$\}$.

(3)袋中装有两只白球和两只黑球，E 表示"从袋中先后取出一球"，$A=\{$第一次摸出的

是黑球},B={第二次摸出的是黑球},C={两次摸出的都是黑球}.

解 (1)$\Omega=\{1,2,3,4,5,6\}$,其中"1"表示"掷这粒骰子得到1点",其余符号的意思类推.

$$A=\{1,3,5\},\quad B=\{4,5,6\},\quad C=\{1,2,3,4,5,6\}=\Omega,\quad D=\varnothing.$$

(2)设三枚硬币分别是甲、乙、丙,用111表示"甲正、乙正、丙正",110表示"甲正、乙正、丙反",其余符号的意思类推.则:

$$\Omega=\{111,110,101,100,011,010,001,000\},$$

$$A=\{100,010,001\},\quad B=\{111,110,101,011\},\quad C=\{111\}.$$

(3)将四个球分别编号为1、2、3、4,其中1号与2号为白球,3号与4号为黑球.我们用12表示"先取出1号球后取出2号球",其余符号的意思类推.则:

$$\Omega=\{12,13,14,21,23,24,31,32,34,41,42,43\},$$

$$A=\{31,32,34,41,42,43\},\quad B=\{13,14,23,24,34,43\},\quad C=\{34,43\}.$$

例1.3 举出几个必然事件、不可能事件和随机事件的例子.

解 例如,随意抛掷一粒骰子,"得到的点数$\leqslant 6$"是必然事件,"得到的点数>6"是不可能事件,"得到的点数为偶数"是随机事件.又如,随意抛掷三枚硬币,以X、Y分别表示出现正面与反面的次数,则"$X+Y=3$"是必然事件,"$|X-Y|=2$"是不可能事件,"$|X-Y|=1$"是随机事件.

例1.4 设A、B是两个随机事件,则以下命题中不正确的是( ).

(A)若$A\subset B$,则$AB=A$; (B)若$A\subset B$,则$A\cup B=B$;

(C)若$A\subset B$,则$\bar{B}\supset\bar{A}$; (D)若$AB=\varnothing$,$C\subset B$,则$AC=\varnothing$.

分析 由于A、B是样本空间Ω的子集合,故可使用文氏图工具来帮助分析.

解 在(A)(B)(C)中,事件A、B的关系如图1.1所示.在(D)中,事件A、B、C的关系如图1.2所示.显然,只有(C)是不正确的.应该选(C).

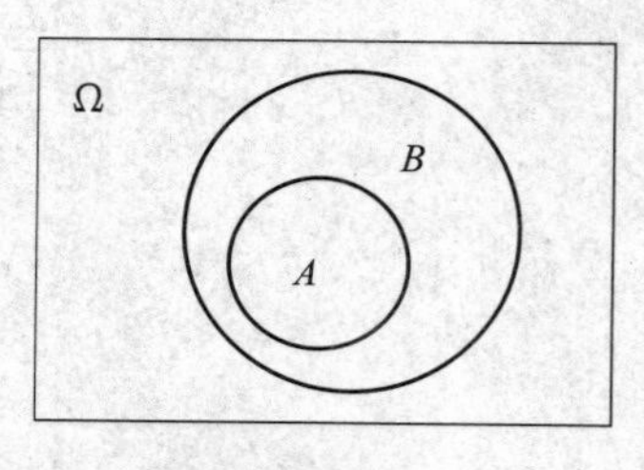

图1.1

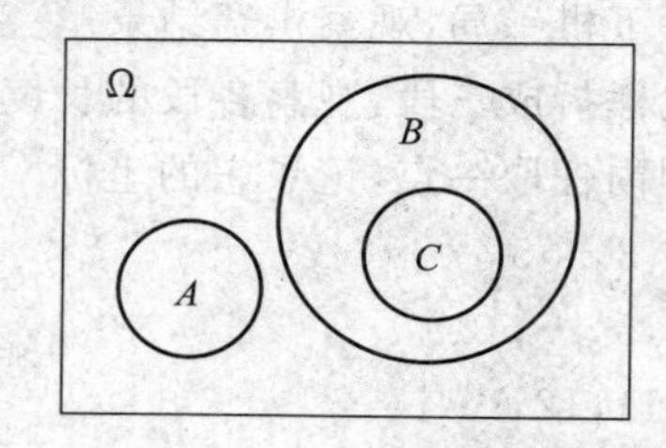

图1.2

例1.5 设$\Omega=\{1,2,\cdots,10\}$,$A=\{2,3,4\}$,$B=\{3,4,5\}$,$C=\{5,6,7\}$,则$\overline{\bar{A}\,\bar{B}}=$( ).

(A)$\{1,2,3\}$ (B)$\{2,3,4,5\}$

(C)$\{5\}$ (D)$\{4,5,6\}$

解 应该选(B).理由:$\overline{\bar{A}\,\bar{B}}=\overline{\overline{A\cup B}}=A\cup B$.

例1.6 设A、B、C是三个事件,则"A、B、C最多有一个发生"可以表示为( ).

(A)$A\bar{B}\bar{C}\cup\bar{A}B\bar{C}\cup\bar{A}\bar{B}C\cup\bar{A}\bar{B}\bar{C}$ (B)$A\cup B\cup C$

(C)$\bar{A}\bar{B}\cup\bar{A}\bar{C}\cup\bar{B}\bar{C}$ (D)$\overline{(A\cup B)(A\cup C)(B\cup C)}$

解 "A、B、C最多有一个发生"意思就是"A、B、C都不发生或仅有一个发生",故选项

(A)是正确的. 其意思也是“A、B、C 中至少有两个不发生”，故选项(C)也是正确的. 又 $\overline{(A\cup B)(A\cup C)(B\cup C)}=\overline{(A\cup B)}\cup\overline{(A\cup C)}\cup\overline{(B\cup C)}=\bar{A}\bar{B}\cup\bar{A}\bar{C}\cup\bar{B}\bar{C}$，故(D)也是正确的. (B)表示“$A$、$B$、$C$ 至少有一个发生”，不能选. 综上，应选(A)(C)(D).

例 1.7 在植保系学生中任选一个，用 A 表示所选学生是男生，B 表示该生是三年级学生，C 表示该生是运动员：(1)叙述事件 $AB\bar{C}$ 的含义；(2)什么时候 $AC=C$ 成立？(3)什么时候 $\bar{A}=B$ 成立？(4)$\bar{A}\cup B\subset\bar{C}$ 是什么含义？

二维码 1-7 第 1 章 典型例题讲解 1 (微视频)

分析 此类题要求准确理解 $A\cap B, AB, A\cup B, A\subset B, A=B, \bar{A}$ 等符号的含义.

解 (1)该生是三年级男生，但不是运动员；(2)全系运动员都是男生；(3)全系女生都在三年级，且三年级学生都是女生；(4)运动员中没有女生也没有三年级学生.

例 1.8 设随机事件 A 与 B 互不相容，则以下选项不一定正确的是________.

(A)$P(A\cup B)=P(A)+P(B)$　　(B)$P(A-B)=P(A)$

(C)$P(\bar{A}\cup\bar{B})=1$　　(D)$P(AB)=P(A)P(B)$

解 因为 A 与 B 互不相容，故 $AB=\varnothing$，$P(AB)=0$. 故应该选(D)，理由是：

选项(A)一定成立，因为 $P(A\cup B)=P(A)+P(B)-P(AB)=P(A)+P(B)$.

选项(B)一定成立，因为 $P(A-B)=P(A)-P(AB)=P(A)$.

选项(C)一定成立，因为 $P(\bar{A}\cup\bar{B})=P(\overline{A\cap B})=1-P(AB)=1$.

选项(D)表示“A 与 B 相互独立”，与“A 与 B 互不相容”不是同一个概念.

例 1.9 用“$\leqslant$”连接 $P(A)$，$P(A\cup B)$，$P(AB)$ 和 $P(A)+P(B)$，并说明理由.

分析 本题考查概率的性质和运算.

解 因为 $AB\subset A$，故 $P(AB)\leqslant P(A)$；因为 $A\subset(A\cup B)$，故 $P(A)\leqslant P(A\cup B)$；因为

$$P(A\cup B)=P(A)+P(B)-P(AB),\quad 而\ P(AB)\geqslant 0,$$

$$故: P(A\cup B)\leqslant P(A)+P(B).$$

所以

$$P(AB)\leqslant P(A)\leqslant P(A\cup B)\leqslant P(A)+P(B).$$

例 1.10 设 A，B 是两个事件，$P(A)=0.6$，$P(B)=0.8$.

(1)在什么条件下，$P(AB)$取到最大值？最大值是多少？

(2)在什么条件下，$P(AB)$取到最小值？最小值是多少？

解 (1)由于 $AB\subset A$，故 $P(AB)\leqslant P(A)=0.6$. 而当 $A\subset B$ 时，$P(AB)=P(A)=0.6$. 故当 $A\subset B$ 时，$P(AB)$取到最大值，最大值为 0.6.

(2)由于 $P(A\cup B)=P(A)+P(B)-P(AB)=1.4-P(AB)\leqslant 1$，故 $P(AB)\geqslant 0.4$. 而当 $P(A\cup B)=1$ 时，$P(AB)=0.4$. 故当 $P(A\cup B)=1$ 时，$P(AB)$取到最小值 0.4.

例 1.11 设 A，B 是两个事件，$P(A)=0.7$，$P(A-B)=0.3$，求 $P(\overline{AB})$.

解 由 $P(A-B)=P(A)-P(AB)$，得 $P(AB)=0.4$. 因此，$P(\overline{AB})=1-P(AB)=0.6$.

例 1.12 设事件 A，B，C 满足

$P(A)=P(B)=P(C)=1/4$，$P(AB)=P(BC)=0$，$P(AC)=1/8$，求 A，B，C 至少发生一

个的概率.

解 由于 $ABC \subset AB$,故 $P(ABC) \leqslant P(AB)=0$,所以 $P(ABC)=0$. 因此 A,B,C 至少发生一个的概率为

$$\begin{aligned} P(A \cup B \cup C) &= P(A)+P(B)+P(C)-P(AB)-P(AC)-P(BC)+P(ABC) \\ &= 1/4+1/4+1/4-0-1/8-0+0=5/8. \end{aligned}$$

例 1.13 若 $P(A)=0.5, P(B)=0.3, P(A \cup B)=0.6$,求 $P(\overline{AB}), P(A-B)$ 及 $P(\bar{A}-\bar{B})$.

解 由于 $P(A \cup B)=P(A)+P(B)-P(AB)$,所以得 $P(AB)=0.2$.

故

$$P(\overline{AB})=1-P(AB)=0.8, \quad P(A-B)=P(A)-P(AB)=0.3,$$

$$P(\bar{A}-\bar{B})=P(\bar{A} \cap \bar{\bar{B}})=P(\bar{A} \cap B)=P(B-A)=P(B)-P(BA)=0.1.$$

二维码 1-8 第 1 章典型例题讲解 2(微视频)

例 1.14 求出例 1.2 中所有事件发生的概率.

分析 例 1.2 中的几个随机试验的样本空间中都包含了有限个等可能发生的样本点,是古典概型,故可以用概率的古典定义求有关事件的概率.

解 (1)$P(A)=3/6=1/2, P(B)=3/6=1/2, P(C)=6/6=1, P(D)=0/6=0$.

(2)$P(A)=3/8, P(B)=4/8=1/2, P(C)=1/8$.

(3)$P(A)=6/12=1/2, P(B)=6/12=1/2, P(C)=2/12=1/6$.

二维码 1-9 第 1 章典型例题讲解 3(微视频)

注 本题较简单,因为分母与分子较小,可以用列举法统计. 但若问题稍微复杂一点,要计算分母与分子,就要用到排列与组合的基本知识,比如下面的几个例题. 读者通过这些例题,可以掌握一些解决古典概型问题的基本方法与技巧.

例 1.15 有 8 件产品,其中有 5 件正品与 3 件次品,从中任取 4 次,

(1)若采取“不放回抽样”的方式,求“恰好取出 2 件正品”的概率.

(2)若采取“有放回抽样”的方式,求“恰好取出 2 件正品”的概率.

解 如图 1.3 所示,可以采用“假想编号”与“假想填空”的考虑方法. 第 i 次取出的是几号产品,就在第 i 个空填几,$i=1,2,3,4$.

(1)若采取“不放回抽样”的方式,取出的 4 件产品互不相同,这时基本事件总数为 A_8^4. 有利场合是:先在 4 个空格中任选 2 个,再从①②③④⑤中任选 2 个,排列到选出的这 2 个空格中,最后从⑥⑦⑧中任选 2 个,排列到剩下的 2 个空格中,所以有利场合数是 $C_4^2 A_5^2 A_3^2$. 故“恰好取出 2 件正品”的概率是

$$\frac{C_4^2 A_5^2 A_3^2}{A_8^4}=3/7.$$

(2)若采取“有放回抽样”的方式,取出的 4 件产品可以相同,这时基本事件总数为 $8 \cdot 8 \cdot 8 \cdot 8=8^4$. 有利场合是:先在 4 个空格中任选 2 个,再将选出的这 2 个空格填入①②③④⑤(可以重复),最后将剩下的 2 个空格填入⑥⑦⑧(可以重复),所以有利场合数是 $C_4^2 \cdot 5 \cdot 5 \cdot 3 \cdot 3$. 故“恰好取出 2 件正品”的概率是

$$\frac{C_4^2 \cdot 5 \cdot 5 \cdot 3 \cdot 3}{8^4} \approx 33\%.$$

例 1.16 袋中有 5 个黑球与 3 个白球，它们除了颜色不同外没有区别. 现将球随机地一只只摸出来，求“第 k 次摸出的球是黑球”的概率. ($k=1,2,\cdots,8$)

解法 1 如图 1.4 所示，假设 8 个球进行了编号，1、2、3、4、5 号为黑球，6、7、8 号为白球. 第 i 次取出的是几号球，就在第 i 个空填几，$i=1,2,\cdots,8$. 显然基本事件的总数为 $A_8^8=8!$. 有利场合是：先在第 k 个空格中随意填入 1 个黑球号码，再将其余 7 个号码随意排列到其余 7 个空格中，所以有利场合数是 $5\cdot 7!$. 所求的概率是

$$\frac{5\cdot 7!}{8!}=5/8.$$

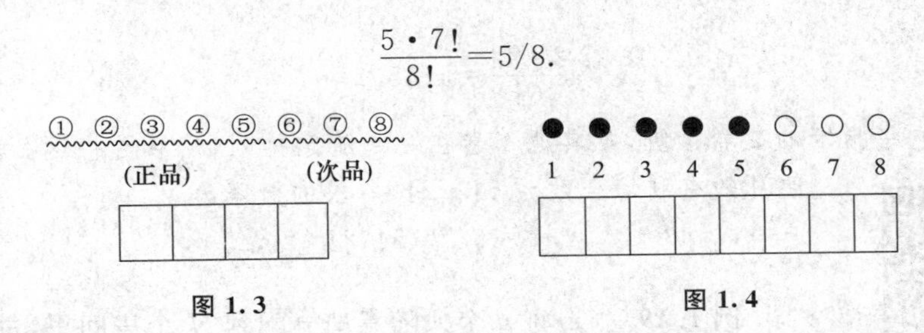

图 1.3　　图 1.4

解法 2 假设这 8 个球没有进行编号，即 5 个黑球之间看不出任何区别，3 个白球之间也看不出任何区别. 这时应将图 1.4 中的编号划去. 将这 8 个球随意摆放在 8 个空格中，相当于在 8 个空中任选 5 个位置放黑球，基本事件总数为 C_8^5. 有利场合是：先将第 k 个空格放入 1 个黑球，再从剩下的 7 个空格中任选 4 个，将剩下的 4 个黑球放进去，最后将 3 个白球放入剩下的 3 个空格中去，所以有利场合数是 $1\cdot C_7^4\cdot 1$. 所求的概率是

$$\frac{1\cdot C_7^4\cdot 1}{C_8^5}=5/8.$$

注 1 以上两种解法的区别是对样本空间的描述方式不同. 解法 1 认为样本空间含有 $8!$ 个样本点，而解法 2 认为样本空间含有 C_8^5 个样本点. 这两种考虑方法都是合理的，得到的结果也是一样的. 由于样本空间的描述方式往往不是唯一的，所以古典概型问题经常可以一题多解.

注 2 用本题中的方法，可以证明如下的“抽签原理”：设 n 个签中有 m 个“好签”，若干个人依次抽签，每人抽一个签，抽后不放回，则第 k 个人抽到好签的概率是 m/n. 其中 k 可以是 $1,2,3,\cdots,n$. 很明显若每人抽的签都放回去，结论也是一样的. 总之，各人抽到好签的概率与抽签次序无关，也与抽签方式(放回或不放回)无关，仅与好签所占的比例有关. 有些问题实质上是抽签问题，可直接利用上述结论.

例 1.17 在 10 件产品中有 8 件正品与 2 件次品，从中任取 3 件，每次取后不放回，求“第 3 次取得正品”的概率.

分析 本题实质上是个抽签问题，相当于：有 10 个签，其中有 8 个好签，3 个人依次去抽签，每人抽一个，抽后不放回，则第 3 个人抽到好签的概率是多少?

解 直接根据“抽签原理”，无论问第几次取得正品的概率，答案都是一样的，就是正品在所有产品中所占的比例，即 0.8.

例 1.18 一部 6 卷的文集随意排列到书架上去，求下列事件的概率：(1)该文集自右向

左或自左向右恰成顺序；(2)第一卷及第五卷出现在两边；(3)指定的两卷放在一起.

解 基本事件总数就是6个元素的全排列总数，即6!.

(1)该文集自右向左或自左向右恰成顺序的排列方法有2种，即有利场合数为2，故该文集自右向左或自左向右恰成顺序的概率为

$$\frac{2}{6!}=1/360.$$

(2)第一卷及第五卷出现在两边，可能是第一卷在左、第五卷在右，也可能是第一卷在右、第五卷在左，而其余四卷可以在中间的四个位置随意排列，所以有利场合数为2·4!，所求的概率为

$$\frac{2\cdot 4!}{6!}=1/15.$$

(3)设想先将指定的2卷捆绑，与其他4卷在一起随意排列，然后再将这2卷随意排列，便可知有利场合数为5!·2!. 所求的概率为

$$\frac{5!\ 2!}{6!}=1/3.$$

二维码 1-10 第1章 典型例题讲解4 (微视频)

例 1.19 (1)将n个人随意地分配到N个房间里，每间房可以分进多人，求没有任何两人被分配到同一个房间内的概率($n\leqslant N$)；(2)求“40个人中没有任何两人生日相同”的概率.(生日相同指几月几日出生相同)

解 (1)每个人都可能有N种分配结果，故由乘法原理，基本事件总数为N^n. 有利场合是：先从N个房间里任选n个房间，再将n个人随意排列到选出的n个房间里，一人一房，故包含的基本事件数为$C_N^n\cdot n!$. 所求的概率是

$$\frac{C_N^n\cdot n!}{N^n}.$$

(2)由于对这40个人的生日状况一无所知，只能认为每个人在一年的365天里，任何两天过生日的概率都是一样的. 这样问题就相当于第(1)小题中$n=40$，$N=365$的情形，即“40个人中没有任何两人生日相同”的概率是

$$\frac{C_{365}^{40}\cdot 40!}{365^{40}}\approx 10.9\%.$$

注 例1.17与例1.19都说明，概率论中有许多问题，表面上看起来不同，本质上却是一样的. 另外，40个人中没有任何两人生日相同的概率是10.9%，此概率可能小得出乎许多人的想象，这说明直觉往往是不可靠的.

例 1.20 一批产品共50件，其中有46件合格品，4件废品，现从中任取3件，其中有废品的概率是多少？有废品但不超过2件的概率是多少？

解 设$A_i=\{$取出的3件产品中有i件废品$\}(i=0,1,2,3)$，则

$$P(A_0)=\frac{C_{46}^3\cdot C_4^0}{C_{50}^3}=0.774\,5,\quad P(A_1)=\frac{C_{46}^2\cdot C_4^1}{C_{50}^3}=0.211\,2,\quad P(A_2)=\frac{C_{46}^1\cdot C_4^2}{C_{50}^3}=0.014\,1.$$

所以有废品的概率是

$$P(\overline{A_0})=1-P(A_0)=1-0.774\,5=0.225\,5,$$

有废品但不超过2件的概率是

$$P(A_1 \cup A_2)=P(A_1)+P(A_2)=0.2253.$$

例1.21 袋中有2个伍分，3个贰分和5个壹分的硬币，现任取5枚，求钱额总数超过壹角的概率.

解 10枚硬币任取5枚，有$C_{10}^5=252$种等可能的取法.只要知道钱额总数超过壹角的取法数，便可求出所求的概率.而钱额总数超过壹角的取法，有且只有以下三种：

①两个伍分都被取出，这种取法有$C_2^2C_8^3=56$种；

②取出了一个5分，三个2分，一个1分，这种取法有$C_2^1C_3^3C_5^1=10$种；

③取出了一个5分，二个2分，二个1分，这种取法有$C_2^1C_3^2C_5^2=60$种.

因此，取出的5枚硬币钱额总数超过壹角的概率为

$$\frac{56+10+60}{252}=126/252=1/2.$$

例1.22 有n双相异的鞋，共$2n$只，随机地分成n堆，每堆2只，求各堆鞋都自成一双的概率.

解 $2n$只鞋随机地分成n堆，每堆2只，相当于这$2n$只鞋无放回地抽取n次，每次抽2只，所有可能结果的种数为：$C_{2n}^2C_{2n-2}^2C_{2n-4}^2\cdots C_4^2C_2^2$，它们是等可能发生的.各堆鞋都自成一双的事件是：每一双的两只都被系在一起，不会分开，将这n双鞋无放回地抽取n次，每双作为一堆，也就相当于n双鞋做了一次全排列，故可能抽取方法为$n!$.

于是所求的概率为：

$$\frac{n!}{C_{2n}^2C_{2n-2}^2C_{2n-4}^2\cdots C_4^2C_2^2}=$$

$$\frac{n!}{\frac{2n\cdot(2n-1)}{2}\cdot\frac{(2n-2)\cdot(2n-3)}{2}\cdot\frac{(2n-4)\cdot(2n-5)}{2}\cdots\frac{4\times 3}{2}\cdot\frac{2\times 1}{2}}$$

$$=\frac{n!}{[n(n-1)(n-2)\cdots 2\cdot 1]\cdot[(2n-1)(2n-3)(2n-5)\cdots 3\cdot 1]}=\frac{1}{(2n-1)!!}.$$

注 当k为奇数时，$k!!=1\cdot 3\cdot 5\cdots k$；当$k$为偶数时，$k!!=2\cdot 4\cdot 6\cdots k$.

例1.23 在10件产品中有2件一级品，现采用有放回抽样(每次任取一件)，则必须抽取多少次，才能使至少取得一件一级品的概率不小于0.99?

解 对10件产品有放回地抽取n次，一共有10^n个可能结果.其中一件一级品也没取到的结果有8^n个，一件一级品也没取到的概率是

$$\frac{8^n}{10^n}=0.8^n,$$

至少取得一件一级品的概率是$1-0.8^n$.要使此概率不小于0.99，即：$1-0.8^n\geqslant 0.99$，n就必须满足：$0.8^n\leqslant 0.01$，即$n\cdot\ln 0.8\leqslant\ln 0.01$，也就是

$$n\geqslant\frac{\ln 0.01}{\ln 0.8}\approx 20.6.$$

因此，至少要抽取21次，才能使至少取得一件一级品的概率不小于0.99.

例1.24 在正方形$\{(p,q)\mid -1\leqslant p\leqslant 1,-1\leqslant q\leqslant 1\}$中任意取一点$(p,q)$，求一元二次方程$x^2+px+q=0$有实根的概率.

解 (p,q)随机、等可能地落在图 1.5 中的正方形内. 方程 $x^2+px+q=0$ 有实根的充要条件是其判别式大于或等于零，即 $q\leqslant\frac{p^2}{4}$，此时(p,q)落在图中的阴影部分. 阴影部分的面积为

$$2\int_0^1\frac{x^2}{4}\mathrm{d}x+2=13/6.$$

根据概率的几何定义，所求的概率是阴影部分的面积与整个正方形的面积之比，即

$$\frac{13/6}{4}=13/24.$$

例 1.25 在长为 a 的线段内任取两点将其分成三段，求它们可以构成三角形的概率.

解 本题需要用到如下几何常识：三条线段能构成三角形的充要条件是其中任意两条线段的长度之和大于另一条线段的长度.

设线段为 OA，沿 OA 建立数轴，O 点为原点，A 点坐标为 a. 在 OA 内任取两点，设这两点的坐标分别为 x 与 y，则 x 与 y 都随机、等可能地落在$(0,a)$内，故(x,y)随机、等可能地落在图 1.6 中的大正方形之内.

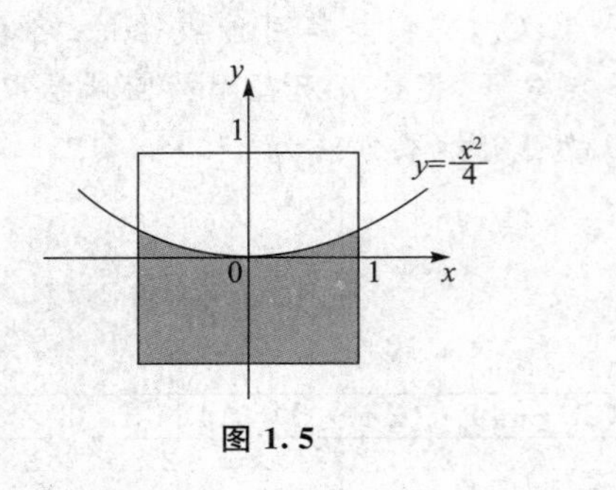

图 1.5

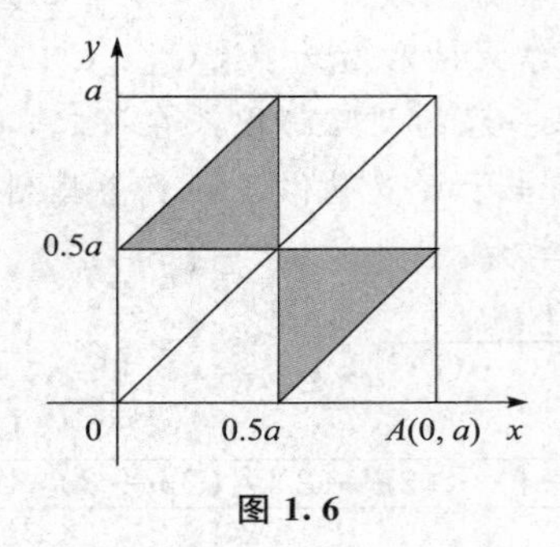

图 1.6

如果 $x<y$，则 OA 被分成长度分别为 $x-0,y-x,a-y$ 的三段，能够构成三角形的充要条件是

$$\begin{cases}(x-0)+(y-x)>a-y\\(x-0)+(a-y)>y-x,\\(y-x)+(a-y)>x-0\end{cases}\quad 即\begin{cases}y>0.5a\\y<x+0.5a.\\x<0.5a\end{cases}$$

如果 $y<x$，则 OA 被分成长度分别为 $y-0,x-y,a-x$ 的三段，能够构成三角形的充要条件是

$$\begin{cases}(y-0)+(x-y)>a-x\\(y-0)+(a-x)>x-y,\\(x-y)+(a-x)>y-0\end{cases}\quad 即\begin{cases}x>0.5a\\y>x-0.5a.\\y<0.5a\end{cases}$$

这样就不难知道，OA 被分成的三段能构成三角形的充要条件是：(x,y)落在图 1.6 中的阴影部分. 由概率的几何定义，所求的概率是阴影部分的面积除以整个大正方形的面积，即

$$\frac{(1/2\times0.5a\times0.5a)\times2}{a^2}=1/4.$$

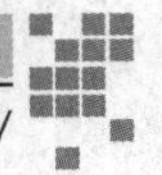

1.4 同步练习

1. 设 $\Omega=\{1,2,3,4,5,6,7,8,9,10\}$，$A=\{2,3,4\}$，$B=\{3,4,5\}$，$C\{5,6,7\}$，求：
(1)$\bar{\bar{A}}\,\bar{\bar{B}}$；(2)$\overline{A(\bar{A}\,\bar{C})}$.

2. 设 $\Omega=\{x|0\leqslant x\leqslant 2\}$，$A=\{x|1/2<x\leqslant 1\}$，$B=\{x|1/4\leqslant x<3/2\}$，具体写出下列各事件：
(1)$\overline{A\cup B}$；　(2)$A\cup\bar{B}$；　(3)$\overline{AB}$；　(4)$\bar{A}B$.

3. 某工厂每天分三班生产，事件 A_i 表示第 i 班超额完成生产任务$(i=1,2,3)$，则至少有两班超额完成生产任务可以表示为________.（多项选择题）

(A)$A_1A_2\bar{A}_3\cup\bar{A}_1A_2A_3\cup A_1\bar{A}_2A_3$　　(B)$A_1A_2\cup A_1A_3\cup A_2A_3$

(C)$A_1A_2\bar{A}_3\cup\bar{A}_1A_2A_3\cup A_1\bar{A}_2A_3\cup A_1A_2A_3$　　(D)$\overline{\bar{A}_1A_2\cup\bar{A}_1\bar{A}_3\cup\bar{A}_2\bar{A}_3}$

4. 设 A,B 互不相容，且 $P(A)=1/3$，$P(B)=1/2$，求 $P(AB)$，$P(A\bar{B})$，$P(A\cup\bar{B})$.

5. 设 A,B 是两个随机事件，已知 $P(A)=0.8$，$P(B)=0.3$，$P(A\cup B)=0.9$，求概率：$P(\bar{A}B\cup A\bar{B})$，$P(\overline{AB})$，$P(\bar{A}\bar{B})$.

6. 甲、乙两炮同时向一架敌机射击，已知甲炮的命中率是 0.5，乙炮的命中率是 0.6，而甲、乙两炮都命中的概率是 0.3，问飞机被击中的概率是多少？

7. 若 W 表示昆虫出现残翅，E 表示有退化性眼睛，$P(W)=0.125$，$P(E)=0.075$，$P(WE)=0.025$，求下列事件的概率：(1)昆虫出现残翅或退化性眼睛；(2)昆虫出现残翅，但没有退化性眼睛；(3)昆虫未出现残翅，也无退化性眼睛.

8. 从 1～2 000 中随机地取 1 个整数，求取到的整数能被 6 或 8 整除的概率.

9. 将一枚均匀的骰子先后掷 10 次，求“至少出现 1 个 6 点”的概率.

10. 在 10 把钥匙中有 3 把能打开门，今任取 2 把，求能打开门的概率.

11. 从一副 52 张扑克牌中任取 4 张，求其中至少有两张牌花色相同的概率.

12. 任取两个正整数，求它们的和为偶数的概率.

13. 随意抛掷两颗均匀的骰子，求所得的点数之和不超过 4 的概率.

14. 现有两封信，将它们随机地投向标号为Ⅰ，Ⅱ，Ⅲ，Ⅳ的 4 个邮筒里，求第Ⅱ号邮筒恰好投入一封信的概率.

15. 将分别写有 C、C、E、E、I、N、S 的 7 张卡片随机地排成一行，恰好排成英文单词 $SCIENCE$ 的概率是多少？

16. 现有 9 枚奖牌，其中 3 枚是金牌，6 枚是银牌. 将它们随机地分装在 3 个盒子内，每盒 3 枚，求每盒内恰好是 1 金 2 银的概率.

17. 一幢 10 层的楼房中有一架电梯，在底层登上 7 名乘客. 电梯在每一层都停，乘客从第二层起陆续离开电梯. 假设乘客在各层离开电梯是等可能的，求没有两位或两位以上乘客在同一层离开的概率.

18. 包括中国队在内的 10 支球队用抽签的方式，随机地分成 A、B 两组，每组 5 个队，分别进行小组循环赛. 中国队希望能在小组赛中同时避开另外两个最强的对手，问：这一愿望实现的概率有多大？

二维码 1-11　第 1 章典型例题讲解 5（微视频）

19. 在 1 500 个产品中有 400 个次品，1 100 个正品. 现从这 1 500 个产品中任取 200 个，求：(1)恰好取出 90 个次品的概率；(2)至少取出 2 个次品的概率.

20. 一个学生宿舍有 6 名学生，求下列事件的概率：(1)6 个人的生日都在星期天；(2)6 个人的生日都不在星期天；(3)6 个人的生日不都在星期天.

21. 将 6 个球随机地放入三个盒子中，求：(1)有两个空盒的概率；(2)有一个空盒的概率；(3)没有空盒的概率.

二维码 1-12　第 1 章典型例题讲解 6（微视频）

22. 从 0,1,2,3,4,5,6,7,8,9 中随机地、有放回地接连取四次，按顺序排成一列，求下列事件的概率：(1)四个数字排成一个偶数；(2)四个数字排成一个四位数；(3)四个数字中 0 恰好出现两次；(4)四个数字中 0 恰好出现一次.

23. 向某圆内随意投掷一点，求该点落入圆的某个内接正方形内的概率.

24. 某汽车站每隔 5 min 有一辆汽车通过，求乘客候车时间不超过 2 min 的概率.

25. 随机地向半圆 $0<y<\sqrt{2ax-x^2}$（a 为正常数）内投掷一点，该点落在半圆内任何区域的概率与区域面积成正比，求该点和原点的连线与 x 轴的夹角小于 $\pi/4$ 的概率.

二维码 1-13　第 1 章自测题及解析

同步练习答案与提示

1. 解　(1)$\overline{\bar{A}\,\bar{B}}=\overline{\overline{A\cup B}}=A\cup B=\{2,3,4,5\}$；

(2)$\overline{A(\bar{A}\bar{C})}=\overline{(A\bar{A})\bar{C}}=\overline{\varnothing\bar{C}}=\bar{\varnothing}=\Omega=\{1,2,3,4,5,6,7,8,9,10\}$.

2. 解　(1)$[0,1/4)\cup[3/2,2]$；(2)$[0,1/4)\cup(1/2,1]\cup[3/2,2]$；(3)$[0,1/2]\cup(1,2]$；(4)$[1/4,1/2]\cup(1,3/2)$.

3. 解　(A)表示“恰好有两个班超额完成任务”，不能入选；

(B)的意思正是“至少有两个班超额完成任务”，正确；

(C)表示“恰好有两个班超额完成任务，或三个班都超额完成任务”，也正确；

(D)也是对的，因为 $\bar{A}_1\bar{A}_2\cup\bar{A}_1\bar{A}_3\cup\bar{A}_2\bar{A}_3$ 表示“至少有两个班没有超额完成任务”，即“超额完成任务的班级个数为 0 或 1 个”，故$\overline{\bar{A}_1\bar{A}_2\cup\bar{A}_1\bar{A}_3\cup\bar{A}_2\bar{A}_3}$表示“至少有两个班超额完成任务”，是正确的. 综上，应该选(B)(C)(D).

4. 解　$P(AB)=0, P(A\bar{B})=P(A-B)=P(A)-P(AB)=P(A)=1/3$,

$P(A\cup\bar{B})=P(A)+P(\bar{B})-P(A\bar{B})=1/3+(1-1/2)-1/3=1/2$.

5. 解　由于 $P(A\cup B)=P(A)+P(B)-P(AB)$，故得 $P(AB)=0.2$. 所以

$$\begin{aligned}P(\bar{A}B\cup A\bar{B})&=P(\bar{A}B)+P(A\bar{B})=P(B-A)+P(A-B)\\&=P(B)-P(AB)+P(A)-P(AB)=0.7,\end{aligned}$$

$$P(\overline{AB})=1-P(AB)=0.8,\quad P(\bar{A}\bar{B})=P(\overline{A\cup B})=0.1.$$

6. 解　设$A=\{$甲炮命中$\}$，$B=\{$乙炮命中$\}$，则飞机被击中的概率是：

$$P(A\cup B)=P(A)+P(B)-P(AB)=0.5+0.6-0.3=0.8.$$

7. 解　所求的三个概率分别是：

(1)$P(W\cup E)=P(W)+P(E)-P(WE)=0.175$；

(2)$P(W\bar{E})=P(W-E)=P(E)-P(WE)=0.1$；

(3)$P(\bar{W}\bar{E})=P(\overline{W\cup E})=1-P(W\cup E)=0.825$.

8. 解　设A表示“取到的数能被6整除”，B表示“取到的数能被8整除”，则所求的概率为

$$P(A\cup B)=P(A)+P(B)-P(AB),$$

其中，AB表示“取到的数能同时被6和8整除”，即“取到的数能被24整除”.

由于

$$333<2\,000/6<334,\quad 2\,000/8=250,\quad 83<2\,000/24<84,$$

故在1～2 000中，能被6整除的有333个，能被8整除的有250个，能被24整除的有83个. 因此，

$$P(A)=333/2\,000,\quad P(B)=250/2\,000,\quad P(AB)=83/2\,000.$$

从而

$$P(A\cup B)=P(A)+P(B)-P(AB)=(333+250-83)/2\,000=500/2\,000=1/4.$$

9. 解　问题相当于：有排成一排的10个空，每个空随意填入1、2、3、4、5、6之一，不同空格可以填入相同的数字，问“至少有1个空填的是6”的概率. 所有的填法有6^{10}种，此为基本事件总数.“每个空都没填6”即“每个空填的都是1、2、3、4、5之一”的填法有5^{10}种，故“至少有1个空填了6”的填法有$6^{10}-5^{10}$种. 所求概率为

$$\frac{6^{10}-5^{10}}{6^{10}}=1-(5/6)^{10}.$$

10. 解　在10把钥匙中任取2把，有C_{10}^2种等可能的取法. 先求不能打开门的概率.

不能打开门的取法，就是在7把不能开门的钥匙中任取2把的取法，有C_7^2种. 故不能打开门的概率为$\frac{C_7^2}{C_{10}^2}=7/15$. 因此能打开门的概率为$1-7/15=8/15$.

11. 分析　至少有两张牌花色相同，可以是恰好两张牌花色相同、恰好三张牌花色相同或四张牌花色都相同，若直接求概率，比较复杂。因此可以考虑先计算其对立事件，即四张牌花色互异的概率.

解　基本事件总数为C_{52}^4. 每种花色的牌有13张，从每种花色的牌中任取一张，有13^4种取法. 即四张牌花色互异的取法有13^4个，故四张牌花色互异的概率为$\frac{13^4}{C_{52}^4}$，从而至少有两张牌花色相同的概率为：$1-\frac{13^4}{C_{52}^4}$.

12. 解　样本空间$\Omega=\{$(奇，奇)，(奇，偶)，(偶，奇)，(偶，偶)$\}$，四个样本点是等可能发生的，而其中有“(奇，奇)”及“(偶，偶)”这两个样本点的发生会导致所取的两个正整数的和为偶数，故所求的概率是$2/4=1/2$.

13. 解 样本空间 $\Omega=\{11,12,13,\cdots,56,66\}$，其中“11”表示两颗骰子都出现 1 点，“12”表示第一颗骰子出现 1 点而第二颗骰子出现 2 点，其余符号的意思类推. 共有 $6\times6=36$ 个样本点，由于骰子均匀，所以这 36 个样本点是等可能发生的. 设 A 表示“两个点数之和$\leqslant4$”，则 $A=\{11,12,13,21,22,31\}$，含 6 个样本点. 由概率的古典定义，所求的概率是 $P(A)=6/36=1/6$.

14. 解 两封信随机地投向四个邮筒，共有 4^2 种投法. 有利场合是：先在两封信中任选一封，投入第Ⅱ号邮筒，再将剩下的一封信随机地投入剩下的三个邮筒之一，因此有利场合数为 2×3. 所求概率为 $\frac{2\times3}{4^2}=3/8$.

15. 解 为了区别不同的卡片，将这七张卡片分别称为 C_1、C_2、E_1、E_2、I、N、S. 将它们随机地排成一行，有 7! 种等可能的排法. 其中恰好排成 $SCIENCE$ 的排法有：$SC_1IE_1NC_2E_2$、$SC_1IE_2NC_2E_1$、$SC_2IE_1NC_1E_2$、$SC_2IE_2NC_1E_1$，共有 4 种. 故恰好排成英文单词 $SCIENCE$ 的概率是 $\frac{4}{7!}=1/1\,260$.

注 另一种方法：运用下章将要学习的概率的乘法公式.

16. 解 假设这 9 枚奖牌进行了编号，分别是①②③④⑤⑥⑦⑧⑨，其中①②③为金牌，其余为银牌. 这 3 个盒子也进行了标记，分别是 A、B、C. 基本事件总数为 $C_9^3C_6^3C_3^3$. 有利场合是：先将①②③在 A、B、C 中随意排列，然后将④⑤⑥⑦⑧⑨随机分配到 A、B、C 这 3 个盒子内，每盒 2 枚，这样便可以知道，有利场合数为 $3!\cdot C_6^2C_4^2C_2^2$. 所求的概率是 $\frac{3!\cdot C_6^2C_4^2C_2^2}{C_9^3C_6^3C_3^3}=9/28$.

17. 解 仍然可以采用假想编号与假想填空的思考方法，画如下示意图：

①②③④⑤⑥⑦ ⟶ □□□□□□□□□
(这是 7 个乘客)　2 3 4 5 6 7 8 9 10
(这是乘客可能下的 9 个楼层)

由乘法原理，基本事件总数为：$9\cdot9\cdots9=9^7$. 为计算有利场合数，可设想在 9 个空格中任选 7 个，再将①②③④⑤⑥⑦随意排列在选出的这 7 个空格中，这样便可知有利场合数为 $C_9^7\cdot7!$. 所求的概率为 $\frac{C_9^7\cdot7!}{9^7}\approx0.037\,9$.

18. 解 假设 10 支球队进行了编号，分别是①②③④⑤⑥⑦⑧⑨⑩，其中①为中国队，②③为中国队的两个“最强对手”. 不失随机性，假设分组方法如下图所示：

①②③④⑤⑥⑦⑧⑨ —随机排列⟶ □□□□□|□□□□□
(前五空为 A 组)　(后五空为 B 组)

一共有 10! 种等可能的排列方式. 其中“①在 A 组，②③在 B 组”的排法总数为 $5\cdot A_5^2\cdot7!$，“①在 B 组，②③在 A 组”也同样，因此“①不与②③同在一个小组”的排法总数为 $(5\cdot A_5^2\cdot7!)\times2$. 所求的概率是

$$\frac{(5\cdot A_5^2\cdot7!)\times2}{10!}=5/18.$$

19. 解 从这 1 500 个产品中任取 200 个，有 $C_{1\,500}^{200}$ 种等可能的取法.

(1)“恰好取出了 90 个次品”也就是 400 个次品中取出了 90 个，而 1 100 个正品中取出了 110 个，有利场合数为 $C_{400}^{90}C_{1\,100}^{110}$，所求概率为 $\frac{C_{400}^{90}C_{1\,100}^{110}}{C_{1\,500}^{200}}$.

(2)“至少取出 2 个次品”的对立事件是“取出的都是正品或仅取出了 1 个次品”. 取出的都是正品的取法有 $C_{1\,100}^{200}$ 种，仅取出了 1 个次品的取法有 $C_{400}^{1}C_{1\,100}^{199}$ 种. 故至少取出了 2 个次品的概率为 $1-\left(\frac{C_{1\,100}^{200}+C_{400}^{1}C_{1\,100}^{199}}{C_{1\,500}^{200}}\right)$.

20. 解　如图所示，不妨用假想编号与假想填空的思考方法：

①②③④⑤⑥ ⟶ □□□□□□□
(6 名学生)　　　　一二三四五六日

由乘法原理，所有填空方法有 7·7·7·7·7·7 个，即基本事件的总数为 7^6 个.

(1)6 个号都填到最后一个空的填法有 1·1·1·1·1·1 个，因此所求的概率为 $1/7^6$.

(2)6 个号都不填到最后一空的填法有 6·6·6·6·6·6 个，因此所求的概率为 $6^6/7^6$.

(3)本小题中的事件是第(1)小题中事件的对立事件，因此所求的概率为 $1-1/7^6$.

21. 解　仍然可以假想编号、假想填空：

①②③④⑤⑥ ⟶ □□□
(6 个球)　　　　一二三

基本事件的总数为 $3\cdot3\cdot3\cdot3\cdot3\cdot3=3^6$. 设 A_i 表示有 i 个空盒，$i=0,1,2$.

(1)A_2 的有利场合是：任选一个盒子，将 6 个球都投入这个盒子里，故有利场合数为 3，$P(A_2)=3/3^6=1/243$.

(2)A_1 的有利场合是：任选一个盒子作为空盒，其余两个盒子都必须有球，球数可以分别为：1 个与 5 个，或 2 个与 4 个，或 3 个与 3 个，或 4 个与 2 个，或 5 个与 1 个，故 A_1 的有利场合数为 $3\cdot(C_6^1+C_6^2+C_6^3+C_6^4+C_6^5)=186$，$P(A_1)=186/3^6=62/243$.

(3)$P(A_0)=1-P(\bar{A}_0)=1-P(A_1\cup A_2)=1-(P(A_1)+P(A_2))=180/243=20/27$.

注意　考虑 A_1 的有利场合时，以下思考方法是错误的，想一想这是为什么：先任选一个盒子作为空盒，有 3 种方法，然后将 6 个球投入其余两个盒子里，每个球有两种投法，共有 $2^6=64$ 种投法，故 A_1 的有利场合数为 $3\times64=192$.

22. 解　可以设想有排成一行的四个空格，本题中的随机试验就是将每个空格随意地填入 10 个数字之一，不同的空格可以填入相同的数字，共有 10^4 种等可能的填法.

(1)要使四个数字排成一个偶数，第一个空不能填 0，有 9 种填法；第二个空可以随意填，有 10 种填法；第三个空也可以随意填，有 10 种填法；第四个空只能填 0、2、4、6、8 之一，有 5 种填法. 由乘法原理，四个数字排成一个偶数的填法有 9×10×10×5 种. 所求的概率为

$$\frac{9\times10\times10\times5}{10^4}=0.45.$$

(2)要使四个数字排成一个四位数，第一个空不能填 0，有 9 种填法；后面的三个空都可以随意填，分别有 10 种填法. 根据乘法原理，四个数字排成一个四位数的填法有 9×10×10×10 种. 所求的概率为

$$\frac{9\times10\times10\times10}{10^4}=0.9.$$

(3)要使四个数字中 0 恰好出现两次，可先从四个空格中任选两个用来填 0，有 C_4^2 种方法；剩下的两个空可以是 1～9 中的任意一个，有 9^2 种方法. 故四个数字中 0 恰好出现两次的概率为

$$\frac{C_4^2 \times 9^2}{10^4} = 0.048\,6.$$

(4)要使四个数字中 0 恰好出现一次，可先从四个空格中任选一个用来填 0，有 C_4^1 种方法；剩下的三个空可以是 1～9 中的任意一个，有 9^3 种方法. 故四个数字中 0 恰好出现一次的概率为

$$\frac{C_4^1 \times 9^3}{10^4} = 0.291\,6.$$

23. 解　这是个简单的几何概型问题. 由概率的几何定义，所求概率就是圆的内接正方形面积与整个圆的面积之比，为 $2/\pi$.

24. 解　如果上一辆汽车是在 t 时刻到站的，那么下一辆汽车将在 $t+5$ 时刻到站(时间单位:min). 设乘客到站的时刻为 X，则 X 随机、等可能地落在$[t, t+5]$内，而乘客候车时间不超过 2 min，也就是 X 落在$[t+3, t+5]$内. 根据概率的几何定义，所求的概率是 2/5.

25. 解　这是个几何概型问题，所求的概率就等于图 1.7 中阴影部分的面积除以半圆的面积. 注意到阴影部分左边是等腰直角三角形，右边是四分之一圆，故所求概率为

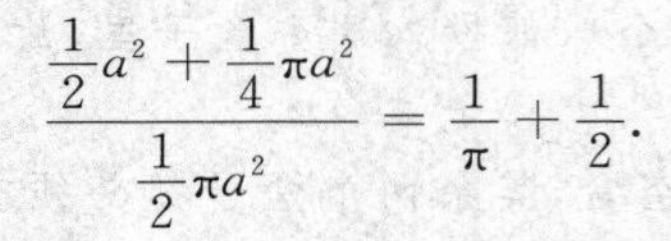

$$\frac{\frac{1}{2}a^2 + \frac{1}{4}\pi a^2}{\frac{1}{2}\pi a^2} = \frac{1}{\pi} + \frac{1}{2}.$$

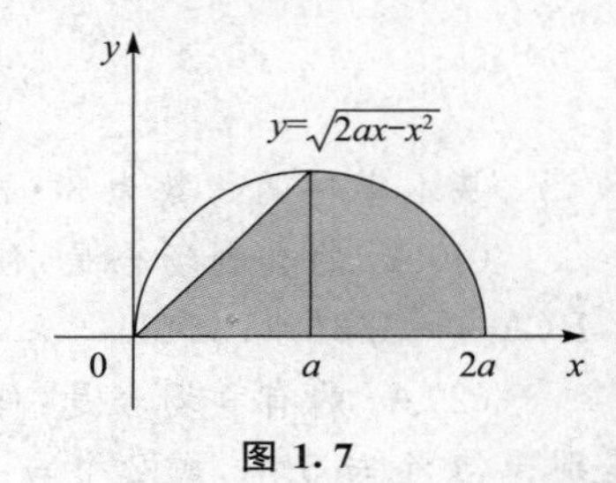

图 1.7

Chapter 2 第2章

条件概率与独立性

Conditional Probability and Independence

2.1 教学基本要求

1. 理解条件概率的概念，理解并会应用概率的乘法定理、全概率公式、贝叶斯(Bayes)公式解决较简单的问题；

2. 理解事件独立性的概念，了解重复独立试验序列的概念，掌握伯努利(Bernoulli)概型及其计算.

2.2 知识要点

2.2.1 条件概率

1. 定义

设 A,B 为两个随机事件，且 $P(B)>0$，则在事件 B 已经发生的条件下，事件 A 发生的条件概率 $P(A|B)$ 定义为

$$P(A|B)=\frac{P(AB)}{P(B)}.$$

2. 性质

条件概率符合概率定义的三个条件，即

(1)对于每一事件 A，有 $P(A|B)\geqslant 0$；

(2)$P(\Omega|B)=1$；

(3)设 $A_1,A_2,\cdots,A_k,\cdots$ 是两两互不相容的事件，则有

$$P\left(\bigcup_{i=1}^{\infty}(A_i|B)\right)=\sum_{i=1}^{\infty}P(A_i|B).$$

条件概率也是概率，因此具有与无条件概率完全类似的性质，如有相应的加法、减法公式和有限可加性等.

3. 计算方法

通常有如下两种：

(1)在基本事件空间 Ω 中，先求出 $P(B)$，$P(AB)$，再由 $P(A|B)=\frac{P(AB)}{P(B)}$，可求出 $P(A|B)$；

(2)由已知事件 B 发生所提供的信息，可将原来的样本空间 Ω 缩减到 Ω_B（即事件 B 所含的基本事件全体），然后在 Ω_B 中直接计算 A 发生的概率，即得 $P(A|B)$.

2.2.2 乘法公式

1. 两个事件的情形

设 A，B 为两个随机事件，

$$若\ P(B)>0，则有\ P(AB)=P(B)P(A|B)；$$
$$若\ P(A)>0，则有\ P(AB)=P(A)P(B|A).$$

2. 多个事件的情形

设 $A_1,A_2,\cdots,A_n(n\geqslant 2)$ 为 n 个事件，满足 $P(A_1A_2\cdots A_{n-1})>0$，则有

$$P(A_1A_2A_3\cdots A_n)=P(A_1)P(A_2|A_1)P(A_3|A_1A_2)\cdots P(A_n|A_1A_2\cdots A_{n-1}).$$

注 概率的乘法公式适用于计算若干个事件同时发生的概率.

2.2.3 全概率公式与贝叶斯公式

1. 完备事件组

设 $B_1,B_2,\cdots,B_n$ 是试验 E 的 n 个事件，如果满足

(1)$B_1\cup B_2\cup\cdots\cup B_n=\Omega$；

(2)$B_iB_j=\varnothing,i\neq j,i,j=1,2,\cdots,n$；

(3)$P(B_i)>0,(i=1,2,\cdots,n)$，

则称 $B_1,B_2,\cdots,B_n$ 是 E 的一个**完备事件组**或构成**样本空间 Ω 的一个划分**.

2. 全概率公式

设 A 是 E 的任一事件，$B_1,B_2,\cdots,B_n$ 是 E 的一个完备事件组，

则
$$P(A)=P(B_1)P(A|B_1)+P(B_2)P(A|B_2)+\cdots+P(B_n)P(A|B_n).$$

注 全概率公式中的条件若换为 $P(\bigcup\limits_{i=1}^{n}B_i)=1,B_iB_j=\varnothing,P(B_i)>0$ 或者换为 $B_iB_j=\varnothing,A\subset\bigcup\limits_{i=1}^{n}B_i,P(B_i)>0$，结论亦成立.

3. 贝叶斯公式

设 $B_1,B_2,\cdots,B_n$ 是 E 的一个完备事件组，对 E 的任一个事件 A，若 $P(A)>0$，则有

$$P(B_i|A)=\frac{P(B_i)P(A|B_i)}{\sum\limits_{i=1}^{n}P(B_i)P(A|B_i)},i=1,2,\cdots,n.$$

注 若某个事件的发生总是伴随着一个完备事件组或其中的某个事件发生，就有可能用到全概率公式或贝叶斯公式.

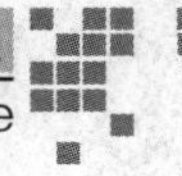

2.2.4 事件的独立性

1. 两个事件的独立性

设 A、B 为两个随机事件，若 $P(AB)=P(A)P(B)$，则称事件 A 与 B **相互独立**.

2. 有关结论

(1)若事件 A、B 相互独立，且概率皆非 0 和 1，则

$$P(A|B)=P(A|\bar{B})=P(A),\quad P(B|A)=P(B|\bar{A})=P(B).$$

(2)若 A、B 相互独立，则 $\bar{A}$、B 相互独立；A、$\bar{B}$ 相互独立；$\bar{A}$、$\bar{B}$ 相互独立.

注 以上四对事件中，只要有一对相互独立另三对也相互独立.

3. 独立性的判定

理论推导或证明中一般用定义；实际问题中一般根据经验.

4. 多个事件的独立性

三个事件的独立性 设 A,B,C 为三个事件，若满足等式

$$P(AB)=P(A)P(B)$$
$$P(AC)=P(A)P(C)$$
$$P(BC)=P(B)P(C)$$
$$P(ABC)=P(A)P(B)P(C),$$

则称 A,B,C 为**相互独立**的事件. 若满足前三个式子，则称 A,B,C 是**两两独立**的.

多个事件的独立性 一般地，设 $A_1,A_2,\cdots,A_n$ 是 n 个事件，如果对于任意的 $k(1\leqslant k\leqslant n)$，任意 $1\leqslant i_1\leqslant i_2\leqslant\cdots\leqslant i_k\leqslant n$，成立

$$P(A_{i_1}A_{i_2}\cdots A_{i_k})=P(A_{i_1})P(A_{i_2})\cdots P(A_{i_k}),$$

则称 $A_1,A_2,\cdots,A_n$ 为相互独立的事件.

多个事件相互独立时，具有以下性质：

(1)若事件 $A_1,A_2,\cdots,A_n(n\geqslant 2)$ 相互独立，则其中任意 $k(1\leqslant k\leqslant n)$ 个事件也相互独立；

(2)若 n 个事件 $A_1,A_2,\cdots,A_n(n\geqslant 2)$ 相互独立，则将 $A_1,A_2,\cdots,A_n$ 中任意 $m(1\leqslant m\leqslant n)$ 个事件换成它们的逆事件，所得的 n 个事件仍相互独立.

若事件间具有相互独立性，概率的计算会变得简单.

注 若 n 个事件相互独立则一定两两相互独立，反之不一定成立；若仅有

$$P(A_1A_2\cdots A_n)=P(A_1)P(A_2)\cdots P(A_n)$$

成立，也不能保证两两相互独立，当然也不能保证 $A_1,A_2,\cdots,A_n$ 相互独立.

2.2.5 随机试验的独立性

1. 独立试验序列

设 $\{E_i\}\{i=1,2,\cdots\}$ 是一系列随机试验，E_i 的样本空间为 Ω_i. 设 A_k 是 E_k 中任一事件，$A_k\subset\Omega_k$. 如果 A_k 发生的概率不依赖于其他各次试验的试验结果，则称 $\{E_i\}$ 是一个**独立试验序列**.

2. 伯努利概型

若对于每一次试验 E，只关心某个事件 A 是否发生，则 E 称为**伯努利试验**. 将伯努利试

二维码 2-1 第 2 章 基本要求与知识要点

验在相同条件下独立地重复进行 n 次,称为 n **重伯努利试验**,或简称为**伯努利概型**.

3. 定理(伯努利定理)

设在一次试验中,事件 A 发生的概率为 $p(0<p<1)$,则在 n 重伯努利试验中,事件 A 恰好发生 k 次的概率为

$$b(k;n,p)=C_n^k p^k q^{n-k} \quad (k=0,1,2,\cdots,n),$$

其中,$q=1-p$.

二维码 2-2 第 2 章 知识要点讲解(微视频)

2.3 例题解析

例 2.1 随意掷三粒均匀的骰子,已知所得的三个点数互不相同,求其中含有 1 点的概率.

解 设 A={三个点数互不相同},B={至少含有一个 1 点},则

$$P(AB)=\frac{3A_5^2}{6^3},P(A)=\frac{A_6^3}{6^3},P(B|A)=\frac{P(AB)}{P(A)}=\frac{3A_5^2}{A_6^3}=1/2.$$

例 2.2 有三个孩子的家庭中,已知有一个是女孩,求该家庭中至少有一个男孩的概率.

解 样本空间 Ω={111,110,101,100,011,010,001,000},其中"110"表示三个孩子分别是男孩、男孩、女孩,其余符号类推.样本空间共有 8 个样本点,它们是等可能发生的.设 A={三个孩子中至少有一个是女孩},B={三个孩子中至少有一个是男孩},则所求的概率为 $P(B|A)$.A 的有利场合数为 7,AB 的有利场合数为 6,故

$$P(A)=7/8,P(AB)=6/8,\text{所以 } P(B|A)=\frac{P(AB)}{P(A)}=6/7.$$

注 本题也可以采用"缩减样本空间法".由于 A 的发生,样本空间 Ω 缩减为 Ω_A={110,101,100,011,010,001,000},含 7 个样本点.在 Ω_A 中,B 的有利场合数为 6,故 $P(B|A)=6/7$. "缩减样本空间法"主要适用于古典概型的场合.

例 2.3 甲、乙两人分别从 1,2,…,15 中任取一数(不重复),已知甲取到的数是 5 的倍数,则甲所取之数大于乙所取之数的概率是多少?

解 样本空间 Ω 中共含有 $15\times14=210$ 个样本点.设 A={甲取到的数是 5 的倍数},B={甲所取之数大于乙所取之数},则 A 的有利场合数为 $3\times14=42$.AB 的有利场合是:甲取到 5,乙取的数小于 5;或甲取到 10,乙取的数小于 10;或甲取到 15,乙取的数小于 15,所以 AB 的有利场合数为 $4+9+14=27$.

故 $$P(A)=42/210,P(AB)=27/210.$$

所以 $$P(B|A)=\frac{P(AB)}{P(A)}=27/42=9/14.$$

注 本题也可以采用"缩减样本空间法",读者可以自己试试.

例 2.4 有 10 件产品,其中有 3 件次品.从中任取 2 件,在已知其中一件是次品的条件下,求另一件也是次品的概率.

解 基本事件总数为 C_{10}^2.设 A={2 件都是次品},B={2 件中至少有 1 件是次品},则本题所求的概率为 $P(A|B)$.容易知道,

$$P(A)=\frac{C_3^2}{C_{10}^2},\quad P(B)=\frac{C_3^2+C_3^1C_7^1}{C_{10}^2}.$$

又显然 $A\subset B$,所以

$$P(A|B)=\frac{P(AB)}{P(B)}=\frac{P(A)}{P(B)}=\frac{C_3^2}{C_3^2+C_3^1C_7^1}=3/24=1/8.$$

例 2.5 一批产品共 100 件,其中有次品 10 件,合格品 90 件. 现从中每次任取一件,取后不放回,接连取三次,求第三次才取得合格品的概率.

解 设 A_i={第 i 次取到次品},$i=1,2,3$,则所求的概率为

$$P(A_1A_2A_3)=P(A_1)P(A_2|A_1)P(A_3|A_1A_2)=10/100\times 9/99\times 90/98=0.008\,3.$$

注 本例使用了概率的乘法公式,此公式适用于计算几个事件同时发生的概率.

例 2.6 某地区位于甲、乙两河流的汇合处,当任一河流被污染时,该地区环境也被污染. 设甲河被污染的概率为 0.1,乙河被污染的概率为 0.2,当甲河被污染时乙河也被污染的概率为 0.3,求:(1)该地区被污染的概率;(2)当乙河被污染时,甲河被污染的概率.

解 设 A={甲河被污染},B={乙河被污染}. 则由已知,

$$P(A)=0.1,\quad P(B)=0.2,\quad P(B|A)=0.3.$$

于是,

$$P(AB)=P(A)P(B|A)=0.1\times 0.3=0.03.$$

(1)该地区被污染的概率为

$$P(A\cup B)=P(A)+P(B)-P(AB)=0.27.$$

(2)当乙河被污染时,甲河被污染的概率为

$$P(A|B)=\frac{P(AB)}{P(B)}=0.03/0.2=0.15.$$

二维码 2-3 第 2 章 典型例题讲解 1 (微视频)

例 2.7 设 $P(\bar{A})=0.3,P(B)=0.4,P(A\bar{B})=0.5$,求 $P(B|A\cup\bar{B})$.

分析 本题主要考查条件概率的定义、概率的性质和运算.

解 由于 $P(A\bar{B})=P(A)-P(AB)=0.7-P(AB)=0.5$,故 $P(AB)=0.2$.

所以

$$P(B|A\cup\bar{B})=\frac{P(B\cap(A\cup\bar{B}))}{P(A\cup\bar{B})}=\frac{P(BA\cup B\bar{B})}{P(A)+P(\bar{B})-P(A\bar{B})}$$

$$=\frac{P(BA)}{0.7+0.6-0.5}=0.2/0.8=1/4.$$

例 2.8 播种用的一等小麦种子中混有 2%的二等种子,1.5%的三等种子,1%的四等种子. 使用一等、二等、三等、四等种子长出的穗含 50 颗以上麦粒的概率分别是 0.5,0.15,0.1,0.05. 求这批种子所结的穗含 50 颗以上麦粒的概率.

分析 由于种子分一等、二等、三等、四等恰好是一完备事件组,故可以考虑使用全概率公式.

解 设 B_1,B_2,B_3,B_4 分别表示该粒种子为一等、二等、三等、四等,则 B_1,B_2,B_3,B_4 构成了 E 的一个完备事件组. 设 A 表示该粒种子所结的穗含 50 颗以上麦粒,则由全概率公式

$$P(A)=P(B_1)P(A|B_1)+P(B_2)P(A|B_2)+P(B_3)P(A|B_3)+P(B_4)P(A|B_4)$$
$$=95.5\%\times0.5+2\%\times0.15+1.5\%\times0.1+1\%\times0.05=0.482\,5.$$

例 2.9 甲袋中有 2 个白球，3 个黑球，乙袋中有 1 个白球，1 个黑球. 从甲袋中任取 3 个球放入乙袋，然后再从乙袋中任取 1 个球，求这个球是白球的概率.

分析 问题的关键是从甲袋中取球的结果，而从甲袋中取球的结果有多种可能情况，故可以考虑使用全概率公式.

解 设 B_i｛取出的 3 个球中有 i 个白球｝$(i=0,1,2)$，A=｛从乙袋中取出的是白球｝，则 B_0,B_1,B_2 是一个完备事件组. 由全概率公式，

$$P(A)=P(B_0)P(A|B_0)+P(B_1)P(A|B_1)+P(B_2)P(A|B_2)$$
$$=\frac{C_2^0C_3^3}{C_5^3}\cdot1/5+\frac{C_2^1C_3^2}{C_5^3}\cdot2/5+\frac{C_2^2C_3^1}{C_5^3}\cdot3/5$$
$$=0.1\times0.2+0.6\times0.4+0.3\times0.6=0.44.$$

二维码 2-4 第 2 章
典型例题讲解 2
（微视频）

例 2.10 袋中有 12 只网球，其中有 9 只新球. 第一次比赛时任取 3 只，用完放回，第二次比赛时再任取 3 只，求此 3 只球都是新球的概率.

解 设 B_i｛第一次取出的 3 只球里有 i 只新球｝$(i=0,1,2,3)$，

$$P(B_0)=\frac{C_9^0C_3^3}{C_{12}^3}=1/220,\qquad P(B_1)=\frac{C_9^1C_3^2}{C_{12}^3}=27/220.$$
$$P(B_2)=\frac{C_9^2C_3^1}{C_{12}^3}=108/220,\qquad P(B_3)=\frac{C_9^3C_3^0}{C_{12}^3}=84/220.$$

设 A=｛第二次取出的 3 只球都是新球｝，则

$$P(A|B_0)=\frac{C_9^3}{C_{12}^3}=84/220,\qquad P(A|B_1)=\frac{C_8^3}{C_{12}^3}=56/220.$$
$$P(A|B_2)=\frac{C_7^3}{C_{12}^3}=35/220,\qquad P(A|B_3)=\frac{C_6^3}{C_{12}^3}=20/220.$$

注意到 B_0,B_1,B_2,B_3 是个完备事件组，故由全概率公式，

$$P(A)=P(B_0)P(A|B_0)+P(B_1)P(A|B_1)+P(B_2)P(A|B_2)+P(B_3)P(A|B_3)$$
$$=1/220\times84/220+27/220\times56/220+108/220\times35/220+84/220\times20/220$$
$$=0.145\,8$$

例 2.11 一批同样规格的零件是由甲、乙两厂生产的，甲、乙两厂的产品数量分别占总数的 70% 和 30%. 两厂产品的次品率分别为 0.02 和 0.04. 现任取一件产品，求：(1) 该产品是次品的概率；(2) 若取出的一件产品是次品，求它是甲厂生产的概率.

解 设 A_1=｛所取的产品是甲厂生产的｝，A_2｛所取的产品是乙厂生产的｝，B｛所取的产品是次品｝，则 A_1、A_2 构成一个完备事件组.

(1) 由全概率公式，

$$P(B)=P(A_1)P(B|A_1)+P(A_2)P(B|A_2)=0.7\times0.02+0.3\times0.04=0.026.$$

(2) 由贝叶斯公式，

$$P(A_1\mid B)=\frac{P(A_1B)}{P(B)}=\frac{P(A_1)P(B|A_1)}{P(B)}=\frac{0.7\times0.02}{0.026}=7/13\approx0.538.$$

例 2.12　两台车床生产同一型号零件，甲车床的产量是乙车床的 1.5 倍，甲、乙车床的废品率分别为 2% 和 1%. 现任取一零件检查，发现是废品，求该废品是由甲车床生产的概率？

解　设 A_1={所取零件是甲车床生产的}，A_2{所取零件是乙车床生产的}，则 A_1、A_2 构成一个完备事件组. 由于甲车床的产量是乙车床的 1.5 倍，故甲车床的产量占总产量的 3/5，因此 $P(A_1)=3/5$，$P(A_2)=2/5$. 设 B={所取零件是废品}，则由全概率公式，

$$P(B)=P(A_1)P(B|A_1)+P(A_2)P(B|A_2)=3/5\times0.02+2/5\times0.01=0.016.$$

所以

$$P(A_1|B)=\frac{P(A_1B)}{P(B)}=\frac{P(A_1)P(B|A_1)}{P(B)}=\frac{0.6\times0.02}{0.016}=0.75.$$

例 2.13　盒内有 12 个大小相同的球，其中 5 个红球，4 个白球，3 个黑球. 第一次从中任取 2 个球，第二次从余下的 10 个球中再任取 3 个球（均为不重复抽取）. 如果发现第二次取到的 3 个球中有 2 个是红球，问第一次取到几个红球的概率最大？

解　设 B_i={第一次取出的 2 个球中有 i 个红球}$(i=0,1,2)$，则

$$P(B_0)=\frac{C_5^0C_7^2}{C_{12}^2}=21/66,\quad P(B_1)=\frac{C_5^1C_7^1}{C_{12}^2}=35/66,\quad P(B_2)=\frac{C_5^2C_7^0}{C_{12}^2}=10/66.$$

设 A={第二次取到的 3 个球中有 2 个是红球}，则

$$P(A|B_0)=\frac{C_5^2C_5^1}{C_{10}^3}=50/120,\quad P(A|B_1)=\frac{C_4^2C_6^1}{C_{10}^3}=36/120,$$

$$P(A|B_2)=\frac{C_3^2C_7^1}{C_{10}^3}=21/120.$$

而

$$P(B_0|A)=\frac{P(B_0A)}{P(A)}=\frac{P(B_0)P(A|B_0)}{P(A)}=\frac{1\,050}{66\times120\times P(A)},$$

$$P(B_1|A)=\frac{P(B_1A)}{P(A)}=\frac{P(B_1)P(A|B_1)}{P(A)}=\frac{1\,260}{66\times120\times P(A)},$$

$$P(B_2|A)=\frac{P(B_2A)}{P(A)}=\frac{P(B_2)P(A|B_2)}{P(A)}=\frac{210}{66\times120\times P(A)},$$

经比较知，$P(B_1|A)$最大，即第一次取到 1 个红球的概率最大.

例 2.14　一批产品中 96% 是合格品. 检查产品时，一件合格品被误认为是次品的概率是 0.02，一件次品被误认为是合格品的概率是 0.05. 求检查后被认为是合格品的产品确是合格品的概率.

解　设 C={所取产品的确是合格品}，A={所取产品被认为是合格品}，则

$$P(C)=0.96,\quad P(\bar{A}|C)=0.02,\quad P(A\mid\bar{C})=0.05$$

本题所求的概率是 $P(C|A)$. 注意到 $C,\bar{C}$ 构成 E 的一个完备事件组，由全概率公式，

$$\begin{aligned}P(A)&=P(C)P(A|C)+P(\bar{C})P(A|\bar{C})\\&=0.96\times[1-P(\bar{A}\mid C)]+[1-P(C)]\times0.05=0.942\,8.\end{aligned}$$

由贝叶斯公式，

$$P(C|A)=\frac{P(CA)}{P(A)}=\frac{P(C)P(A|C)}{P(A)}=\frac{0.96\times 0.98}{0.942\,8}=0.998.$$

例 2.15 若 $P(A|B)+P(\bar{A}|\bar{B})=1$,证明 A 与 B 相互独立.

分析 本题考查独立性及条件概率的定义.

证明 原式$\Rightarrow P(A|B)=1-P(\bar{A}|\bar{B})=P(A|\bar{B})$

$$\Rightarrow\frac{P(AB)}{P(B)}=\frac{P(A\bar{B})}{P(\bar{B})}=\frac{P(A-B)}{P(\bar{B})}=\frac{P(A)-P(AB)}{1-P(B)}$$

$$\Rightarrow P(AB)\cdot[1-P(B)]=P(B)\cdot[P(A)-P(AB)]$$

$$\Rightarrow P(AB)=P(A)P(B),$$

故 A 与 B 相互独立.

例 2.16 若三个事件 A,B,C 相互独立,试证:$A\cup B,AB$ 及 $A-B$ 都与 C 相互独立.

分析 本题考查独立性的定义.

证明 由于 A,B,C 相互独立,故 A,B,C 两两相互独立.

(1)$P[(A\cup B)C]=P(AC\cup BC)=P(AC)+P(BC)-P(ABC)$

$=P(A)P(C)+P(B)P(C)-P(A)P(B)P(C)=[P(A)+P(B)-P(AB)]P(C)$

$=P(A\cup B)P(C)$,

故 $A\cup B$ 与 C 相互独立.

(2)$P[(AB)C]=P(ABC)=P(A)P(B)P(C)=P(AB)P(C)$,

故 AB 与 C 相互独立.

(3)$P[(A-B)C]=P(A\bar{B}C)=P(AC-B)=P(AC)-P(ABC)$

$=P(A)P(C)-P(A)P(B)P(C)=[P(A)-P(A)P(B)]P(C)$

$=[P(A)-P(AB)]P(C)=P(A-B)P(C)$,

故 $A-B$ 与 C 相互独立.

例 2.17 设 $P(A)>0,P(B)>0$,证明 A、B 互不相容与 A、B 相互独立不能同时成立.

证明 当 A、B 互不相容时, $AB=\varnothing,P(AB)=P(\varnothing)=0$.

当 A、B 相互独立时, $P(AB)=P(A)P(B)>0$.

显然,这两种情况不能同时出现.

注 初学者易把相互独立与互不相容混为一谈.该题说明两者是不同的概念.

例 2.18 甲、乙两射手各自向同一目标射击一次,他们击中目标的概率分别是 0.9 与 0.8,求:(1)目标被击中的概率;(2)仅有一人击中目标的概率.

解 设 A、B 分别表示甲、乙击中目标,则 $P(A)=0.9,P(B)=0.8$,且 A、B 相互独立

(1)目标被击中的概率为

$$P(A\cup B)=P(A)+P(B)-P(AB)$$
$$=P(A)+P(B)-P(A)P(B)=0.9+0.8-0.9\times 0.8=0.98.$$

(2)仅有一人击中目标的概率是

$$P(A\bar{B}\cup\bar{A}B)=P(A\bar{B})+P(\bar{A}B)=P(A)P(\bar{B})+P(\bar{A})P(B)$$

$$= 0.9 \times 0.2 + 0.1 \times 0.8 = 0.26.$$

注　本题是根据经验判定了 A、B 相互独立.

例 2.19　某种型号灯泡的使用寿命在 1 000 h 以上的概率为 0.2,求 3 只灯泡在使用 1 000 h 后,至多只有一只损坏的概率.

解　设 $A_i\{$第 i 只灯泡在 1 000 h 内不损坏$\}(i=1,2,3)$,则这三个事件的概率都是 0.2,且它们是相互独立的.本题所求概率为

$$\begin{aligned}&P(A_1A_2A_3 \cup \bar{A}_1A_2A_3 \cup A_1\bar{A}_2A_3 \cup A_1A_2\bar{A}_3)\\&= 0.2\times0.2\times0.2+0.8\times0.2\times0.2+0.2\times0.8\times0.2+0.2\times0.2\times0.8=0.104.\end{aligned}$$

例 2.20　一个人看管三台机床,设在任一时刻机床不需要人看管而正常工作的概率分别为 0.9、0.8、0.85,求任一时刻:(1)三台机床都正常工作的概率;(2)三台机床至少有一台正常工作的概率.

解　设 A,B,C 分别表示三台机床不需要人看管而正常工作的事件,则 A,B,C 相互独立,且 $P(A)=0.9,P(B)=0.8,P(C)=0.85$.于是

(1)三台机床都正常工作的概率为

$$P(ABC) = P(A)P(B)P(C) = 0.9 \times 0.8 \times 0.85 = 0.612.$$

(2)三台机床至少有一台正常工作的概率为

$$\begin{aligned}P(A \cup B \cup C) &= 1 - P(\overline{A \cup B \cup C}) = 1 - P(\bar{A}\bar{B}\bar{C}) = 1 - P(\bar{A})P(\bar{B})P(\bar{C})\\&= 1 - 0.1 \times 0.2 \times 0.15 = 0.997.\end{aligned}$$

注　经常要求若干个相互独立的事件至少发生其一的概率,本例的解法是常用技巧.

例 2.21　甲、乙、丙三人独立地去破译一份密码,已知每人能译出的概率分别为 1/5,1/3,1/4,问三人中至少有一人能将此密码译出的概率是多少?

解　设 A,B,C 分别表示甲、乙、丙译出密码,则 A,B,C 相互独立.所求的概率是

$$\begin{aligned}P(A \cup B \cup C) &= 1 - P(\overline{A \cup B \cup C}) = 1 - P(\bar{A}\bar{B}\bar{C}) = 1 - P(\bar{A})P(\bar{B})P(\bar{C})\\&= 1 - 4/5 \times 2/3 \times 3/4 = 3/5.\end{aligned}$$

例 2.22　若每个人的血清中含有肝炎病毒的概率为 0.4%,现混合 100 个人的血清,求此混合血清中含有肝炎病毒的概率.

解　设 $A_i\{$第 i 个人血清中含有肝炎病毒$\}(i=1,2,\cdots,100)$,则这 100 个事件的概率皆为 0.004,且它们相互独立.则所求的概率为

$$\begin{aligned}P(A_1 \cup A_2 \cup \cdots \cup A_{100}) &= 1 - P(\overline{A_1 \cup A_2 \cup \cdots \cup A_{100}})\\&= 1 - P(\overline{A_1}\,\overline{A_2}\cdots\overline{A_{100}})\\&= 1 - P(\overline{A_1})P(\overline{A_2})\cdots P(\overline{A_{100}})\\&= 1 - 0.996^{100} \approx 0.33.\end{aligned}$$

二维码 2-5　第 2 章
典型例题讲解 3
(微视频)

注　可以证明:若 $A_1,A_2,\cdots,A_n$ 相互独立,且概率都是 $p>0$,则

$$P(A_1 \cup A_2 \cup \cdots \cup A_n) = 1 - (1-p)^n.$$

此结论在很多场合用到.

例 2.23　如图 2.1 所示,电路中开关 a,b,c,d 开或关的概率都是 0.5,各开关的状态是

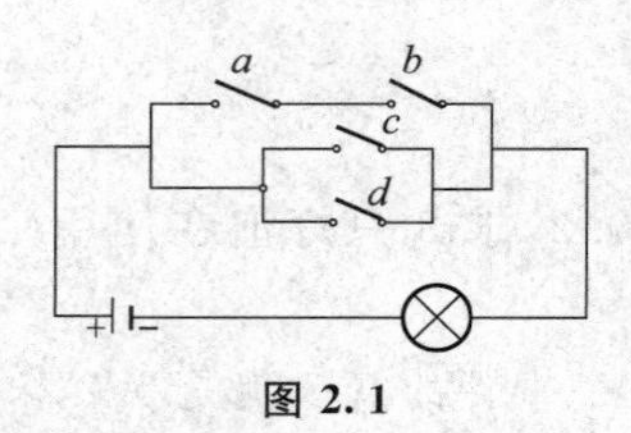

图 2.1

相互独立的,求:(1)灯亮的概率;(2)若已见灯亮,求 a 与 b 同时关闭的概率.

解 当一个开关的状态为"关闭"时,此开关是通电的.设 A,B,C,D 分别表示 a,b,c,d 的状态为"关闭",则 A,B,C,D 概率都是 0.5,且 A,B,C,D 是相互独立的.

(1)设 $M=\{$灯亮$\}$,则

$$P(M)=P(AB\cup C\cup D)=P(AB)+P(C)+P(D)-P(ABC)$$
$$-P(ABD)-P(CD)+P(ABCD)$$
$$=0.5^2+0.5+0.5-0.5^3-0.5^3-0.5^2+0.5^4=0.812\ 5.$$

(2)所求的概率为

$$P(AB\mid M)=\frac{P(ABM)}{P(M)}=\frac{P(AB)P(M\mid AB)}{P(M)}=\frac{0.5^2\times 1}{0.812\ 5}=0.307\ 7.$$

例 2.24 把 n 个不同的球随机地放入 N 个匣子,求某个指定的匣子中恰有 r 个 $(0\leqslant r\leqslant n)$ 球的概率.

解 把 n 个不同的球随机地放入 N 个匣子是 n 重伯努利试验.设 $A=\{$球被放入某个指定的匣子中$\}$,则在一次试验里,A 发生的概率为 $p=1/N$.设 X 表示 n 重伯努利试验中 A 发生的次数,则 $P(K=k)=\mathrm{C}_n^k p^k q^{n-k}(q=1-p)$.则所求的概率为

$$P(X=r)=\mathrm{C}_n^r\cdot(1/N)^r\cdot(1-1/N)^{n-r}.$$

例 2.25 车间内有 4 台同型号的自动机床,每台机床在任一时刻发生故障的概率为0.1,各台机床是否发生故障是相互独立的,求任一时刻发生故障的机床不超过 2 台的概率.

解 在任一时刻考察 4 台机床是否发生故障是 4 重伯努利试验.设 $A=\{$被考察的机床发生故障$\}$,则在一次试验里,A 发生的概率为 $p=0.1$.设 X 表示 4 重伯努利试验中 A 发生的次数,则

$$P(X=k)=\mathrm{C}_4^k p^k q^{4-k}(k=0,1,2,3,4,q=1-p).$$

则所求的概率为:

$$P(X\leqslant 2)=P\{(X=0)\cup(X=1)\cup(X=2)\}$$
$$=P(X=0)+P(X=1)+P(X=2)$$
$$=0.9^4+\mathrm{C}_4^1\cdot(0.1)^1\cdot(0.9)^3+\mathrm{C}_4^2\cdot(0.1)^2\cdot(0.9)^2$$
$$=0.996\ 3.$$

例 2.26 某厂生产的一批产品中次品占 1%,该厂将 10 只这种产品包装成一盒出售,并保证若某盒中次品多于一只即可退款.问出售的各盒产品中,将要退款的约占多大比例?

分析 由概率的统计定义,这批产品的次品率,就是一只产品为次品的概率.在出售的各盒产品中,可以退款的比例,就是一盒产品可以退款的概率,也就是一盒的 10 只产品中次品多于 1 只的概率.

解 检查一盒里 10 只产品的情况是 10 重伯努利试验.设 $A=\{$产品为次品$\}$,则在一次试验里,A 发生的概率为 $p=0.01$.设 X 表示 10 重伯努利试验中 A 发生的次数,则

$$P(X=k)=\mathrm{C}_{10}^k p^k q^{10-k}(k=0\sim 10,q=1-p).$$

10 只产品中次品多于 1 只的概率是

$$P(X>1)=1-P(X\leqslant 1)=1-P(X=0)-P(X=1)$$
$$=1-C_{10}^{0}\cdot 0.01^{0}\cdot 0.99^{10}-C_{10}^{1}\cdot 0.01\cdot 0.99^{9}=0.0043,$$

这也就是一盒产品可以退款的概率.因此出售的产品将要退款的大约占0.43%.

例 2.27 在4次伯努利试验中,事件A至少出现一次的概率为65/81,求一次试验中A出现的概率.

解 设一次试验中A出现的概率为p,则在4次伯努利试验中A至少出现一次的概率为$1-(1-p)^4$.由已知,

$$1-(1-p)^4=65/81,$$

解得$p=1/3$.

例 2.28 高射炮向敌机发射3发炮弹,每发击中与否相互独立,每发击中敌机的概率为0.8.若敌机中一弹,其坠落的概率为0.1;若敌机中两弹,其坠落的概率为0.6;若敌机中三弹,其坠落的概率为0.9.求敌机被击落的概率.

解 设$B_i=\{$敌机中i弹$\}(i=0,1,2,3)$,则B_0,B_1,B_2,B_3构成一个完备事件组.设$A=\{$敌机被击落$\}$,则由全概率公式,

$$P(A)=P(B_0)P(A\mid B_0)+P(B_1)P(A\mid B_1)+P(B_2)P(A\mid B_2)+P(B_3)P(A\mid B_3).$$

由已知,$P(A|B_0)=0,P(A|B_1)=0.1,P(A|B_2)=0.6,P(A|B_3)=0.9$.为了求$P(A)$,只需再求出$P(B_1),P(B_2),P(B_3)$.

向敌机发射3发炮弹是3重伯努利试验,1发炮弹击中飞机的概率是$p=0.8$,3发炮弹击中飞机的次数恰好为k的概率为$C_3^k p^k(1-p)^{3-k}(k=0,1,2,3)$.故

$$P(B_1)=C_3^1\cdot 0.8\cdot 0.2^2=0.096,P(B_2)=C_3^2\cdot 0.8^2\cdot 0.2=0.384,$$
$$P(B_3)=0.8^3=0.512.$$

因此

$$P(A)=P(B_0)P(A\mid B_0)+P(B_1)P(A\mid B_1)+P(B_2)P(A\mid B_2)+P(B_3)P(A\mid B_3)$$
$$=0+0.096\times 0.1+0.384\times 0.6+0.512\times 0.9=0.7008.$$

例 2.29 甲、乙两人各掷均匀硬币n次,求两人掷出的正面次数相同的概率.

解 两人分别做了n次伯努利试验,且$p=1/2$.设两人掷出的正面次数分别为X、Y,根据伯努利定理,有

$$P(X=k)=P(Y=k)=C_n^k p^k(1-p)^{n-k}=\frac{C_n^k}{2^n}(k=0,1,2,\cdots,n).$$

而两人的抛掷是相互独立进行的,故两人掷出的正面次数相同的概率为

$$P(X=Y)=P\{(X=Y=0)\cup(X=Y=1)\cup(X=Y=2)\cup\cdots\cup(X=Y=n)\}$$
$$=P(X=0)P(Y=0)+P(X=1)P(Y=1)+P(X=2)P(Y=2)$$
$$+\cdots+P(X=n)P(Y=n)$$
$$=\frac{(C_n^0)^2+(C_n^1)^2+(C_n^2)^2+\cdots+(C_n^n)^2}{(2^n)^2}=\frac{C_{2n}^n}{4^n}.$$

例 2.30 用自动生产线加工机器零件,每个零件是次品的概率为p.若在生产过程中累计出现m个次品,则对生产线停机检修,求停机检修时共生产了n个零件的概率.

解 设$A=\{$停机检修时恰好生产了n个零件$\}$,

$B=\{$生产的前 $n-1$ 个零件中有 $m-1$ 个次品$\}$，

$C=\{$生产的第 n 个零件是次品$\}$，

则 $A=BC$，且 B 与 C 相互独立. 故所求的概率为

$$P(A)=P(BC)=P(B)P(C).$$

由伯努利定理，

$$P(B)=\mathrm{C}_{n-1}^{m-1}p^{m-1}(1-p)^{n-m}.$$

又 $P(C)=p$，所以

$$P(A)=P(B)P(C)=\mathrm{C}_{n-1}^{m-1}p^{m-1}(1-p)^{n-m}\cdot p=\mathrm{C}_{n-1}^{m-1}p^{m}(1-p)^{n-m}.$$

2.4 同步练习

1. 设一批产品中一、二、三等品各占 60%、30%、10%，从中任取一件，发现不是三等品，则它是一等品的概率是多少？

2. 有 n 个人随机排成一队，已知甲排在乙的前面，求乙恰好紧跟在甲后面的概率.

3. 设有 100 个圆柱形零件，其中 95 个长度合格，92 个直径合格，87 个长度与直径都合格. 现从中任取一件，求：(1)该产品是合格品的概率；(2)若已知该产品直径合格，求该产品是合格品的概率；(3)若已知该产品长度合格，求该产品是合格品的概率.

4. 在 10 只元件中有 2 只次品，从中任取两只，作不放回抽取，求下列事件的概率：

(1)两只都是正品；(2)两只都是次品；(3)一只正品，一只次品；

(4)第二次取出的是次品.

5. 已知 $P(A)=a$，$P(B|A)=b$，求 $P(A\bar{B})$.

6. 甲袋中有 3 个白球，2 个黑球，乙袋中有 2 个白球，5 个黑球. 现从甲、乙两袋中任选一袋，并从中任取一球，问此球为白球的概率是多少？

7. 有两只口袋，甲袋中有 2 只白球，1 只黑球，乙袋中有 1 只白球，2 只黑球. 现从甲袋中任取一球放入乙袋，再从乙袋中任取一球，问此球为白球的概率是多少？

8. 有一批产品，甲车间产品占 70%，乙车间产品占 30%. 已知甲车间产品合格率为 95%，乙车间产品合格率为 90%，现从这批产品中任取一件，求它是合格品的概率.

9. 某人从甲地到乙地，他乘火车、乘船、乘汽车、乘飞机的概率分别是 0.3，0.2，0.1 和 0.4，又已知他乘火车、乘船、乘汽车迟到的概率分别是 0.25，0.3，0.1，乘飞机不会迟到. 问这个人迟到的可能性有多大？

10. 两台车床加工同样的零件，第一台加工的零件次品率为 3%，第二台次品率为 2%. 加工出来的零件放在一起，且已知第一台加工的零件的数量是第二台的两倍. (1)求任取一个零件是合格品的概率. (2)如果取出的一个零件是次品，那么它是第一台机床加工的概率是多少？

11. 对以往数据进行分析，结果表明：当机器调整得良好时，产品的合格率为 90%；而当机器发生故障时，产品的合格率为 30%. 每天早上机器开动时，机器调整得良好的概率为 75%. 设某日早上的第一件产品是合格品，试问机器调整得良好的概率是多少？

12. 用某种简易方法诊断肝癌，已知 $P(A|C)=0.95$，$P(\bar{A}|\bar{C})=0.9$，其中 $A=\{$某人被诊断出患有肝癌$\}$，$C=\{$此人确实患有肝癌$\}$. 又设在人群中 $P(C)=0.000\ 4$，问：若某人被用

这种方法诊断出患有肝癌，那么他真正患有肝癌的可能性有多大？

13. 已知 A 与 B 相互独立，两个事件中只有 A 发生的概率与只有 B 发生的概率都是 $1/4$，求 $P(A)$ 与 $P(B)$.

14. 假设有甲、乙两批种子，发芽率分别是 0.8 和 0.7. 在两批种子中各随机取一粒，求：(1)两粒都发芽的概率；(2)至少有一粒发芽的概率；(3)恰有一粒发芽的概率.

15. 某型号高射炮发射一发炮弹击中飞机的概率为 0.6，现有若干门此型号的高射炮同时发射，每炮射一发，欲以 0.99 以上的概率击中飞机，问至少需配置几门高射炮？

16. 飞机可能在 3 个不同的部位遭到射击，已知：当第 1 部位被击中一弹时，飞机被击落；当第 2 部位被击中两弹时，飞机被击落；当第 3 部位被击中三弹时，飞机被击落. 又已知这三个部位的面积是飞机总面积的 10%、20%及 70%，求飞机在中两弹的情况下被击落的概率.

17. 设一枚深水炸弹击沉潜水艇的概率为 1/3，击伤的概率为 1/2，击不中的概率为 1/6，并设击伤两次也会导致潜水艇下沉. 求施放 4 枚深水炸弹能击沉潜水艇的概率.

18. 袋中有 30 只红球、70 只白球，有放回地抽取 5 次，求：(1)恰好取出 2 只红球的概率；(2)至少取出 2 只红球的概率.

19. 一大楼装有五个同类型的独立供水设备. 调查表明，在任一时刻，每个设备被使用的概率为 0.1. 问同一时刻，(1)恰有两个设备被使用的概率；(2)至少有三个设备被使用的概率；(3)至多有三个设备被使用的概率；(4)至少有一个设备被使用的概率.

20. 一台设备由三个部件组成，在保修期内，每个部件损坏的概率为 0.05，且各部件损坏与否是相互独立的. 若有一个部件损坏，设备不能使用的概率为 50%；若有两个部件损坏，设备不能使用的概率为 80%；若三个部件都损坏，该设备肯定不能使用. 求该设备在保修期内不能使用的概率.

21. 甲、乙乒乓球运动员进行单打比赛，如果每赛一局甲胜的概率为 0.6，乙胜的概率为 0.4，比赛可采用三局两胜制或五局三胜制，问采用哪种赛制对甲更有利？

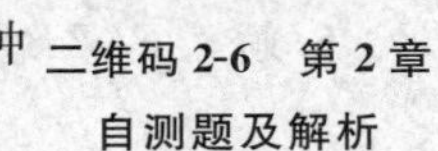

二维码 2-6　第 2 章自测题及解析

同步练习答案与提示

1. 解　设 A_i＝{所取的产品为 i 等品}(i＝1,2,3)，则所求的概率为

$$P(A_1 \mid \bar{A}_3)=\frac{P(A_1\bar{A}_3)}{P(\bar{A}_3)}=\frac{P(A_1)}{1-P(A_3)}=\frac{0.6}{1-0.1}=2/3.$$

注　若采用缩减样本空间法，可以这样分析：设这批产品有 n 个，即样本空间中含有 n 个样本点. $\bar{A}_3$ 形成的缩减样本空间含有 $0.9n$ 个样本点. 在这个缩减样本空间中，A_1 的有利场合数为 $0.6n$，故所求的概率为 $\frac{0.6n}{0.9n}=2/3$.

2. 解　基本事件总数为 $n!$. 设

$$A=\{甲排在乙前\},B=\{乙恰好紧跟在甲后\},$$

则所求的概率为 $P(B|A)$. 由于"甲排在乙前"与"乙排在甲前"是等可能的，故 $P(A)=0.5$. B 中包含的样本点数是：甲、乙两人"捆在一起"参与排队，故 B 的有利场合数为 $(n-1)!$，$P(B)=\frac{(n-1)!}{n!}=\frac{1}{n}$. 又显然 $B\subset A$，所以

$$P(B\mid A)=\frac{P(AB)}{P(A)}=\frac{P(B)}{P(A)}=\frac{2}{n}.$$

3. 解 设 $A=\{$该产品长度合格$\}$，$B=\{$该产品直径合格$\}$，$C=\{$该产品是合格品$\}$，则 $C=AB$. 根据题意可知，$P(A)=0.95$，$P(B)=0.92$，$P(AB)=0.87$. 于是

(1)该产品是合格品的概率为 $P(C)=P(AB)=0.87$.

(2)所求的概率为 $P(C|B)=\frac{P(BC)}{P(B)}=\frac{P(C)}{P(B)}=\frac{0.87}{0.92}\approx 0.946$.

(3)所求的概率为 $P(C|A)=\frac{P(AC)}{P(A)}=\frac{P(C)}{P(A)}=\frac{0.87}{0.95}\approx 0.916$.

4. 解 设 $A_1=\{$第 1 只是次品$\}$，$A_2=\{$第 2 只是次品$\}$，则

(1)两只都是正品的概率为 $P(\bar{A}_1\bar{A}_2)=P(\bar{A}_1)P(\bar{A}_2|\bar{A}_1)=8/10\times 7/9=28/45$.

(2)两只都是次品的概率为 $P(A_1A_2)=P(A_1)P(A_2|A_1)=2/10\times 1/9=1/45$.

(3)一只正品，一只次品的概率为 $\frac{C_8^1C_2^1}{C_{10}^2}=16/45$.

(4)第二次取出的是次品的概率为 $2/10=1/5$.

注 第(3)题用的是上一章求古典概率的方法. 第(1)、(2)题也可用这个方法. 第(4)题是直接利用抽签原理，因为问题相当于 10 个签中有 2 个坏签，2 个人来抽签，问第 2 个人抽到坏签的概率是多少？根据抽签原理，不管是第几个人，抽到坏签的概率都是一样的，就是坏签所占的比例为 0.2.

5. 解 $P(AB)=P(A)P(B|A)=ab$，故

$$P(A\bar{B})=P(A-B)=P(A)-P(AB)=a-ab.$$

6. 解 设 E 表示"任选一袋并从此袋中任取一球"，

$$B_1=\{\text{选出甲袋}\},B_2=\{\text{选出乙袋}\},A=\{\text{取得白球}\},$$

则 B_1、B_2 是 E 的完备事件组，A 是 E 的一个事件. 由全概率公式，

$$P(A)=P(B_1)P(A|B_1)+P(B_2)P(A|B_2)=1/2\times 3/5+1/2\times 2/7=31/70.$$

7. 解 设 $B_1=\{$从甲袋中取出了白球$\}$，$B_2=\{$从甲袋中取出了黑球$\}$，$A=\{$从乙袋中取出白球$\}$，则 B_1、B_2 是个完备事件组. 由全概率公式

$$P(A)=P(B_1)P(A|B_1)+P(B_2)P(A|B_2)=2/3\times 2/4+1/3\times 1/4=5/12.$$

8. 解 设 $B_1=\{$取出的是甲车间产品$\}$，$B_2=\{$取出的是乙车间产品$\}$，$A=\{$取出的产品是合格品$\}$，则 B_1、B_2 是个完备事件组. 由全概率公式

$$P(A)=P(B_1)P(A|B_1)+P(B_2)P(A|B_2)=0.935.$$

9. 解 用 B_1,B_2,B_3,B_4 分别表示他乘火车、乘船、乘汽车、乘飞机，设 $A=\{$他迟到了$\}$，则 B_1,B_2,B_3,B_4 是个完备事件组. 由全概率公式

$$\begin{aligned}P(A)&=P(B_1)P(A|B_1)+P(B_2)P(A|B_2)+P(B_3)P(A|B_3)+P(B_4)P(A|B_4)\\&=0.3\times 0.25+0.2\times 0.3+0.1\times 0.1+0.4\times 0=0.145.\end{aligned}$$

10. 解 设E表示"任取一个零件",A_1={所取零件是第一台加工的},A_2={所取零件是第二台加工的},则A_1、A_2是E的完备事件组.由于第一台加工的零件数量是第二台的两倍,故$P(A_1)=2/3$,$P(A_2)=1/3$.设B={所取零件是次品},则

(1)由全概率公式,

$P(B)=P(A_1)P(B|A_1)+P(A_2)P(B|A_2)=2/3\times 0.03+1/3\times 0.02\approx 0.027$,

故任取一个零件是合格品的概率为:$1-0.027=0.973$.

(2)由贝叶斯公式,

$$P(A_1|B)=\frac{P(A_1B)}{P(B)}=\frac{P(A_1)P(B|A_1)}{P(B)}=\frac{0.06/3}{0.08/3}=3/4.$$

11. 解 设B_1={机器调整得良好},B_2={机器发生故障},则B_1、B_2的概率分别为75%、25%,它们构成了一个完备事件组.设A={第一件产品是合格品},则由全概率公式,

$P(A)=P(B_1)P(A|B_1)+P(B_2)P(A|B_2)=0.75\times 0.9+0.25\times 0.3=0.75.$

本题所求概率是

$$P(B_1|A)=\frac{P(B_1A)}{P(A)}=\frac{P(B_1)P(A|B_1)}{P(A)}=\frac{0.75\times 0.9}{0.75}=0.9.$$

12. 解 A总是伴随着C与$\bar{C}$之一发生,而C与$\bar{C}$构成一个完备事件组.由全概率公式,

$$P(A)=P(C)P(A|C)+P(\bar{C})P(A|\bar{C}).$$
$$=0.0004\times 0.95+0.9996\times[1-P(\bar{A}|\bar{C})]=0.10034$$

则所求的概率是

$$P(C|A)=\frac{P(CA)}{P(A)}=\frac{P(C)P(A|C)}{P(A)}=\frac{0.0004\times 0.95}{0.10034}=0.0038.$$

13. 解 由A、B相互独立,得A、$\bar{B}$相互独立,且$\bar{A}$、B相互独立,从而

$$P(A\bar{B})=P(A)P(\bar{B})=P(A)\cdot[1-P(B)]=1/4,$$
$$P(\bar{A}B)=P(\bar{A})P(B)=[1-P(A)]\cdot P(B)=1/4.$$

两式相减,得$P(A)=P(B)$.故$1/4=P(A)-[P(A)]^2$,解得$P(A)=P(B)=1/2$.

14. 解 设A={甲发芽},B={乙发芽},则$P(A)=0.8$,$P(B)=0.7$,且A、B相互独立.

(1)两粒都发芽的概率为

$$P(AB)=P(A)P(B)=0.8\times 0.7=0.56.$$

(2)至少一粒发芽的概率为

$$P(A\cup B)=P(A)+P(B)-P(AB)=0.8+0.7-0.56=0.94.$$

(3)恰有一粒发芽的概率为

$$P(A\bar{B}\cup\bar{A}B)=P(A\bar{B})+P(\bar{A}B)=P(A)P(\bar{B})+P(\bar{A})P(B)=0.8\times 0.3+0.2\times 0.7=0.38$$

15. 解 设有n门高射炮同时发射,A_i={第i门高射炮击中飞机}($i=1,2,\cdots,n$),则这n个事件的概率皆为$p=0.6$,且它们是相互独立的.飞机被击中的概率是

$$P(A_1\cup A_2\cup\cdots\cup A_n)=1-(1-p)^n=1-0.4^n.$$

要使此概率在0.99以上,就必须有

$$1-0.4^n>0.99,\quad 即\ 0.4^n<0.01,\quad 即\ n>\frac{\ln 0.01}{\ln 0.4}\approx 5.03.$$

故至少需配置6门高射炮，才能使飞机被击中的概率在0.99以上.

16. 解 设向飞机发射甲、乙两发炮弹(都击中了)，

$$A_i=\{甲弹击中第\ i\ 部位\},B_1=\{乙弹击中第\ i\ 部位\}(i=1,2,3).$$

则由题意可知，

$$P(A_1)=P(B_1)=0.1,P(A_2)=P(B_2)=0.2,P(A_3)=P(B_3)=0.7.$$

两次射击相互独立进行，故 A_i 与 B_j 是相互独立的($1\leqslant i,j\leqslant 3$).

飞机被击落的概率为

$$P(A_1B_1\cup A_1B_2\cup A_1B_3\cup A_2B_1\cup A_2B_2\cup A_3B_1)$$
$$=0.1\times 0.1+0.1\times 0.2+0.1\times 0.7+0.2\times 0.1+0.2\times 0.2+0.7\times 0.1=0.23.$$

17. 解 设施放的4枚深水炸弹分别为甲、乙、丙、丁，它们的袭击效果是相互独立的.先求击不沉的概率.根据题意，这4枚炸弹击不沉潜艇仅包含以下两种情况：

(1)4枚炸弹都没有击中潜艇，这种情况发生的概率为 $(1/6)^4=1/6^4$.

(2)4枚炸弹中有一枚击伤潜艇而其他3枚都没有击中潜艇，由于击伤潜艇的炸弹可以是4枚中的任一枚，故这种情况发生的概率为

$$[1/2\times 1/6\times 1/6\times 1/6]\times 4=12/6^4.$$

以上两种情况是互不相容的，故4枚炸弹击不沉潜艇的概率为这两种情况发生的概率之和，即 $13/6^4$.因此，施放4枚深水炸弹能击沉潜水艇的概率为 $1-13/6^4$.

18. 解 对100个球有放回地抽取5次是5重伯努利试验.设 $A=\{取出红球\}$，则在一次试验里，A 发生的概率为 $p=0.3$.设 X 表示5重伯努利试验中 A 发生的次数，则

$$P(X=k)=C_5^k p^k q^{5-k}(q=1-p).$$

(1)恰好取出2只红球的概率为

$$P(X=2)=C_5^2\cdot 0.3^2\cdot 0.7^3\approx 0.31.$$

(2)至少取出2只红球的概率为

$$P(X\geqslant 2)=1-P(X<2)=1-P\{(X=0)\cup(X=1)\}$$
$$=1-P(X=0)-P(X=1)=1-0.7^5-5\cdot 0.3\cdot 0.7^4\approx 0.47.$$

19. 解 在某一时刻考察5个设备的使用情况是5重伯努利试验.

设 $A=\{设备正在被使用\}$，则在一次试验里，A 发生的概率为 $p=0.1$.设 X 表示5重伯努利试验中 A 发生的次数，则

$$P(X=k)=C_5^k p^k q^{5-k}(q=1-p).$$

本题所求的几个概率分别是：

(1)$P(X=2)=C_5^2\cdot 0.1^2\cdot 0.9^3=0.072\,9$.

(2)$P(X\geqslant 3)=P(X=3)+P(X=4)+P(X=5)=0.008\,56$.

(3)$P(X\leqslant 3)=1-P(X\geqslant 4)=1-P(X=4)-P(X=5)=0.999\,54$.

(4)$P(X\geqslant 1)=1-P(X=0)=0.409\,51$.

20. 解 设 $B_i=\{有\ i\ 个部件损坏\}(i=0,1,2,3)$，则 B_0,B_1,B_2,B_3 是个完备事件组.

设 $A=\{设备不能使用\}$，则由全概率公式，

$$P(A)=P(B_0)P(A|B_0)+P(B_1)P(A|B_1)+P(B_2)P(A|B_2)+(B_3)P(A|B_3).$$

由已知，

$$P(A|B_0)=0,P(A|B_1)=0.5,P(A|B_2)=0.8,P(A|B_3)=1$$

为了求 $P(A)$，只需再求出 $P(B_1),P(B_2),P(B_3)$. 考察3个部件是否损坏是3重伯努利试验，1个部件损坏的概率是 $p=0.05$，3个部件损坏的个数恰好为 k 的概率为

$$C_3^k p^k(1-p)^{3-k}(k=0,1,2,3).$$

故

$$P(B_1)=C_3^1\cdot 0.05\cdot 0.95^2,P(B_2)=C_3^2\cdot 0.05^2\cdot 0.95,P(B_3)=0.05^3.$$

因此，

$$\begin{aligned}P(A)&=P(B_0)P(A|B_0)+P(B_1)P(A|B_1)+P(B_2)P(A|B_2)+P(B_3)P(A|B_3)\\&=0+0.135\,375\times 0.5+0.007\,125\times 0.8+0.000\,125\times 1\approx 7.35\%.\end{aligned}$$

21. 分析 其实就是比较两种赛制下甲获胜的概率. 本题的关键在于计算甲在 n 局比赛中取得 m 次胜利的概率. 而前后各局比赛是相互独立进行的，故进行 n 局比赛就相当于进行了 n 次独立重复试验，可以运用伯努利定理.

解 (1)在三局两胜制下，

$$P\{\text{甲在前 2 局比赛中均取得了胜利}\}=0.6\times 0.6=0.36,$$

$$P\{\text{甲在前 2 局比赛中取得 1 次胜利，而第 3 局获胜}\}$$
$$=(C_2^1\cdot 0.6\cdot 0.4)\times 0.6=0.288,$$

故在三局两胜制下，甲取得胜利的概率为以上两个概率之和，即 0.648.

(2)在五局三胜制下，

$$P\{\text{甲在前 3 局比赛中均取得了胜利}\}=0.6\times 0.6\times 0.6=0.216,$$

$$P\{\text{甲在前 3 局比赛中取得 2 次胜利，而第 4 局获胜}\}$$
$$=(C_3^2\cdot 0.6^2\cdot 0.4)\times 0.6=0.259\,2,$$

$$P\{\text{甲在前 4 局比赛中取得 2 次胜利，而第 5 局获胜}\}$$
$$=(C_4^2\cdot 0.6^2\cdot 0.4^2)\times 0.6=0.207\,36.$$

故在五局三胜制下，甲取得胜利的概率为以上三个概率之和，即 0.682 56. 由于五局三胜制下甲取胜的概率更大，故五局三胜制对甲更有利.

Chapter 3 第3章 

一维随机变量及其分布

One-dimensional Random Variables and Distributions

3.1 教学基本要求

1. 理解随机变量的概念，了解分布函数的概念和性质；

2. 理解离散型随机变量及其分布律的概念，掌握两点分布、二项分布和泊松(Poisson)分布；

3. 理解连续型随机变量及其密度函数的概念，掌握正态分布，了解均匀分布和指数分布；

4. 会求简单的随机变量函数的概率分布.

3.2 知识要点

3.2.1 随机变量及其分布函数

1. 随机变量

设 E 为随机试验，$\Omega=\{\omega\}$为 E 的样本空间，$X(\omega)$是定义在 Ω 上的单值实函数(即样本空间 Ω 上的实值函数)，则称 $X(\omega)$为**随机变量**.

2. 分布函数

设随机变量 X，称函数

$$F(x)=P(X\leqslant x),\quad -\infty<x<+\infty$$

为 X 的**分布函数**，记为 $F_X(x)$或 $F(x)$.

分布函数的基本性质

(1) $0\leqslant F(x)\leqslant 1, x\in R$，且 $F(-\infty)=\lim\limits_{x\to-\infty}F(x)=0, F(+\infty)=\lim\limits_{x\to+\infty}F(x)=1$；

(2) 单调不减性：如果 $x_1<x_2$，则 $F(x_1)\leqslant F(x_2)$；

(3) 右连续性：$\lim\limits_{x\to x_0^+}F(x)=F(x_0)$.

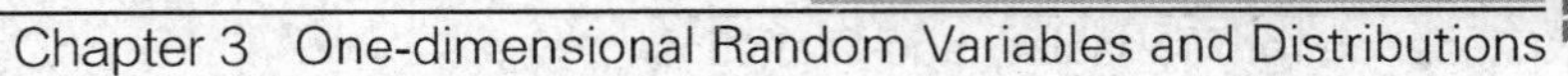

注 分布函数一定满足上述 3 个性质，反之满足上述 3 个性质的函数也一定可以作为某个随机变量的分布函数.

利用分布函数可以表示下列事件的概率：

(1)$P(a<X\leqslant b)=P(X\leqslant b)-P(X\leqslant a)=F(b)-F(a)$；

(2)$P(X=a)=F(a)-F(a-0)$；

(3)$P(X<a)=P(X\leqslant a)-P(X=a)=F(a-0)$；

(4)$P(X\geqslant a)=1-P(X<a)=1-F(a-0)$.

其中，$F(a-0)$为 $F(x)$在点 a 处的左极限，即 $F(a-0)=\lim\limits_{x\to a^-}F(x)$.

二维码 3-1 第 3 章知识要点讲解 1（微视频）

3.2.2 离散型随机变量

1. 定义

若随机变量 X 只取有限个或无限可列个值，则称 X 为**离散型随机变量**.

2. 分布律

若离散型随机变量 X 可能取值为 $x_1,x_2,\cdots,x_n$（或 $x_1,x_2,\cdots$），则称表达式 $P(X=x_k)=p_k,k=1,2,\cdots,n$（或 $k=1,2,\cdots$）为 X 的**概率分布或分布律(列)**. X 的分布律还可以通过下列表格表示：

x_k	x_1	x_2	$\cdots$
$P(X=x_k)$	p_1	p_2	$\cdots$

分布律的基本性质

(1)对任意的 k，有 $0\leqslant p_k\leqslant 1$；

(2)$\sum\limits_k p_k=1$.

注 分布律一定满足上述两个性质，反之满足上述两个性质的 $P(X=x_k)=p_k$ 也一定可以作为某个离散型随机变量的分布律.

3. 离散型随机变量的分布函数

设离散型随机变量 X 的分布律为

$$P(X=x_k)=p_k,\quad k=1,2,\cdots,n(\text{或 } k=1,2,\cdots)$$

则 X 的分布函数可表示为

$$F(x)=P(X\leqslant x)=\sum_{k:x_k\leqslant x}P(X=x_k)=\sum_{k:x_k\leqslant x}p_k,\quad -\infty<x<\infty.$$

4. 几种常见的离散型随机变量

(1)两点分布(0-1 分布) 如果随机变量 X 只取值 0 和 1，其分布律为

$$P(X=1)=p,\quad P(X=0)=q,$$

其中，$0<p<1,p+q=1$. 则称 X 服从参数为 p 的**两点分布(或 0-1 分布)**，记为 $X\sim B(1,p)$.

注 两点分布亦称为**伯努利(Bernoulli)分布**，试验的结果服从两点分布的试验称为伯

努利试验.

(2)二项分布 如果随机变量 X 只取值 $0,1,2,\cdots,n$,其分布律为

$$p_k = P(X=k) = C_n^k p^k q^{n-k}, \quad k=0,1,2,\cdots,n.$$

其中,$0<p<1$,$p+q=1$.则称 X 服从**二项分布**,记为 $X\sim B(n,p)$.

注 当 $n=1$ 时,二项分布就是两点分布.

泊松(*Poisson*)定理 在伯努利试验中,以 p_n 表示事件 A 在第 n 次试验中出现的概率,它与试验总数 n 有关.对固定的正整数 k,若 $np_n\to\lambda(n\to\infty)$,则

$$C_n^k p_n^k (1-p_n)^{n-k} \to \frac{\lambda^k}{k!}e^{-\lambda} \quad (n\to\infty).$$

注 泊松定理为二项分布的计算提供了一种近似方法(二项分布的**泊松逼近**).

(3)泊松分布 如果随机变量 X 的可能取值为 $0,1,2,\cdots$,其分布律为

$$P(X=k) = \frac{\lambda^k}{k!}e^{-\lambda}, \quad k=0,1,2,\cdots,$$

其中,$\lambda>0$ 为常数,则称 X 服从参数为 λ 的**泊松分布**,记为 $X\sim P(\lambda)$.

(4)几何分布 如果随机变量 X 只取正整数 $1,2,\cdots$,且分布律为

$$P(X=k) = q^{k-1}p, \quad k=1,2,\cdots,$$

其中,$0<p<1$,$p+q=1$,则称 X 服从**几何分布**,记为 $X\sim G(p)$.

(5)超几何分布 如果随机变量 X 的分布律为

$$P(X=k) = \frac{C_M^k C_{N-M}^{n-k}}{C_N^n},$$

其中,k 取$[\max(0,M+n-N),\min(M,n)]$内的一切整数,则称 X 服从**超几何分布**,记为 $X\sim H(M,N,n)$.

二维码 3-2 第 3 章知识要点讲解 2(微视频)

3.2.3 连续型随机变量

1.定义

设 $F(x)$是随机变量 X 的分布函数,若存在非负可积函数 $f(x)$,使得对任意实数 x,有

$$F(x) = \int_{-\infty}^{x} f(t)\,dt.$$

则称 X 是**连续型随机变量**,$f(x)$称为 X 的**概率密度函数**或**密度函数**,也称**概率密度**.

2.性质

密度函数 $f(x)$的基本性质

(1)$f(x)$在$(-\infty,+\infty)$上非负、可积;

(2)$\int_{-\infty}^{+\infty} f(t)\,dt = 1$.

注 密度函数一定满足上述两个性质,反之满足上述两个性质的函数也一定可以作为某个随机变量的密度函数.

连续型随机变量还具有下列性质:

(1)$P(x_1<X\leqslant x_2) = F(x_2)-F(x_1) = \int_{x_1}^{x_2} f(x)\,dx$;

(2)分布函数 $F(x)$为连续函数；

(3)在 $f(x)$的连续点 x 处，满足 $F'(x)=f(x)$；

(4)对任意常数 a，概率 $P(X=a)=0$.

注 性质(4)说明，概率为 0 的事件未必是不可能事件(但不可能事件的概率一定为 0)；概率为 1 的事件未必是必然事件(但必然事件的概率一定为 1).

3. 几种常见的连续型随机变量

(1)均匀分布 设 a,b 为实数，且 $a<b$，如果随机变量 X 的概率密度函数为

$$f(x)=\begin{cases}\dfrac{1}{b-a}, & a\leqslant x\leqslant b\\ 0, & \text{其他}\end{cases},$$

则称 X 服从$[a,b]$上的**均匀分布**，记为 $X\sim U[a,b]$. 相应的分布函数为

$$F(x)=\begin{cases}0, & x<a\\ \dfrac{x-a}{b-a}, & a\leqslant x\leqslant b.\\ 1, & x\geqslant b\end{cases}$$

若设随机变量 X 服从$[a,b]$上的均匀分布，则对任一长度为 l 的区间$[c,c+l]$($[c,c+l]\subset[a,b]$)，有

$$P(c<X<c+l)=\int_c^{c+l}f(x)\mathrm{d}x=\int_c^{c+l}\frac{1}{b-a}\mathrm{d}x=\frac{l}{b-a}.$$

即 X 落在$[a,b]$中任意等长度的子区间的概率是相等的，或者说 X 落在$[a,b]$中的某子区间内的概率只与该子区间的长度有关，而与其位置无关，这就是**均匀性**.

(2)指数分布 如果随机变量 X 的概率密度函数为

$$f(x)=\begin{cases}\lambda\mathrm{e}^{-\lambda x}, & x>0\\ 0, & x\leqslant 0\end{cases},$$

其中，参数 $\lambda>0$，则称 X 服从参数为 λ 的**指数分布**，记为 $X\sim E(\lambda)$. 相应的分布函数为

$$F(x)=\begin{cases}1-\mathrm{e}^{-\lambda x}, & x>0\\ 0, & x\leqslant 0\end{cases}.$$

(3)正态分布 如果随机变量 X 的概率密度为

$$f(x)=\frac{1}{\sqrt{2\pi\sigma}}\mathrm{e}^{\frac{(x-\mu)^2}{2\sigma^2}},\quad -\infty<x<+\infty,$$

其中，σ 和 μ 都是参数，$\sigma<0$，则称 X 服从**正态分布**，记为 $X\sim N(\mu,\sigma^2)$. 正态分布也称**常态分布或高斯(Gauss)分布**. 相应的分布函数为

$$F(x)=\frac{1}{\sqrt{2\pi\sigma}}\int_{-\infty}^{x}\mathrm{e}^{\frac{(1-\mu)^2}{2\sigma^2}}\mathrm{d}t,\quad -\infty<x<+\infty.$$

$\mu=0,\sigma=1$ 时的正态分布称为**标准正态分布**. 标准正态分布 $N(0,1)$的密度函数和分布函数分别记为 $\varphi(x)$和 $\Phi(x)$，即

$$\varphi(x)=\frac{1}{\sqrt{2\pi}}\mathrm{e}^{-\frac{x^2}{2}},\quad -\infty<x<+\infty,$$

$$\Phi(x)=\frac{1}{\sqrt{2\pi}}\int_{-\infty}^{x}\mathrm{e}^{-\frac{t^2}{2}}\mathrm{d}t,\quad -\infty<x<+\infty.$$

二维码 3-3 第 3 章 知识要点讲解 3（微视频）

正态分布的基本性质：

(1)$f(x)$的图像关于直线$x=\mu$对称，即

$$f(\mu+x)=f(\mu-x).$$

特别地，$\varphi(x)$是偶函数.

(2)对于分布函数，有

$$F(\mu-x)=1-F(\mu+x)$$

特别地，标准正态分布的分布函数$\Phi(x)$满足

$$\Phi(-x)=1-\Phi(x).$$

(3)若X服从正态分布$X\sim N(\mu,\sigma^2)$，则$\dfrac{X-\mu}{\sigma}\sim N(0,1)$，且有

$$P(x_1<X\leqslant x_2)=\Phi\left(\frac{x_2-\mu}{\sigma}\right)-\Phi\left(\frac{x_1-\mu}{\sigma}\right).$$

“3σ原则”：若X服从正态分布$N(\mu,\sigma^2)$，则X落在区间$(\mu-3\sigma,\mu+3\sigma)$内的概率为0.997 4，即$X$几乎落在上述区间内.这个性质在标准制定和质量管理等方面有着广泛的应用，通常称为**“3σ原则”**.

3.2.4 一维随机变量函数的分布

设X是一随机变量，$g(x)$为连续实函数，则称$Y=g(X)$为一维随机变量的函数，也是一个随机变量，其分布称为一维随机变量函数的分布.

1. 离散型情形

设离散型随机变量X的分布律为

$$P(X=x_k)=p_k,\quad k=1,2,\cdots,$$

$y=g(x)$为连续实函数.如果$y_j(j=1,2,\cdots)$为$Y=g(X)$所有可能取值，则Y的概率分布为

$$P(Y=y_j)=\sum_{k:g(x_k)=y_j}p_k,\quad j=1,2,\cdots.$$

2. 连续型情形

一般地，连续型随机变量X的函数$Y=g(X)$不一定都是连续型随机变量，但这里仅讨论Y为连续型时所对应的密度函数的求解方法.

(1)分布函数法 已知X的概率分布，可按下列步骤求$Y=g(X)$的密度函数：首先将Y的分布函数$F_Y(y)=P(Y\leqslant y)=P(g(X)\leqslant y)$表示成$X$在某个区间上的取值的概率，然后根据$f_Y(y)=F'_Y(y)$的关系求出$Y$的密度函数，此方法称为**分布函数法**.

(2)公式法 设连续型随机变量X的概率密度为$f_X(x)$，函数$y=g(x)$严格单调，且处处可导，则$Y=g(X)$也是一个连续型随机变量，其密度函数为

$$f_Y(y)=\begin{cases}f_X[h(y)]\,|h'(y)|, & \alpha<y<\beta\\ 0, & \text{其他}\end{cases}.$$

其中，$h(y)$是$g(x)$的反函数，$\alpha=\min\{g(-\infty),g(+\infty)\}$，$\beta=\max\{g(-\infty),g(+\infty)\}$.

二维码 3-4 第 3 章 知识要点讲解 4（微视频）

注 分布函数法对$y=g(x)$不做任何要求，但公式法对$y=g(x)$要求单调、可导.

常用的结论

二维码 3-5　第 3 章基本要求与知识要点

(1)若 X 服从正态分布 $N(\mu,\sigma^2)$，则 $Y=aX+b$ 服从正态分布 $N(a\mu+b,a^2\sigma^2)$，其中 a,b 为常数，且 $a\neq0$.

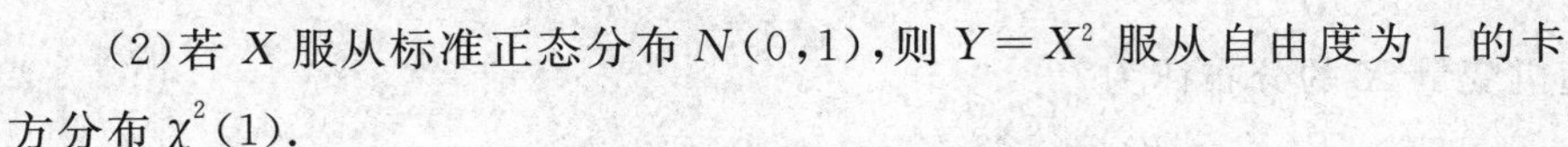

(2)若 X 服从标准正态分布 $N(0,1)$，则 $Y=X^2$ 服从自由度为 1 的卡方分布 $\chi^2(1)$.

3.3　例题解析

例 3.1　以下四个函数中，(　　)不能作为随机变量 X 的分布函数.

(A) $F_1(x)=\begin{cases}0, & x<0\\ 1-\mathrm{e}^{-x}, & x\geqslant0\end{cases}$；　(B) $F_2(x)=\begin{cases}0, & x<0\\ \dfrac{\ln(1+x)}{1+x}, & x\geqslant0\end{cases}$；

(C) $F_3(x)=\begin{cases}0, & x<0\\ \dfrac{x^2}{4}, & 0\leqslant x<2\\ 1, & x\geqslant2\end{cases}$；　(D) $F_4(x)=\begin{cases}0, & x<0\\ 1/3, & 0\leqslant x<1\\ 1/2, & 1\leqslant x<3\\ 1, & x\geqslant3\end{cases}$.

分析　本题考查分布函数的性质，应按分布函数的性质逐一进行验证.

解　选(B).理由如下：

(A)显然 $F_1(x)$ 为单调不减、右连续函数，且 $0\leqslant F_1(x)\leqslant1$，易验证 $F_1(-\infty)=0$，且 $F_1(+\infty)=\lim\limits_{x\to+\infty}(1-\mathrm{e}^{-x})=1$，因此 $F_1(x)$ 可以作为分布函数.

(B)由于 $F_2(+\infty)=\lim\limits_{x\to+\infty}F_2(x)=\lim\limits_{x\to+\infty}\dfrac{\ln(1+x)}{1+x}=\lim\limits_{x\to+\infty}\dfrac{1}{1+x}=0$，所以 $F_2(x)$ 不能作为分布函数.

(C)显然 $F_3(x)$ 为单调不减、右连续函数，且 $0\leqslant F_3(x)\leqslant1$，易验证 $F_3(-\infty)=0$，$F_3(+\infty)=0$，因此 $F_3(x)$ 可以作为分布函数.

(D)显然 $F_4(x)$ 为单调不减、右连续函数，且 $0\leqslant F_4(x)\leqslant1$，易验证 $F_4(-\infty)=0$，$F_4(+\infty)=0$，因此 $F_4(x)$ 可以作为分布函数.

例 3.2　设随机变量的分布函数为

$$F(x)=\begin{cases}0, & x<0\\ A\sin x, & 0\leqslant x\leqslant\dfrac{\pi}{2}\\ 1, & x>\dfrac{\pi}{2}\end{cases}$$

则常数 $A=$__________；$P\left(|X|<\dfrac{\pi}{6}\right)=$__________.

分析　本题考查利用分布函数的性质求解有关问题.

解　由于分布函数 $F(x)$ 为右连续函数，所以 $\lim\limits_{x\to\frac{\pi}{2}^+}F(x)=F\left(\dfrac{\pi}{2}\right)$，由 $\lim\limits_{x\to\frac{\pi}{2}^+}F(x)=1$ 和 $F\left(\dfrac{\pi}{2}\right)=A$ 得 $A=1$. 因此

$$P\left(|X|<\frac{\pi}{6}\right)=F\left(\frac{\pi}{6}-0\right)-F\left(-\frac{\pi}{6}\right)=1/2.$$

其中 $F\left(\frac{\pi}{6}-0\right)$ 为 $F(x)$ 在点 $\frac{\pi}{6}$ 处的左极限.

例 3.3 设随机变量 X 的分布律为

$$P(X=k)=1/3a^k,\quad k=0,1,2,$$

其中 a 为常数,试确定 a 的值.

分析 本题考查离散型随机变量分布律的性质.

解 由离散型随机变量分布律的性质知,$a>0$,且 $1/3(1+a+a^2)=1$,解得

$$a=1\quad 或\quad a=-2(舍负),$$

故 $a=1$.

例 3.4 设随机变量 X 的分布律为

$$P(X=k)=\frac{\alpha\lambda^k}{k!},\quad k=0,1,2,\cdots,$$

其中 $\lambda>0$ 为常数,试确定常数 α.

分析 与例 3.3 类似,本题考查离散型随机变量分布律的性质.

解 由离散型随机变量分布律的性质可得

$$\begin{cases}\dfrac{\alpha\lambda^k}{k!}\geqslant 0, & k=0,1,2,\cdots\\ \displaystyle\sum_{k=0}^{\infty}\frac{\alpha\lambda^k}{k!}=1\end{cases},$$

由于 $\sum_{k=0}^{\infty}\frac{\alpha\lambda^k}{k!}=\alpha\left(\sum_{k=0}^{\infty}\frac{\lambda^k}{k!}\right)=\alpha e^{\lambda}$(根据 e^x 的幂级数展开式:$e^x=\sum_{n=0}^{\infty}\frac{x^n}{n!},x\in R$),所以 $\alpha=e^{-\lambda}$;并且 $\alpha=e^{-\lambda}$ 满足 $\frac{\alpha\lambda^k}{k!}\geqslant 0$,故常数 $\alpha=e^{-\lambda}$.

例 3.5 设一盒中有 5 个纪念章,编号为 1,2,3,4,5,在其中等可能地任取 3 个,用 X 表示取出的 3 个纪念章上的最大号码,求随机变量 X 的分布律及分布函数.

分析 本题考查在实际问题中如何求离散型随机变量的分布律,以及由分布律给出分布函数.

解 显然 X 的可能取值为 3,4,5,且在 5 个编号 1,2,3,4,5 中任取 3 个的取法总数为 C_5^3.

以 $\{X=3\}$ 表示取出的 3 个纪念章中的最大号码为 3,则其余 2 个纪念章的号码为 1,2,仅有这一种情况,因此 $P(X=3)=C_2^2/C_5^3=1/10$;

以 $\{X=4\}$ 表示取出的 3 个纪念章中的最大号码为 4,则其余 2 个纪念章的号码的取数可在 1,2,3 中任取 2 个,其取法总数为 C_3^2,因此 $P(X=4)=C_3^2/C_5^3=3/10$;

以 $\{X=5\}$ 表示取出的 3 个纪念章中的最大号码为 5,则其余 2 个纪念章的号码的取数可在 1,2,3,4 中任取 2 个,其取法总数为 C_4^2,因此 $P(X=5)=C_4^2/C_5^3=3/5$.

综上可得随机变量 X 的分布律为

$$P(X=k)=\frac{C_{k-1}^2}{C_5^3}(k=3,4,5).$$

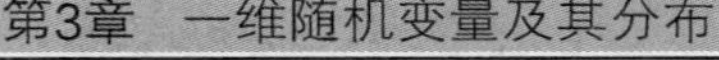

随机变量 X 的分布律也可表示为

X	3	4	5
P	1/10	3/10	3/5

由此可得随机变量 X 的分布函数为

$$F(x)=\begin{cases}0, & x<3\\ 1/10, & 3\leqslant x<4\\ 1/10+3/10=2/5, & 4\leqslant x<5\\ 1/10+3/10+3/5=1, & x\geqslant 5\end{cases}$$

例 3.6 已知随机变量 X 的分布函数为

$$F(x)=\begin{cases}0, & x<1\\ 1/8, & 1\leqslant x<2\\ 5/8, & 2\leqslant x<4\\ 1, & x\geqslant 4\end{cases}$$

二维码 3-6 第 3 章 典型例题讲解 1 (微视频)

试求随机变量 X 的分布律.

分析 本题实际上是由离散型随机变量的分布函数反求其分布律.

解 由随机变量 X 的分布函数知

$$P(X=1)=P(X\leqslant 1)-P(X<1)=F(1)-F(1-0)=1/8-0=1/8;$$
$$P(X=2)=P(X\leqslant 2)-P(X<2)=F(2)-F(2-0)=5/8-1/8=1/2;$$
$$P(X=4)=P(X\leqslant 4)-P(X<4)=F(4)-F(4-0)=1-5/8=3/8.$$

故随机变量 X 的分布律为

X	1	2	4
P	1/8	1/2	3/8

例 3.7 设某批电子元件的正品率为 4/5,次品率为 1/5.现对这批元件进行测试,只要测得一个正品就停止测试工作,以 X 表示需要测试的次数,试求随机变量 X 的分布律.

解 设 A_i 表示第 i 次测试时测得的是正品,根据题意知 $A_i(i=1,2,\cdots)$ 之间相互独立.因此 $P(A_i)=4/5, P(\bar{A}_i)=1/5,(i=1,2,\cdots)$.随机变量 X 的可能取值为 $1,2,\cdots$.

$\{X=1\}$ 表示第一次就测得正品,因此

$$P(X=1)=P(A_1)=4/5;$$

$\{X=2\}$ 表示第一次测得的是次品,第二次测得的是正品,因此

$$P(X=2)=P(\bar{A}_1A_2)=P(\bar{A}_1)P(A_2)=4/5^2;$$

$\{X=3\}$ 表示第一、二次测得的是次品,第三次测得的是正品,因此

$$P(X=3)=P(\bar{A}_1\bar{A}_2A_3)=P(\bar{A}_1)P(\bar{A}_2)P(A_3)=4/5^3.$$

以此类推,可得随机变量 X 的分布律为

$$P\{X=k\}=(4/5)(1/5)^{k-1}=4/5^k, k=1,2,\cdots.$$

列表如下:

X	1	2	3	…	k	…
P	$4/5$	$4/5^2$	$4/5^3$	…	$4/5^k$	…

注 本题实际上是 X 服从参数 $p=4/5$ 的**几何分布**.

例 3.8(几何分布的"无记忆性") 设 X 服从几何分布 $X\sim G(p)$,m,n 为两个正整数.试证:$P(X>n)=P(X>m+n|X>m)$.

证明 由于 $X\sim G(p)$,所以 X 的分布律为

$$P(X=k)=pq^{k-1},k=1,2,\cdots.$$

其中,$0<p<1,q=1-p$.

因此 $$P(X>n)=1-P(X\leqslant n)=1-\sum_{k=1}^{n}pq^{k-1}=q^n.$$

从而 $$P(X>m+n\mid X>m)=\frac{P(X>m+n,X>m)}{P(X>m)}=\frac{q^{m+n}}{q^m}=q^n,$$

所以 $$P(X>n)=P(X>m+n\mid X>m).$$

例 3.9 袋中有 12 个乒乓球,其中有 2 个旧球.

(1)有放回地抽取,每次任取 1 个,直到取到旧球为止,求抽取次数 X_1 的分布;

(2)有放回地抽取,每次任取 1 个,直到取到 2 个旧球为止,求抽取次数 X_2 的分布;

(3)无放回地抽取,每次任取 1 个,直到取到旧球为止,求抽取次数 X_3 的分布;

(4)有放回地抽取,每次任取 1 个,取得旧球为止,但最多取 4 次,求抽取次数 X_4 的分布;

(5)无放回地抽取,每次任取 1 个,取得旧球为止,但最多取 4 次,求抽取次数 X_5 的分布.

分析 本题是和随机抽样有关的离散型随机变量分布律问题,注意抽样方式不同对结果的影响.

解 (1)由于是有放回抽取,因此任取 1 个球是旧球的概率为 1/6. X_1 表示直到取到旧球时的抽取次数,所以 X_1 服从几何分布 $X_1\sim G(1/6)$. 因此 X_1 的分布律为

$$P(X_1=k)=(5/6)^{k-1}1/6,\quad k=1,2,\cdots.$$

(2)显然 X_2 的可能取值为 2,3,…. 由于是有放回抽取,故任取 1 个球是旧球的概率为 1/6.

$\{X_2=2\}$表示两次抽取的都是旧球,因此 $P(X=2)=1/6^2$;

$\{X_2=3\}$表示前两次中恰有一次取得的是旧球,且第三次取得的是旧球,因此

$$P(X=3)=\mathrm{C}_2^1(5/6)\cdot(1/6)^2;$$

$\{X_2=4\}$表示前三次中恰有一次取得的是旧球,且第四次取得的是旧球,因此

$$P(X=4)=\mathrm{C}_3^1(5/6)^2\cdot(1/6)^2;$$

以此类推,可得随机变量 X_2 的分布律为

$$P(X=k)=\mathrm{C}_{k-1}^1(5/6)^{k-2}\cdot(1/6)^2,\quad k=2,3,\cdots.$$

(3)由于是不放回抽取,因此 X_3 的可能取值为 1,2,…,11. $\{X_2=k\}$表示第 k 次才取到旧球,因此 X_3 的分布律为

$$P(X_3=k)=\frac{\mathrm{A}_{10}^{k-1}\mathrm{A}_2^1}{\mathrm{A}_{12}^k}=\frac{12-k}{66},\quad k=1,2,\cdots,11.$$

(4)由于是有放回抽取,因此任取 1 个球是旧球的概率为 1/6,X_4 表示直到取到旧球时

的抽取次数，且最多取 4 次，所以 X_4 的可能取值为 1,2,3,4.

$\{X_4=1\}$表示第一次取到的就是旧球，因此 $P(X_4=1)=1/6$；

$\{X_4=2\}$表示第二次才取到旧球，因此 $P(X_4=2)=5/36$；

$\{X_4=3\}$表示第三次才取到旧球，因此 $P(X_4=3)=25/216$；

$\{X_4=4\}$表示前三次取到的都不是旧球，因此 $P(X_4=4)=125/216$.

于是 X_4 的分布律为

X_4	1	2	3	4
P	1/6	5/36	25/216	125/216

(5) X_5 表示直到取到旧球时的抽取次数，且最多取 4 次，所以 X_5 的可能取值为 1,2,3,4. 由于是不放回抽取，因此

$\{X_5=1\}$表示第一次取到的就是旧球，因此 $P(X_5=1)=1/6$；

$\{X_5=2\}$表示第二次才取到旧球，因此 $P(X_5=2)=\dfrac{A_{10}^1A_2^1}{A_{12}^2}=5/33$；

$\{X_5=3\}$表示第三次才取到旧球，因此 $P(X_5=3)=\dfrac{A_{10}^2A_2^1}{A_{12}^3}=3/22$；

$\{X_5=4\}$表示前三次取到的都不是旧球，因此 $P(X_5=4)=6/11$.

于是 X_5 的分布律为

X_5	1	2	3	4
P	1/6	5/33	3/22	6/11

注　求解本题需要注意以下两点：

(1)有放回抽取和不放回抽取之间的差异，即 X_1 和 X_3 之间以及 X_4 和 X_5 之间的区别；

(2) X_1 和 X_2 之间的区别：X_1 表示首次抽取到旧球时所做的试验次数，它服从**几何分布**；而 X_2 表示第二次抽取到旧球时所做的试验次数，它服从**负二项分布**.

例 3.10　袋中有白球 9 只，黑球 6 只(两种球除颜色外完全一样)，从中任意取出 5 个球，试求下列随机变量的分布律：

(1)若有放回摸球，X_1 表示 5 个球中黑球的个数；

(2)若不放回摸球，X_2 表示 5 个球中黑球的个数.

解　(1)若有放回摸球，则每次摸到黑球的概率为 2/5. X_1 表示 5 次摸球中黑球的个数，则 X_1 的取值可能为 $0,1,\cdots,5$ 且 $X_1\sim B(5,2/5)$.

所以 X_1 的分布律为

$$P(X_1=k)=C_5^k(2/5)^k(3/5)^{5-k},\quad k=0,1,\cdots,5.$$

(2)若不放回摸球，则从 15 只球中任取 5 个球的总数 C_{15}^5. X_2 表示 5 个球中黑球的个数，则 X_2 的取值可能为 $0,1,\cdots,5$.

$\{X_2=k\}$表示 5 个球中有 k 只黑球，因此共有 $C_6^kC_9^{5-k}$ 种取法，故 X_2 的分布律为

$$P(X_2=k)=\frac{C_6^kC_9^{5-k}}{C_{15}^5},\quad k=0,1,\cdots,5.$$

例 3.11　同时掷甲、乙两颗骰子，设 X 表示两颗骰子点数之和，试求 X 的概率分布.

分析 本题考查如何根据实际问题给出离散型随机变量的分布律.

解 设(x,y)表示同时掷甲、乙两颗骰子所出现的结果,其中$x,y=1,2,\cdots,6$.由于试验为古典概型,因此,所有可能结果的总数为36.随机变量X的可能取值为$2,3,\cdots,12$.那么

$\{X=2\}$表示点数之和为2,即(x,y)满足$x+y=2$,共有1种可能情况,因此

$$P(X=2)=1/36;$$

$\{X=3\}$表示点数之和为3,即(x,y)满足$x+y=3$,共有2种可能情况,因此

$$P(X=3)=2/36=1/18;$$

……

$\{X=12\}$表示点数之和为12,即(x,y)满足$x+y=12$,共有1种可能情况,因此

$$P(X=12)=1/36.$$

综上所述,可得随机变量X的分布律为

X	2	3	4	5	6	7	8	9	10	11	12
P	1/36	1/18	1/12	1/9	5/36	1/6	5/36	1/9	1/12	1/18	1/36

注 以下解法是错误的.

由于随机变量X的所有可能取值$2,3,\cdots,12$,共有11种情况,因此,按古典概型可得X的分布律为

X	2	3	4	5	6	7	8	9	10	11	12
P	1/11	1/11	1/11	1/11	1/11	1/11	1/11	1/11	1/11	1/11	1/11

这种解法错误的原因是X的所有11种可能取值并不是等可能出现的,因此不能按古典概型求解.

例3.12 甲城长途电话局有一台电话总机,其中有5个分机专供与乙城通话.设每个分机在1 h内平均占线20 min,并且各分机是否占线相互独立.问甲、乙两城应设置几条线路才能使每个分机与乙城通话时的畅通率不小于0.95?

分析 本题考查二项分布.此类问题关键是由所给问题联想到所要用的分布.

解 设甲、乙两城应设置y条线路才能使每个分机与乙城通话时的畅通率不小于0.95.以小时为单位,则第i台分机在1 h内被使用的概率为$1/3(i=1,2,\cdots,5)$.设随机变量X表示在1 h内5个分机同时被使用的个数,由于各分机是否占线相互独立,因此X服从二项分布$X\sim B(5,1/3)$.那么

$$P\{\text{每个分机与乙城通话时是畅通的}\}=P(X\leqslant y)=\sum_{k=0}^{y}C_5^k(1/3)^k(2/3)^{5-k}\geqslant 0.95.$$

满足上述不等式的y的取值可能不唯一,下面通过试解来确定y的值.

如果$y=2$,那么

$$P(X\leqslant 2)=\sum_{k=0}^{2}C_5^k(1/3)^k(2/3)^{5-k}=65/81\approx 0.790\,1<0.95,$$

所以$y=2$不满足条件,说明y的取值至少不小于3.

如果$y=3$,那么

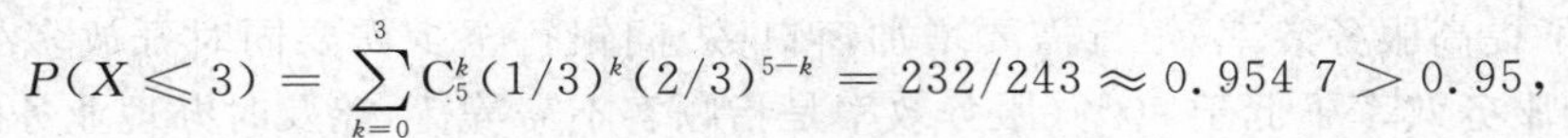

$$P(X \leqslant 3) = \sum_{k=0}^{3} C_5^k (1/3)^k (2/3)^{5-k} = 232/243 \approx 0.954\,7 > 0.95,$$

所以 $y=3$ 满足条件. 因此 $y=3$，即甲、乙两城应设置 3 条线路才能使每个分机与乙城通话时的畅通率不小于 0.95.

二维码 3-7 第 3 章 典型例题讲解 2 （微视频）

例 3.13 某十字路口有大量汽车通过，每辆车在一天的某段时间内出事故的概率为0.000 1，在某天的该段时间内有 2 000 辆汽车通过，求出事故的次数不小于两次的概率？（利用泊松定理）

分析 本题考查二项分布及二项分布的近似计算.

解 设 X 表示该段时间内有 2 000 辆汽车通过该十字路口时发生事故的次数. 由题意知，X 服从二项分布 $X \sim B(2\,000, 0.000\,1)$.

由于 $n=2\,000$，$p=0.000\,1$，由泊松定理可得 $\lambda=np=0.2$. 因此

$$P(X \geqslant 2) \approx \sum_{k=2}^{\infty} \frac{\lambda^k}{k!} e^{-\lambda} \approx 0.017\,53.（查表）$$

例 3.14 有 80 台同类设备，各台工作相互独立，发生故障的概率都是 0.01，且一台设备故障需一个人维修. 考虑两种配备维修工人的方案. 第一种方案：有 4 个人维护，每人承包 20 台；第二种方案：3 个人共同维护 80 台. 试比较两种方案的优劣（设备发生故障而不能及时维修的概率小的方案为优）.

分析 本题是人事资源管理中的优化配置问题.

解 设事件 A 表示 80 台设备发生故障而不能及时维修.

先考虑第一种方案：有 4 个人维护，每人承包 20 台.

设 X_1 表示“某人承包的 20 台设备中同时要维修的台数”，则 X_1 服从二项分布 $X_1 \sim B(20, 0.01)$，因此

$P\{$20 台设备发生故障而不能及时维修$\}=P(X_1 \geqslant 2) \approx 0.017$（根据泊松定理）.

设 X_2 表示“这四组设备中因发生故障而不能及时维修的组数”，则 $X_2 \sim B(4, 0.017)$. 如果这四组设备中有一组发生故障而不能及时维修，就说明这 80 台设备发生故障而不能及时维修. 因此有

$$P(A) = P(X_2 \geqslant 1) = 1 - P(X_2 = 0) \approx 0.066.$$

再考虑第二种方案：由 3 个人共同维护 80 台.

设 Y 表示“80 台设备中同时需要维修的台数”，则 $Y \sim B(80, 0.01)$. 如果这 80 台设备中发生故障的台数大于 3，那么说明这 80 台设备发生故障而不能及时维修. 因此有

$$P(A) = P(Y \geqslant 4) \approx 0.009.$$

通过比较可知，第二种方案明显优于第一种方案.

例 3.15 已知每分钟到银行办理业务的顾客数服从参数为 2.5 的泊松分布，每分钟银行最多有 3 个窗口同时提供服务，如果每分钟到达的顾客数多于 3 名，则需要等待或离开. 试求：

(1)每分钟到达银行的最可能顾客数；

(2)顾客到银行时不能及时办理业务而需要等待或离开的概率；

(3)为了提高服务效率,银行需要增加窗口数.问银行至少需要同时开放多少个窗口才能使银行的服务效率不低于90%(服务效率是指顾客不需等待,能及时办理业务的概率)?

分析 本题主要考查泊松分布的性质和概率的求解问题.类似二项分布,泊松分布也有最可能"成功"的次数为 $m_0=[\lambda]$. 特别地,当 λ 为整数,$m_0=\lambda-1$ 或 λ.

解 设 X 表示每分钟到达银行的顾客数,则 X 服从泊松分布 $X\sim P(2.5)$,其分布律为

$$P(X=k)=\frac{2.5^k}{k!}e^{-2.5},k=0,1,2,\cdots.$$

(1)每分钟到达银行的最可能的顾客数为[2.5]=2 名;

(2)P{顾客到银行时不能及时办理业务而需要等待或离开}$=P(X\geqslant4)\approx0.242$;

(3)设银行至少需要同时开放 y 个窗口才能使服务效率不低于90%.由题意知,

$$P\{\text{顾客到银行时能及时办理业务}\}=P(X\leqslant y)\geqslant0.9.$$

采用试算法,当 $y=4$ 时,$P(X\leqslant4)\approx0.891<0.9$;当 $y=5$ 时,$P(X\leqslant5)\approx0.958>0.9$.因此,银行至少需要同时开放5个窗口才能使银行的服务效率不低于90%.

例 3.16 设随机变量 X 的密度函数为

$$f(x)=Ae^{-|x|},-\infty<x<+\infty.$$

试求:(1)常数 A;(2)X 落在(0,1)内的概率;(3)X 的分布函数 $F(x)$.

分析 本题考查连续型随机变量概率密度函数的性质.

解 (1)由于 $f(x)$ 为随机变量 X 的密度函数,所以 $f(x)$ 满足 $\int_{-\infty}^{+\infty}f(x)dx=1$,即 $\int_{-\infty}^{+\infty}Ae^{-|x|}dx=2A\int_0^{+\infty}e^{-x}dx=2A=1$,解得 $A=1/2$.

(2) $P(0<X<1)=\int_0^1 f(x)dx=\int_0^1\frac{1}{2}e^{-x}dx=\frac{1}{2}(1-e^{-1})$.

(3)由分布函数与密度函数的关系 $F(x)=\int_{-\infty}^{x}f(t)dt$ 得 $F(x)=\int_{-\infty}^{x}\frac{1}{2}e^{-|t|}dt$.

当 $x<0$ 时, $F(x)=\int_{-\infty}^{x}\frac{1}{2}e^{-|t|}dt=\int_{-\infty}^{x}\frac{1}{2}e^{t}dt=\frac{1}{2}e^{x}$;

当 $x\geqslant0$ 时, $F(x)=\int_{-\infty}^{x}\frac{1}{2}e^{-|t|}dt=\int_{-\infty}^{0}\frac{1}{2}e^{t}dt+\int_0^{x}\frac{1}{2}e^{-t}dt=1-\frac{1}{2}e^{-x}$.

综上所述,X 的分布函数为

$$F(x)=\begin{cases}\frac{1}{2}e^{x}, & x<0\\ 1-\frac{1}{2}e^{-x}, & x\geqslant0\end{cases}.$$

例 3.17 设连续型随机变量 X 的密度函数为

$$g(x)=\begin{cases}f(x), & x\in[a,b]\\ 0, & \text{其他}\end{cases},$$

试证:随机变量 X 的分布函数为

$$F(x)=\begin{cases}0, & x<a\\ \int_a^x f(t)dt, & a\leqslant x<b.\\ 1, & x\geqslant b\end{cases}$$

分析　由于分布函数 $F(x)$ 是密度函数的"累积和"，因此密度函数为分段函数时，分布函数的求解也需要分段考虑.

证　由于 $g(x)$ 为 X 的密度函数，所以

$$\int_{-\infty}^{+\infty} g(x)\mathrm{d}x = \int_a^b f(x)\mathrm{d}x = 1.$$

由分布函数与密度函数的关系 $F(x) = \int_{-\infty}^{x} g(t)\mathrm{d}t$，得

当 $x<a$ 时，有

$$F(x) = \int_{-\infty}^{x} g(t)\mathrm{d}t = \int_{-\infty}^{x} 0\mathrm{d}t = 0;$$

当 $a\leqslant x<b$ 时，有

$$F(x) = \int_{-\infty}^{x} g(t)\mathrm{d}t = \int_a^x g(t)\mathrm{d}t = \int_a^x f(t)\mathrm{d}t;$$

当 $x\geqslant b$ 时，有

$$F(x) = \int_{-\infty}^{x} g(t)\mathrm{d}t = \int_a^b g(t)\mathrm{d}t = \int_a^b f(t)\mathrm{d}t = 1.$$

所以 X 的分布函数为

$$F(x) = \begin{cases} 0, & x < a \\ \int_a^x f(t)\mathrm{d}t, & a \leqslant x < b. \\ 1, & x \geqslant b \end{cases}$$

例 3.18　某公共汽车站从上午 7 时起每 15 min 发一班车，如果乘客到达汽车站的时间 X 是在 7:00—7:30 之间的均匀随机变量. 试求下列事件的概率：

(1)乘客等车时间不超过 5 min；(2)乘客等车时间超过 10 min.

分析　本题主要考查均匀分布.

解　以 7 时为起点，分钟为单位，则随机变量 X 服从均匀分布 $X\sim U[0,30]$，其密度函数为

$$f(x)\begin{cases} 1/30, & 0\leqslant x\leqslant 30 \\ 0, & \text{其他} \end{cases}.$$

依题意，该公共汽车站在 7:15 和 7:30 分别有一辆车出发，而乘客到达车站的事件是7:00—7:30 之间，因此乘客等车时间不超过 5 min 是指该乘客在 7:10—7:15 或 7:25—7:30 时间段内到达；乘客等车时间超过 10 min 是指该乘客在 7:00—7:05 或 7:15—7:20 时间段内到达. 所以

(1)P{乘客等车时间不超过 5 min}$=P(10\leqslant X\leqslant 15$ 或 $25\leqslant X\leqslant 30)$

$$= \int_{10}^{15} \frac{1}{30}\mathrm{d}x + \int_{25}^{30} \frac{1}{30}\mathrm{d}x = 1/3;$$

(2)P{乘客等车时间超过 10 min}$=P(0\leqslant X\leqslant 5$ 或 $15\leqslant X\leqslant 20)$

$$= \int_{0}^{5} \frac{1}{30}\mathrm{d}x + \int_{15}^{20} \frac{1}{30}\mathrm{d}x = 1/3.$$

例 3.19　在区间$[0,a]$上任意投掷一个质点，以 X 表示这个质点的坐标. 设该质点落在

$[0,a]$中任意小区间的概率与这个小区间的长度成正比例，试求 X 的分布函数.

分析 根据题意判断 X 应服从均匀分布. X 的分布函数也可按定义求.

解 设 X 的分布函数为 $F(x)$，则

(1)当 $x<0$ 时，$\{x\leqslant x\}$为不可能事件，所以 $F(x)=P(X\leqslant x)=P(\varnothing)=0$；

(2)当 $0\leqslant x<a$ 时，由题意可设 $P(0\leqslant X\leqslant x)=kx$，其中 k 为正实数. 为了确定 k 的值，令 $x=a$，因为$\{0\leqslant X\leqslant a\}$为必然事件，所以

$$P(0\leqslant X\leqslant a)=ka=1.\quad 故\ k=1/a.$$

因此

$$F(x)=P(X\leqslant x)=P(X<0)+P(0\leqslant X\leqslant x)=0+x/a=x/a.$$

(3)当 $x\geqslant a$ 时，有

$$\begin{aligned}F(x)&=P(X\leqslant x)=P(X<0)+P(0\leqslant X\leqslant a)+P(a<X\leqslant x)\\&=0+a/a+0=1.\end{aligned}$$

综合(1)，(2)，(3)可得 X 的分布函数为

$$F(x)=\begin{cases}0, & x<0\\ x/a, & 0\leqslant x<a.\\ 1, & x\geqslant a\end{cases}$$

例 3.20 设随机变量 $X\sim U[1,6]$，求一元二次方程 $t^2+Xt+1=0$ 有实根的概率.

解 一元二次方程 $t^2+Xt+1=0$ 有实根等价于它的根的判别式非负. 因此，

$$P\{一元二次方程有实根\}=P(\Delta\geqslant 0)=P(X^2-4\geqslant 0)=P(X\geqslant 2)=4/5.$$

二维码 3-8 第 3 章典型例题讲解 3（微视频）

例 3.21 某种晶体管寿命服从参数为 0.001 的指数分布(单位：h). 电子仪器装有这种晶体管 5 个，并且每个晶体管是否损坏相互独立，试求该电子仪器在 1 000 h 内恰有两个损坏的概率.

分析 本题是二项分布的概率求解问题，但需要通过指数分布来确定二项分布中的参数 p.

解 设随机变量 X 表示一个晶体管的使用寿命，则 X 服从指数分布 $X\sim E(0.001)$ 的密度函数为

$$f(x)=\begin{cases}0.001\mathrm{e}^{-0.001x}, & x>0\\ 0, & x\leqslant 0\end{cases}$$

因此

$$P\{一个晶体管在 1\,000\text{ h} 内损坏\}=P(X\leqslant 1\,000)=\int_0^{1\,000}0.001\mathrm{e}^{-0.001x}\mathrm{d}x=1-\mathrm{e}^{-1}.$$

设 Y 表示该电子仪器在 1 000 h 内损坏的晶体管的个数，则 Y 服从二项分布 $Y\sim B(5,1-\mathrm{e}^{-1})$，所以

$$P\{该电子仪器在 1\,000\text{ h} 内恰有两个损坏\}=P(Y=2)=\mathrm{C}_5^2(1-\mathrm{e}^{-1})^2\mathrm{e}^{-3}=10(1-\mathrm{e}^{-1})^2\mathrm{e}^{-3}.$$

例 3.22 已知随机变量 $X\sim N(0.8,0.003^2)$，试求：

(1)$P(X\leqslant 0.803\,6)$；(2)$P(|X-0.8|<0.006)$；(3)满足 $P(X\leqslant c)\leqslant 0.95$ 的 c.

分析 本题考查如何将一般正态分布转化为标准正态分布并计算.

解　(1) $P(X\leqslant 0.8036)=P\left(\frac{X-0.8}{0.003}\leqslant\frac{0.8036-0.8}{0.003}\right)=\Phi(1.2)\approx 0.8846$.

(2) $P(|X-0.8|<0.006)=P\left(\left|\frac{X-0.8}{0.003}\right|<\frac{0.006}{0.003}\right)=\Phi(2)-\Phi(-2)$

$$=2\Phi(2)-1\approx 0.9544.$$

(3) $P(X\leqslant c)=P\left(\frac{X-0.8}{0.003}\leqslant\frac{c-0.8}{0.003}\right)=\Phi\left(\frac{c-0.8}{0.003}\right)$,

由于 $\Phi(1.645)\approx 0.95$，所以当 $\frac{c-0.8}{0.003}\leqslant 1.645$ 时，满足 $P(X\leqslant c)\leqslant 0.95$. 即 $c\leqslant 0.8049$ 时，满足 $P(X\leqslant c)\leqslant 0.95$.

例 3.23　把温度调节器放入贮存着某液体的容器中，调节器定在 d℃. 液体的温度 T 是随机变量，设 $T\sim N(d,0.5^2)$. 试求：

(1)如果 $d=90$，求 $T\leqslant 89$ 的概率；

(2)如果要求保持液体的温度至少为 80℃的概率不低于 0.99，那么 d 至少为多少？

分析　与例 3.22 类似，本题还是考查正态分布的概率求解问题，但本题中的第(2)小题是利用概率反求事件中的参数.

解　(1)由于 $T\sim N(d,0.5^2)$，如果 $d=90$，那么

$$P(T\leqslant 89)=P\left(\frac{T-90}{0.5}\leqslant\frac{89-90}{0.5}\right)=\Phi(-2)\approx 0.0228.$$

(2)由于要求 $P(T\geqslant 80)=P\left(\frac{T-d}{0.5}\geqslant\frac{80-d}{0.5}\right)$

$$=1-P\left(\frac{T-d}{0.5}<\frac{80-d}{0.5}\right)=1-\Phi\left(\frac{80-d}{0.5}\right)\geqslant 0.99,$$

所以需要 $\Phi\left(\frac{80-d}{0.5}\right)\leqslant 0.01$. 查表 $\Phi(-2.33)=0.01$，所以当 $\frac{80-d}{0.5}\leqslant -2.33$ 时，即 $d\geqslant 81.165$ 时，液体的温度至少为 80℃的概率不低于 0.99.

例 3.24　某学校大一学生的数学成绩近似服从正态分布 $N(75,10^2)$，如果 85 分以上为优秀，那么数学成绩为优秀的学生占该年级学生总数的百分之几？

解　从所有学生中任选一名学生，设 X 表示该学生的数学成绩，则 $X\sim N(75,10^2)$. 因此，

$$P\{\text{任选一名学生数学成绩为优秀}\}=P(X>85)=P\left(\frac{X-75}{10}>\frac{85-75}{10}\right)$$

$$=1-\Phi(1)\approx 0.1587.$$

所以数学成绩为优秀的学生占该年级学生总数的 15.87%.

例 3.25　某厂生产的某种电子元件的寿命 $X(h)$ 服从正态分布 $N(1600,\sigma^2)$，如果要求元件的寿命在 1 200 h 以上的概率不小于 0.96，试确定常数 σ 的值.

解　$P\{\text{该元件的寿命在 1 200 h 以上}\}=P(X>1200)$

$$=P\left(\frac{X-1600}{\sigma}>\frac{1200-1600}{\sigma}\right)$$

$$=\Phi\left(\frac{400}{\sigma}\right)\geqslant 0.96.$$

查表 $\Phi(1.75)=0.96$，所以 $\frac{400}{\sigma}\geqslant 1.75$，解得 $\sigma\leqslant 288.57$.

即当 $\sigma\leqslant 288.57$ 时，该元件的寿命在 1 200 h 以上的概率不小于 0.96.

例 3.26 已知随机变量 X 的分布律为

X	-3	-2	0	1	3	5
P	1/10	1/15	1/5	2/15	4/15	7/30

试求随机变量 $Y=2X-1$ 和 $Y=X^2+1$ 的分布律.

分析 由于 X 为离散型随机变量，因此 $Y=2X-1$ 和 $Y=X^2+1$ 也是离散型随机变量.

解 由 X 的分布律和 $Y=2X-1$ 可得

X	-3	-2	0	1	3	5
$Y=2X-1$	-7	-5	-1	1	5	9
P	1/10	1/15	1/5	2/15	4/15	7/30

整理可得 Y 的分布律为

Y	-7	-5	-1	1	5	9
P	1/10	1/15	1/5	2/15	4/15	7/30

由 X 的分布律和 $Y=X^2+1$ 可得

X	-3	-2	0	1	3	5
$Y=X^2+1$	10	5	1	2	10	26
P	1/10	1/15	1/5	2/15	4/15	7/30

整理可得 Y 的分布律为

Y	1	2	5	10	26
P	1/5	2/15	1/15	11/30	7/30

例 3.27 设随机变量 X 的分布律为

$$P(X=k)=\frac{1}{2^{k+1}},\quad k=0,1,2,\cdots,$$

试求随机变量 $Y=\cos\pi X$ 的分布律.

解 由于随机变量 X 的所有可能取值为非负整数，因此 $Y=\cos\pi X$ 的所有可能取值为 -1 和 1. 因此

$$P(Y=-1)=P\{X\text{ 取所有的奇数}\}=\sum_{k=1}^{\infty}\frac{1}{2^{2k}}=1/3;$$

$$P(Y=1)=P\{X\text{ 取所有的偶数}\}=\sum_{k=1}^{\infty}\frac{1}{2^{2k+1}}=2/3.$$

所以，Y 的分布律为

Y	-1	1
P	$1/3$	$2/3$

例 3.28 设随机变量 $X \sim U[0,1]$，试求随机变量 $Y=\mathrm{e}^X$ 的概率密度函数.

分析 本题是求连续型随机变量函数的密度函数问题.通常有两种方法：一是按定义求解，即通过分布函数的表达式来求解；二是按公式求解.

解 **解法1** 通过求分布函数 $F_Y(y)$ 求密度 $f_Y(y)$（**分布函数法**）.

由题设，随机变量 X 的密度函数为

$$f_X(x)=\begin{cases}1, & 0 \leqslant x \leqslant 1 \\ 0, & \text{其他}\end{cases}.$$

由分布函数的定义和 $Y=\mathrm{e}^X$ 可得

$$F_Y(y)=P(Y \leqslant y)=P(\mathrm{e}^X \leqslant y)=P(X \leqslant \ln y).$$

当 $\ln y<0$，即 $y<1$ 时，

$$F_Y(y)=P(X \leqslant \ln y)=0;$$

当 $0 \leqslant \ln y \leqslant 1$，即 $1 \leqslant y \leqslant \mathrm{e}$ 时，

$$F_Y(y)=P(X \leqslant \ln y)=\int_0^{\ln y} f_X(x)\mathrm{d}x=\int_0^{\ln y}\mathrm{d}x=\ln y;$$

当 $\ln y>1$，即 $y>\mathrm{e}$ 时，

$$F_Y(y)=P(X \leqslant \ln y)=\int_0^1 f_X(x)\mathrm{d}x=1.$$

对分布函数 $F_Y(y)$ 的表达式求导可得

$$f_Y(y)=\begin{cases}1/y, & 1 \leqslant x \leqslant \mathrm{e} \\ 0, & \text{其他}\end{cases}.$$

解法2 利用公式求解（**公式法**）.

由 $y=\mathrm{e}^x$ 得 $x=h(y)=\ln y$，显然 $h(y)=\ln y$ 严格单调，且 $h'(y)=1/y$.

当 $0 \leqslant x \leqslant 1$ 时，有 $1 \leqslant y \leqslant \mathrm{e}$. 由定理得 $Y=\mathrm{e}^X$ 的概率密度函数为

$$f_Y(y)=f_X(h(y))\mid h'(y)\mid=\begin{cases}1/y, & 1 \leqslant x \leqslant \mathrm{e} \\ 0, & \text{其他}\end{cases}.$$

注 比较两种方法，分布函数法较复杂，但不容易出错；公式法较简单，但容易出错，且必须满足 $y=g(x)$ 是严格单调、可导函数这一前提条件.

例 3.29 设随机变量 X 的概率密度函数为

$$f_X(x)=\begin{cases}\dfrac{\mathrm{e}}{a(x+1)}, & 0<x<\mathrm{e}-1 \\ 0, & \text{其他}\end{cases},$$

试求：(1) a 的值；(2) $Y=\sqrt{X}$ 的概率密度函数.

分析 本题首先根据密度函数的性质确定常数 a，再根据随机变量函数的求解方法（如分布函数法）来确定 Y 的概率密度.

解 (1) 由 $\int_{-\infty}^{+\infty} f_x(x)\mathrm{d}x=\int_0^{\mathrm{e}-1}\dfrac{\mathrm{e}}{a(x+1)}\mathrm{d}x=1$，得 $a=\mathrm{e}$.

因此
$$f_X(x)=\begin{cases}\dfrac{1}{x+1}, & 0<x<\mathrm{e}-1\\ 0, & \text{其他}\end{cases}.$$

(2) $F_Y(y)=P(Y\leqslant y)=P(\sqrt{X}\leqslant y)=P(X\leqslant y^2)$
$$=\int_2^{y^2}f_X(x)\mathrm{d}x=\int_0^{y^2}\frac{1}{1+x}\mathrm{d}x\quad(0\leqslant y\leqslant\sqrt{\mathrm{e}-1}),$$

故
$$f_Y(y)=F_Y'(y)=\frac{2y}{1+y^2}\quad(0\leqslant y\leqslant\sqrt{\mathrm{e}-1}).$$

所以
$$f_Y(y)=\begin{cases}\dfrac{2y}{1+y^2}, & 0\leqslant y\leqslant\sqrt{\mathrm{e}-1}\\ 0, & \text{其他}\end{cases}.$$

例 3.30 设随机变量 X 的概率密度函数为
$$f_X(x)=\begin{cases}ax+b, & 1<x<3\\ 0, & \text{其他}\end{cases},$$
且 $P(2<X<3)=2P(1<X<2)$，试求：(1) 常数 a,b；(2) $Y=(X-2)^2$ 的概率密度函数.

解 (1) 由 $\int_{-\infty}^{+\infty}f_X(x)\mathrm{d}x=\int_1^3(ax+b)\mathrm{d}x=1$ 得 $\quad 4a+2b=1$，

由 $P(2<X<3)=2P(1<X<2)$ 得 $\quad \frac{1}{2}a+b=0$，

联立方程组，求解得 $\quad a=1/3,b=-1/6$.

(2) 由 $y=(x-2)^2$ 知 Y 的取值非负，故当 $y<0$ 时，$\{Y\leqslant y\}$ 是不可能事件，所以 $F_Y(y)=P(Y\leqslant y)$，从而 $f_Y(y)=0$；

当 $y\geqslant 0$ 时，
$$F_Y(y)=P(Y\leqslant y)=P((X-2)^2\leqslant y)=P(2-\sqrt{y}\leqslant X\leqslant 2+\sqrt{y}).$$

如果 $2+\sqrt{y}<3$，那么 $2-\sqrt{y}>1$，因此
$$F_Y(y)=P(2-\sqrt{y}\leqslant X\leqslant 2+\sqrt{y})=\int_{2-\sqrt{y}}^{2+\sqrt{y}}(x/3-1/6)\mathrm{d}x,$$

所以
$$f_Y(y)=F_Y'(y)=\frac{1}{2\sqrt{y}}.$$

如果 $2+\sqrt{y}\geqslant 3$，那么 $2-\sqrt{y}\leqslant 1$，因此
$$F_Y(y)=P(2-\sqrt{y}\leqslant X\leqslant 2+\sqrt{y})=\int_1^3(x/3-1/6)\mathrm{d}x=1.$$

所以 $f_Y(y)=F_Y'(y)=0$.

综上所述，Y 的概率密度函数为
$$f_Y(y)=\begin{cases}\dfrac{1}{2\sqrt{y}}, & 0<y<1\\ 0, & \text{其他}\end{cases}.$$

例 3.31 设随机变量 $X\sim N(0,1)$，试求随机变量 $Y=|X|$ 的概率密度函数.

解 随机变量 X 的概率密度函数为

$$f_X(x)-\frac{1}{\sqrt{2\pi}}\mathrm{e}^{-\frac{x^2}{2}},\quad -\infty<x+\infty.$$

$$F_Y(y)=P(Y\leqslant y)=P(|X|\leqslant y)=P(-y\leqslant X\leqslant y)$$

$$=\int_{-y}^{y}f_X(x)\mathrm{d}x=\int_{-y}^{y}\frac{1}{\sqrt{2\pi}}\mathrm{e}^{-\frac{x^2}{2}}\mathrm{d}x\qquad(y\geqslant 0),$$

故
$$f_Y(y)=F_Y'(y)=\frac{2}{\sqrt{2\pi}}\mathrm{e}^{-\frac{x^3}{2}}\qquad(y\geqslant 0).$$

所以

$$f_Y(y)=\begin{cases}\dfrac{2}{\sqrt{2\pi}}\mathrm{e}^{-\frac{y^2}{2}}, & y\geqslant 0\\ 0, & y<0\end{cases}.$$

例 3.32 设某球体的直径 D 服从均匀分布即 $D\sim U[a,b](0<a<b)$，试求该球体积 V 的概率密度函数 $f_V(v)$.

分析 本题考查随机变量函数的分布问题，先将体积 V 表示为直径 D 的函数，然后用定义求.

解 已知随机变量 D 的密度函数为

$$f_D(x)=\begin{cases}\dfrac{1}{b-a}, & a\leqslant x\leqslant b\\ 0, & \text{其他}\end{cases}.$$

球的体积$=(4\pi/3)(D/2)^3=\pi/6D^3$ 的取值在 $\pi a^3/6$ 与 $\pi b^3/6$ 之间.

分布函数 $F_V(v)=P(V\leqslant v)=p\left(\frac{\pi}{6}D^3\leqslant v\right)=P\left(a<D\leqslant\sqrt[3]{\frac{6v}{\pi}}\right)=\int_a^{\sqrt[3]{\frac{6v}{\pi}}}\frac{1}{b-a}\mathrm{d}x.$

因此
$$f_V(v)=F_V'(v)=\frac{1}{(b-a)}\sqrt[3]{\frac{2}{9\pi v^2}}.$$

故
$$f_V(v)=\begin{cases}\dfrac{1}{(b-a)}\sqrt[3]{\dfrac{2}{9\pi v^2}}, & \dfrac{\pi a^3}{6}\leqslant v\leqslant\dfrac{\pi b^3}{6}\\ 0, & \text{其他}\end{cases}.$$

例 3.33 设随机变量 $\eta\sim U[0,1]$，求由关系式 $\eta=F(\xi)$ 确定的随机变量 ξ 的分布函数，其中函数 $F(x)$ 为严格单增，连续的分布函数.

二维码 3-9 第 3 章 典型例题讲解 4（微视频）

分析 本题的函数没有具体表达式（但满足分布函数的性质），可利用分布函数的定义（即分布函数法）求解.

解 由于 $F(x)$ 严格单增，其反函数存在，令 $\xi=F^{-1}(\eta)$，则

$$P(\xi\leqslant x)=P(F^{-1}(\eta)\leqslant x)=P(\eta\leqslant F(x)).$$

又由于$\eta\sim U[0,1]$，所以

$$F_\eta(x)=\begin{cases}0, & x<0\\ x, & 0\leqslant x<1,\\ 1, & x\geqslant 1\end{cases}$$

二维码 3-10 第 3 章 典型例题讲解

即当 $0\leqslant x<1$ 时，有 $F_\eta(x)=x$，而 $0\leqslant F(x)\leqslant 1$，因此

$$F_\xi(x)=P(\xi\leqslant x)=P(\eta\leqslant F(x))=F_\eta(F(x))=F(x),$$

即随机变量 ξ 的分布函数就是 $F(x)$.

3.4 同步练习

1. 设随机变量 X 的分布律为 $P(X=k)=b\lambda^k, k=1,2\cdots$，且>0，试求常数 λ.

2. 设随机变量 X 的分布律为 $P(X=k)=\frac{c}{k!}, k=1,2,\cdots$，试求常数 c.

3. 设随机变量 X 的分布函数为

$$F(x)=\begin{cases}0, & x<0\\ Ax^2, & 0\leqslant x\leqslant 1,\\ 1, & x>1\end{cases}$$

试求常数 A.

4. 设 $F_1(x)$ 和 $F_2(x)$ 都是分布函数，且 $a>0, b>0$ 和 $a+b=1$. 试证：$aF_1(x)+bF_2(x)$ 和也是分布函数.

5. 一个半径为 2 m 的圆形靶子，设击中靶上任一同心圆盘的概率与该圆盘的面积成正比，并设射击都能中靶. 如果以 X 表示弹着点与圆心的距离，试求随机变量 X 的分布函数 $F(x)$.

6. 设在某试验中，试验成功的概率为 3/4，以 X 表示首次成功时的试验次数，试求：(1) X 的分布律；(2) X 取偶数的概率.

7. 设有产品 l 件，其中正品 N 件，次品 M 件 ($l=N+M$). 从中随机抽取 n 件 ($n\leqslant \min(M,N)$)，记 X 表示其中的正品数，求 X 的分布律.

8. 设随机变量 X 服从参数为 λ 的指数分布，且 $P(k<K<2k)=1/4$，求常数 k.

9. 若随机变量 X 的密度函数为

$$f(x)=\begin{cases}a\cos x, & x\in[-\pi/2,\pi/2]\\ 0, & \text{其他},\end{cases}$$

试求：(1) 常数 a；(2) 分布函数 $F(x)$；(3) 概率 $P(0\leqslant X\leqslant \pi/4)$.

10. 设 X 服从正态分布 $X\sim N(5,4)$，试求常数 a，使得：
(1) $P(X<a)=0.9$；(2) $P(|X-5|>a)=0.01$.

11. 已知 X 的分布律为

X	-2	-1	0	1	2
P	$3a$	$1/6$	$3a$	a	$11/30$

试求 $Y=X^2-1$ 的分布律.

12. 已知 X 的分布律为

$$P(X=k)=1/2^k,\quad k=1,2,\cdots,$$

试求 $Y=\sin\frac{\pi}{2}X$ 的分布律.

13. 设随机变量 X 的密度函数为

$$f_X(x)=\begin{cases}e^{-x}, & x>0\\ 0, & x\leqslant 0\end{cases},$$

试求随机变量 $Y=\mathrm{e}^X$ 的密度函数 $f_Y(y)$.

14. 设随机变量 X 的概率密度函数为

$$f(x)=\begin{cases}2x^3\mathrm{e}^{-x^2}, & x\geqslant 0,\\ 0, & x<0\end{cases}$$

试求:(1)$Y=2X+3$;(2)$Y=X^2$;(3)$Y=\ln X$ 的概率密度函数.

15. 已知 $X\sim N(0,1)$,试求下列函数的密度函数.

(1)$Y=X^3$;(2)$Y=\mathrm{e}^X$;(3)$Y=\mathrm{e}^{-X}$.

16. 设随机变量 $X\sim U\left[-\frac{\pi}{2},\frac{\pi}{2}\right]$,试求随机变量 $Y=\cos X$ 的概率密度函数.

17. 由点$(0,a)$任作一直线与 y 轴相交成角 X,$X\sim U\left[-\frac{\pi}{2},\frac{\pi}{2}\right]$,求此直线与 x 轴交点横坐标的密度函数.

18. 设随机变量 $X\sim N(0,1)$,试求 $Y=1-2|X|$ 的概率密度函数.

二维码 3-11　第 3 章自测题及解析

□ 同步练习答案与提示

1. 解　由分布律的性质可得 $\sum\limits_{k=1}^{\infty}b\lambda^k=1$,由于

$$\sum_{k=1}^{\infty}b\lambda^k=b\sum_{k=1}^{\infty}\lambda^k=\frac{\lambda b}{1-\lambda},$$

所以 $\lambda=\frac{1}{1+b}$.

2. 解　由分布律的性质可得 $\sum\limits_{k=1}^{\infty}\frac{c}{k!}=1$,而

$$\sum_{k=1}^{\infty}\frac{c}{k!}=c\sum_{k=1}^{\infty}\frac{1}{k!}=c\left(\sum_{k=0}^{\infty}\frac{1}{k!}-1\right)=c(\mathrm{e}-1),$$

所以 $c=\frac{1}{\mathrm{e}-1}$.

注　该分布不是泊松分布(因为 $k\neq 0$).

3. 解　由于 $F(x)$为右连续函数,所以

$$\lim_{x\to 1^+}F(x)=F(1).$$

由 $\lim\limits_{x\to 1^+}F(x)=1$ 和 $F(1)=A$ 可得 $A=1$.

4. 证明　由于 $F_1(x)$和 $F_2(x)$为分布函数,且 $a>0,b>0$ 和 $a+b=1$,所以

$$0\leqslant aF_1(x)+bF_2(x)\leqslant(a+b)\max\{F_1(x),F_2(x)\}\leqslant 1$$

$$\lim_{n\to+\infty}[aF_1(x)+bF_2(x)]=a\lim_{n\to+\infty}F_1(x)+b\lim_{n\to+\infty}F_2(x)=a+b=1;$$

$$\lim_{n\to-\infty}[aF_1(x)+bF_2(x)]=a\lim_{n\to-\infty}F_1(x)+b\lim_{n\to-\infty}F_2(x)=0;$$

且 $aF_1(x)+bF_2(x)$ 为右连续函数.

任取 $x_1<x_2$，有

$$aF_1(x_1)+bF_2(x_1)\leqslant aF_1(x_2)+bF_2(x_2),$$

说明 $aF_1(x)+bF_2(x)$ 为单调不减函数.

综上所述，$aF_1(x)+bF_2(x)$ 是分布函数.

5. 解 $\{X\leqslant x\}$ 表示弹着点与圆心的距离不超过 x 这一事件，因此

当 $x<0$ 时，$\{X\leqslant x\}$ 为不可能事件，所以

$$F(x)=P(X\leqslant x)=0;$$

当 $0\leqslant x\leqslant 2$ 时，$F(x)=P(X\leqslant x)=k\pi x^2$，其中 k 为比例系数，

当 $x=2$ 时，事件 $\{X\leqslant x\}$ 为必然事件，所以 $F(x)=P(X\leqslant x)=k\pi x^2=1$，从而 $k=\dfrac{1}{4\pi}$；故

$$F(x)=P(X\leqslant x)=\frac{x^2}{4};$$

当 $x>2$ 时，事件 $\{X\leqslant x\}$ 为必然事件，所以 $F(x)=P(X\leqslant x)=1$.

综上所述，随机变量 X 的分布函数为

$$F(x)=\begin{cases}0, & x<0\\ \dfrac{x^2}{4}, & 0\leqslant x\leqslant 2.\\ 1, & x>2\end{cases}$$

6. 解 (1)由题意知，X 服从参数为 3/4 的几何分布，所以 X 的分布律为

$$P(X=k)=\frac{3}{4^k},\quad k=1,2,\cdots.$$

(2)$P\{X\text{ 取偶数}\}=P(K=2k)=\sum_{k=1}^{\infty}\dfrac{3}{4^{2k}}=1/5$.

7. 解 $\{X=k\}$ 表示抽取 n 件产品中恰好有 k 件正品，所以

$$P(X=k)=\frac{C_N^k C_M^{n-k}}{C_l^n},\quad k=1,2,\cdots,n.$$

8. 解 由于 X 服从参数为 λ 的指数分布，所以 X 的分布函数为

$$F(x)=\begin{cases}0, & x<0\\ 1-e^{-\lambda x}, & x\geqslant 0\end{cases}.$$

由 $P(k<K<2k)=1/4$ 知 $k>0$，因此

$$P(k<X<2k)=F(2k)-F(k)=e^{-\lambda k}-e^{-2\lambda k}=1/4,$$

解得 $e^{-\lambda k}=1/2$，所以 $k=\dfrac{\ln 2}{\lambda}$.

9. 解 (1)由 $\int_{-\infty}^{+\infty}f(x)dx=\int_{-\frac{\pi}{2}}^{\frac{\pi}{2}}a\cos x dx=1$ 可得 $a=1/2$.

(2)由分布函数与密度函数的关系 $F(x)=\int_{-\infty}^{x}f(t)dt$ 知，

当 $x<-\dfrac{\pi}{2}$ 时，$\qquad F(x)=0;$

当 $-\frac{\pi}{2}\leqslant x\leqslant\frac{\pi}{2}$ 时， $F(x)=\int_{-\frac{\pi}{2}}^{x}\frac{1}{2}\cos t\mathrm{d}t=\frac{1}{2}(\sin x+1)$；

当 $x>\frac{\pi}{2}$ 时， $F(x)=\int_{-\frac{\pi}{2}}^{\frac{\pi}{2}}\frac{1}{2}\cos t\mathrm{d}t=1$.

综上所述，X 的分布函数为

$$F(x)=\begin{cases}0, & x<-\pi/2\\ \frac{1}{2}(1+\sin x), & -\pi/2\leqslant x\leqslant\pi/2.\\ 1, & x>\pi/2\end{cases}$$

(3) $P(0\leqslant X\leqslant\pi/4)=F(\pi/4)-F(0)=\sqrt{2}/4$.

10. 解 (1)由于 $P(X<a)=P\left(\frac{X-5}{2}<\frac{a-5}{2}\right)=\Phi\left(\frac{a-5}{2}\right)=0.9$,

查表知 $\Phi(1.28)=0.9$，因此 $a=7.56$.

(2)由于 $P(|X-5|>a)=P\left(\left|\frac{X-5}{2}\right|>a/2\right)=2[1-\Phi(a/2)]=0.01$,

查表知 $\Phi(2.575)=0.995$，因此 $a=5.15$.

11. 解 由分布律的性质可得 $7a+1/6+11/30=1$ 解得 $a=1/15$. 从而

X	-2	-1	0	1	2
$Y=X^2-1$	3	0	-1	0	3
P	$1/5$	$1/6$	$1/5$	$1/15$	$11/30$

整理可得 $Y=X^2-1$ 的分布律为

Y	-1	0	3
P	$1/5$	$7/30$	$17/30$

12. 解 当 X 取正整数时，$Y=\sin\left(\frac{\pi}{2}X\right)$ 的所有可能取值为 -1, 0 或 1.

$$P(Y=-1)=P\left(\sin\left(\frac{\pi}{2}X\right)=-1\right)=\sum_{k=0}^{\infty}P(X=4k+3)=\sum_{k=0}^{\infty}\frac{1}{2^{4k+3}}=\frac{2}{15};$$

$$P(Y=0)=P\left(\sin\left(\frac{\pi}{2}X\right)=0\right)=\sum_{k=0}^{\infty}P(X=2k)=\sum_{k=1}^{\infty}\frac{1}{2^{2k}}=\frac{1}{3};$$

$$P(Y=1)=P\left(\sin\left(\frac{\pi}{2}X\right)=1\right)=\sum_{k=0}^{\infty}P(X=4k+1)=\sum_{k=0}^{\infty}\frac{1}{2^{4k+1}}=\frac{8}{15}.$$

因此 Y 的分布律为

Y	-1	0	1
P	$2/15$	$1/3$	$8/15$

13. 解 因为 $F_Y(y)=P(Y\leqslant y)=P(\mathrm{e}^X\leqslant y)$，所以

当 $y\leqslant 1$ 时，$\{\mathrm{e}^x\leqslant y\}$ 为不可能事件，所以

$$F_Y(y)=P(\mathrm{e}^X\leqslant y)=0,$$

因此 $$f_Y(y)=F'_Y(y)=0.$$
当 $y>1$ 时，
$$F_Y(y)=P(Y\leqslant y)=P(e^X\leqslant y)=P(X\leqslant \ln y)=\int_0^{\ln y}e^{-x}dx,$$
因此 $$f_Y(y)=F'_Y(y)=\frac{1}{y^2}.$$
综上所述，可得
$$f_Y(y)=\begin{cases}\frac{1}{y^2}, & y>1\\ 0, & y\leqslant 1\end{cases}.$$

14. 解 (1)因为 $F_Y(y)=P(Y\leqslant y)=P(2X+3\leqslant y)=P\left(X\leqslant\frac{1}{2}(y-3)\right)$，所以

当 $y<3$ 时，$\left\{X\leqslant\frac{1}{2}(y-3)\right\}$ 为不可能事件，有
$$F_Y(y)=P\left(X\leqslant\frac{1}{2}(y-3)\right)=0,$$
因此 $$f_Y(y)=F'_Y(y)=0.$$
当 $y\geqslant 3$ 时， $$F_Y(y)=P\left(X\leqslant\frac{1}{2}(y-3)\right)=\int_0^{\frac{1}{2}(y-3)}2x^3e^{-x^2}dx,$$
因此 $$f_Y(y)=F'_Y(y)=\frac{1}{8}(y-3)^3e^{-1/4(y-3)^2}.$$
综上所述，可得
$$f_Y(y)=\begin{cases}\frac{1}{8}(y-3)^3e^{-\frac{1}{4}(y-3)^2}, & y\geqslant 3\\ 0, & y<3\end{cases}.$$
(2)因为 $F_Y(y)=P(Y\leqslant y)=P(X^2\leqslant y)$，所以
当 $y<0$ 时，$\{X^2\leqslant y\}$ 为不可能事件，有
$$F_Y(y)=P(X^2\leqslant y)=0,$$
因此 $$f_Y(y)=F'_Y(y)=0.$$
当 $y\geqslant 0$ 时，$F_Y(y)=P(X^2\leqslant y)=P(-\sqrt{y}\leqslant X\leqslant\sqrt{y})=\int_0^{\sqrt{y}}2x^3e^{-x^2}dx$，
因此 $$f_Y(y)=F'_Y(y)=ye^{-y}.$$
综上所述，可得
$$f_Y(y)=\begin{cases}ye^{-y}, & y\geqslant 0\\ 0, & y<0\end{cases}.$$
(3)因为 $F_Y(y)=P(Y\leqslant y)=P(\ln X\leqslant y)=P(X\leqslant e^y)=\int_0^{e^y}2x^3e^{-x^2}dx$，
因此， $$f_Y(y)=F'_Y(y)=2e^{4y}e^{-e^{2y}},\quad -\infty<y<+\infty.$$

15. 解 由于 $X\sim N(0,1)$，所以 X 的密度函数为
$$\varphi(x)=\frac{1}{\sqrt{2\pi}}e^{-\frac{x^2}{2}}.$$
(1) $F_Y(y)=P(Y\leqslant y)=P(X^3\leqslant y)=P(X\leqslant\sqrt[3]{y})=\int_{-\infty}^{\sqrt[3]{y}}\varphi(x)dx=\frac{1}{\sqrt{2\pi}}\int_{-\infty}^{\sqrt[3]{y}}e^{-\frac{x^2}{2}}dx$，

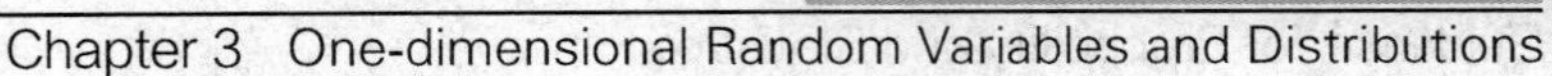

因此 $$f_Y(y)=F'_Y(y)=\frac{1}{3\sqrt{2\pi}}y^{-2/3}\mathrm{e}^{-\frac{y^{2/3}}{2}},\quad -\infty<y<+\infty.$$

(2)$F_Y(y)=P(Y\leqslant y)=P(\mathrm{e}^X\leqslant y)$.

当 $y<0$ 时,$\{\mathrm{e}^X\leqslant y\}$ 为不可能事件,所以 $F_Y(y)=P(\mathrm{e}^X\leqslant y)=0$.

当 $y\geqslant 0$ 时,$F_Y(y)=P(Y\leqslant y)=P(\mathrm{e}^X\leqslant y)=P(X\leqslant \ln y)$

$$=\int_{-\infty}^{\ln y}\varphi(x)\mathrm{d}x=\frac{1}{\sqrt{2\pi}}\int_{-\infty}^{\ln y}\mathrm{e}^{-\frac{x^2}{2}}\mathrm{d}x.$$

因此 $$f_Y(y)=F'_Y(y)=\frac{1}{y\sqrt{2\pi}}\mathrm{e}^{-\frac{(\ln y)^2}{2}}.$$

综上所述,可得

$$f_Y(y)=\begin{cases}\dfrac{1}{y\sqrt{2\pi}}\mathrm{e}^{-\frac{(\ln y)^2}{2}}, & y\geqslant 0\\ 0, & y<0\end{cases}.$$

(3)$F_Y(y)=P(Y\leqslant y)=P(\mathrm{e}^{-X}\leqslant y)$.

当 $y<0$ 时,$\{\mathrm{e}^{-X}\leqslant y\}$为不可能事件,所以 $F_Y(y)=P(\mathrm{e}^{-X}\leqslant y)=0$.

因此 $$f_Y(y)=F'_Y(y)=0.$$

当 $y\geqslant 0$ 时,$F_Y(y)=P(Y\leqslant y)=P(\mathrm{e}^{-X}\leqslant y)=P(X\geqslant -\ln y)$

$$=\int_{-\ln y}^{+\infty}\varphi(x)\mathrm{d}x=\frac{1}{\sqrt{2\pi}}\int_{-\ln y}^{+\infty}\mathrm{e}^{-\frac{x^2}{2}}\mathrm{d}x.$$

因此 $$f_Y(y)=F'_Y(y)=\frac{1}{y\sqrt{2\pi}}\mathrm{e}^{-\frac{(\ln y)^2}{2}}.$$

综上所述,可得

$$f_Y(y)=\begin{cases}\dfrac{1}{y\sqrt{2\pi}}\mathrm{e}^{-\frac{(\ln y)^2}{2}}, & y\geqslant 0\\ 0, & y<0\end{cases}.$$

16. 解　由于 $X\sim U[-\pi/2,\pi/2]$,所以 $Y=\cos X$ 的取值范围为$[0,1]$. 因此当 $y\leqslant 0$ 或 $y\geqslant 1$ 时,有 $f_Y(y)=0$;

当 $0<y<1$ 时,有

$$F_Y(y)=P(Y\leqslant y)=P(\cos X\leqslant y)=P(X\leqslant -\arccos y \text{ 或 } X\geqslant \arccos y)$$

$$=\int_{-\pi/2}^{-\arccos y}1/\pi\mathrm{d}x+\int_{-\arccos y}^{\pi/2}\frac{1}{\pi}\mathrm{d}x,$$

因此 $$f_Y(y)=F'_Y(y)=\frac{2}{\pi\sqrt{1-y^2}}.$$

综上所述,可得

$$f_Y(y)=\begin{cases}\dfrac{2}{\pi\sqrt{1-y^2}}, & 0<y<1\\ 0, & \text{其他}\end{cases}.$$

注　$y=\arccos x$ 为定义在$[0,\pi]$上的单值函数.

17. 解　设 Y 表示此直线与 x 轴交点横坐标,则由题意知 $Y=a\tan X$.

因此 $$F_Y(y)=P(Y\leqslant y)=P(a\tan X\leqslant y).$$

当 $a<0$ 时，有 $F_Y(y)=P(a\tan X\leqslant y)=P(X\geqslant\arctan\frac{y}{a})=\int_{\arctan\frac{y}{a}}^{\pi/2}\frac{1}{\pi}\mathrm{d}x$，

所以 $$f_Y(y)=F'_Y(y)=\frac{-a}{\pi(a^2+y^2)}=\frac{|a|}{\pi(a^2+y^2)}.$$

当 $a>0$ 时，有 $F_Y(y)=P(a\tan X\leqslant y)=P\left(X\leqslant\arctan\frac{y}{a}\right)=\int_{-\pi/2}^{\arctan\frac{y}{a}}\frac{1}{\pi}\mathrm{d}x$，

所以

$$f_Y(y)=F'_Y(y)=\frac{a}{\pi(a^2+y^2)}=\frac{|a|}{\pi(a^2+y^2)}.$$

整理得

$$f_Y(y)=\frac{|a|}{\pi(a^2+y^2)},\quad -\infty<y<+\infty.$$

18. 解　由于 $X\sim N(0,1)$，所以 X 的密度函数为

$$\varphi(x)=\frac{1}{\sqrt{2\pi}}\mathrm{e}^{-x^2/2},\quad -\infty<x<+\infty.$$

而 $F_Y(y)=P(Y\leqslant y)=P(1-2|X|\leqslant y)=P(|X|\geqslant\frac{1}{2}(1-y))$.

当 $y>1$ 时，$\left\{|X|\geqslant\frac{1}{2}(1-y)\right\}$ 为必然事件，因此 $F_Y(y)=1, f_Y(y)=0$.

当 $y\leqslant 1$ 时，有

$$\begin{aligned}F_Y(y)&=P\left(|X|\geqslant\frac{1}{2}(1-y)\right)=P\left(X\geqslant\frac{1}{2}(1-y)\right)+P\left(X\leqslant\frac{1}{2}(1-y)\right)\\&=\frac{1}{\sqrt{2\pi}}\int_{1/2(1-y)}^{+\infty}\mathrm{e}^{-x^2/2}\mathrm{d}x+\frac{1}{\sqrt{2\pi}}\int_{-\infty}^{\frac{-1}{2}(1-y)}\mathrm{e}^{-x^2/2}\mathrm{d}x,\end{aligned}$$

因此 $$f_Y(y)=F'_Y(y)=\frac{1}{\sqrt{2\pi}}\mathrm{e}^{-\frac{(1-y)^2}{8}}.$$

综上所述，可得

$$f_Y(y)=\begin{cases}\frac{1}{\sqrt{2\pi}}\mathrm{e}^{-\frac{(1-y)^2}{8}}, & y\leqslant 1\\ 0, & y>1\end{cases}.$$

Chapter 4 第4章

多维随机变量及其分布

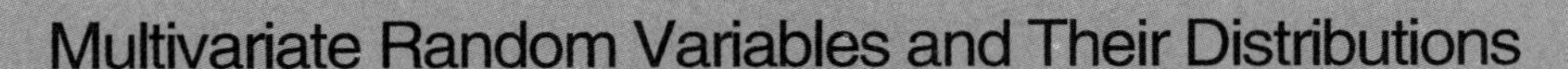

Multivariate Random Variables and Their Distributions

4.1 教学基本要求

1. 了解多维随机变量的概念，理解二维随机变量及其联合分布函数；

2. 理解二维离散型随机变量联合分布律的概念、理解二维连续型随机变量联合密度函数的概念；

3. 理解二维随机变量的边缘分布；

*4. 了解二维离散型随机变量条件分布律的概念及二维连续型随机变量条件密度函数的概念；

5. 理解随机变量独立性的概念，掌握随机变量独立性的判定及应用；

6. 会求两个随机变量和的分布与极值分布.

4.2 知识要点

4.2.1 二维随机变量及其联合分布

1. 定义

设 $\Omega=\{\omega\}$ 是随机试验 E 的样本空间，X,Y 均为定义在 Ω 上的随机变量，则称二维向量 (X,Y) 为**二维随机向量**，亦称为**二维随机变量**.

2. 联合分布函数

设 (X,Y) 是二维随机变量，则称二元函数

$$F(x,y)=P(X\leqslant x,Y\leqslant y)$$

为二维随机变量 (X,Y) 的**分布函数**或 X,Y 的**联合分布函数**.

由二维随机变量分布函数 $F(x,y)$ 的定义，随机点 (X,Y) 落在矩形区域

$$D=\{(X,Y)\mid x_1<X\leqslant x_2,y_1<Y\leqslant y_2\}$$

内的概率可用分布函数表示为

$$P(x_1 < X \leqslant x_2, y_1 < Y \leqslant y_2) = F(x_2, y_2) - F(x_2, y_1) - F(x_1, y_2) + F(x_1, y_1).$$

3. 分布函数的基本性质

(1)$0 \leqslant F(x,y) \leqslant 1$；

(2)$F(x,y)$是 x 或 y 的单调非减函数，即对任意固定的 y，当 $x_1 < x_2$ 时，$F(x_1,y) \leqslant F(x_2,y)$；对任意固定的 x，当 $y_1 < y_2$ 时，$F(x,y_1) \leqslant F(x,y_2)$；

(3)对任意固定的 x 或 y，有

$$F(x,-\infty) = F(-\infty,y) = F(-\infty,-\infty) = 0, F(+\infty,+\infty) = 1;$$

(4)$F(x,y)$关于 x 或 y 右连续，即对任意固定的 y，$F(x+0,y) = F(x,y)$；对任意固定的 x，$F(x,y+0) = F(x,y)$.

任一二维分布函数 $F(x,y)$都具有上述四条性质.反之，具有上述四条性质的二元函数 $F(x,y)$一定可以作为某个二维随机变量的分布函数.

4.2.2 二维离散型随机变量

1. 定义

若二维随机变量(X,Y)的可能取值是有限对或无限可列对，则称(X,Y)是**二维离散型随机变量**.

2. 联合分布律

设二维离散型随机变量(X,Y)的所有可能取值为(x_i,y_j)，$i,j=1,2,3,\cdots$，则称

$$P(X = x_i, Y = y_j) = p_{ij}, \quad i,j = 1,2,\cdots$$

为(X,Y)的**联合分布律或分布律**.

3. 基本性质

(1)对任意的 i,j，有 $0 \leqslant p_{ij} \leqslant 1$；

(2)$\sum\limits_{i,j} p_{ij} = 1$.

注 满足上述两个性质的 $p_{ij}, i,j, = 1,2,\cdots$ 一定可以看作某个二维离散型随机变量的联合分布律.

4. 分布函数

设二维离散型随机变量(X,Y) 的联合分布律为

$$P(X = x_i, Y = y_j) = p_{ij}, \quad i,j = 1,2,\cdots,$$

则(X,Y)的分布函数为

$$F(x,y) = P(X \leqslant x, Y \leqslant y) = \sum_{\substack{x_i \leqslant x \\ y_j \leqslant y}} p_{ij}.$$

二维码 4-1 第 4 章
知识要点讲解 1
(微视频)

4.2.3 二维连续型随机变量

1. 定义

设 $F(x,y)$为二维随机变量(X,Y)的分布函数，如果存在一个非负可积函数 $f(x,y)$，使得对于任意实数 x,y，有

$$F(x,y)=\int_{-\infty}^{x}\int_{-\infty}^{y}f(u,v)\mathrm{d}u\mathrm{d}v$$

成立，则称(X,Y)为二维连续型随机变量，$f(x,y)$称为(X,Y)的**概率密度函数**或称为X,Y的**联合密度函数**.

2. 基本性质

(1) $f(x,y)$为可积函数，且对任意的x,y，有$f(x,y)\geqslant 0$；

(2) $\int_{-\infty}^{+\infty}\int_{-\infty}^{+\infty}f(x,y)\mathrm{d}x\mathrm{d}y=1$.

注　满足上述两个性质的$f(x,y)$一定可以看作某个二维随机变量的联合密度函数.

此外，二维连续型随机变量还具有下列性质：

(3) 在$f(x,y)$的连续点处，满足$\frac{\partial^2 F(x,y)}{\partial x\partial y}=f(x,y)$；

(4) 若G是xOy平面上的一个区域，则有

$$P((X,Y)\in G)=\iint_G f(x,y)\mathrm{d}x\mathrm{d}y.$$

4.2.4　边缘分布

1. 定义

把X、Y的分布函数称为二维随机变量(X,Y)分别关于X、Y的**边缘分布函数**，分别记为$F_X(x)$、$F_Y(y)$.

2. 联合分布函数与边缘分布函数的关系

$$F_X(x)=P(X\leqslant x)=P(X\leqslant x,Y<+\infty)=F(x+\infty);$$
$$F_Y(y)=P(Y\leqslant y)=P(X<+\infty,Y\leqslant y)=F(+\infty,y).$$

注　由联合分布函数一定可以确定边缘分布函数，反之未必成立. 边缘分布函数作为分布函数，仍然具有一般分布函数的基本性质.

3. 二维离散型随机变量的边缘分布律

设二维离散型随机变量(X,Y)的联合分布律为

$$P(X=x_i,Y=y_j)=p_{ij},i,j=1,2,\cdots,$$

则称X和Y的分布律分别为**(X,Y)关于X和Y的边缘分布律**，分别记为

$$P(X=x_i)=p_{i\cdot},i=1,2,\cdots$$

及

$$P(Y=y_j)=p_{\cdot j},j=1,2,\cdots$$

联合分布律p_{ij}与边缘分布律$p_{i\cdot}$、$p_{\cdot j}$的关系：

$$p_{i\cdot}=P(X=x_i)=\sum_{j=1}^{+\infty}p_{ij},i=1,2,\cdots,$$
$$p_{\cdot j}=P(Y=y_j)=\sum_{i=1}^{+\infty}p_{ij},j=1,2,\cdots.$$

也经常用下表来表示(X,Y)的联合分布律和边缘分布律.

Y \ X	x_1	x_2	…	x_i	…	$p_{\cdot j}$
y_1	p_{11}	p_{21}	…	p_{i1}	…	$p_{\cdot 1}=\sum_i p_{i1}$
y_2	p_{12}	p_{22}	…	p_{i2}	…	$p_{\cdot 2}=\sum_i p_{i2}$
⋮	⋮	⋮	⋮	⋮	⋮	⋮
y_j	p_{1j}	p_{2j}	…	p_{ij}	…	$p_{\cdot j}=\sum_i p_{ij}$
⋮	⋮	⋮	⋮	⋮	⋮	⋮
$p_{i\cdot}$	$p_{1\cdot}=\sum_j p_{1j}$	$p_{2\cdot}=\sum_j p_{2j}$	…	$p_{i\cdot}=\sum_j p_{ij}$	…	

上表中的中间部分是(X,Y)联合分布律.而边缘部分分别是X、Y的分布律,它们由联合分布律经同一列或同一行相加而得.

注 联合分布律一定可以确定边缘分布律,反之未必成立.

4.二维连续型随机变量的边缘密度函数

设二维连续型随机变量(X,Y)的联合密度函数为$f(x,y)$,则称X、Y的概率密度函数$f_X(x)$、$f_Y(y)$分别为(X,Y)关于X、Y的**边缘密度函数或边缘密度**.

设(X,Y)的联合密度函数为$f(x,y)$,则

$$f_X(x)=\int_{-\infty}^{+\infty} f(x,y)\,\mathrm{d}y.$$

同理可得

$$f_Y(y)\int_{-\infty}^{+\infty} f(x,y)\,\mathrm{d}x.$$

注 联合密度函数一定可以确定边缘密度函数,反之未必成立.

4.2.5 常见的二维随机变量及其分布

1.二维均匀分布

设G为xOy平面上的有界区域,其面积为A.若二维随机变量(X,Y)的密度函数为

$$f(x,y)=\begin{cases}1/A, & (x,y)\in G\\ 0, & \text{其他}\end{cases},$$

则称(X,Y)在区域G上服从**二维均匀分布**.

2.二维正态分布

若二维随机变量(X,Y)的联合密度函数为

$$f(x,y)=\frac{1}{2\pi\sigma_1\sigma_2\sqrt{1-\rho^2}}\exp\left\{-\frac{1}{2(1-\rho^2)}\left[\frac{(x-\mu_1)^2}{\sigma_1^2}-2\rho\frac{(x-\mu_1)(y-\mu_2)}{\sigma_1\sigma_2}+\frac{(y-\mu_2)^2}{\sigma_2^2}\right]\right\},$$

$-\infty<x<+\infty,-\infty<y<+\infty$;其中$\mu_1,\mu_2,\sigma_1,\sigma_2,\rho$都是常数,且$\sigma_1>0,\sigma_2>0,|\rho|<1$,则称$(X,Y)$为具有参数$\mu_1,\mu_2,\sigma_1,\sigma_2,\rho$的**二维正态分布**,记为

$$(X,Y) \sim N(\mu_1,\mu_2;\sigma_1^2,\sigma_2^2;\rho).$$

注 若$(X,Y)\sim N(\mu_1,\mu_2;\sigma_1^2,\sigma_2^2;\rho)$,则 $X\sim N(\mu_1,\sigma_1^2)$,$Y\sim N(\mu_2,\sigma_2^2)$. 但反之不成立.

*4.2.6 条件分布

1. 条件分布律

设(X,Y)是二维离散型随机变量,对固定的 i,若 $P\{X=x_i\}>0$,则称

$$P(Y=y_j \mid X=x_i)=\frac{p_{ij}}{p_{i\cdot}},\quad j=1,2,\cdots,$$

为在 $X=x_i$ 条件下随机变量 Y 的**条件分布律**.

同样,对固定的 j,若 $P\{Y=y_j\}>0$,则称

$$P(X=x_i \mid Y=y_j)=\frac{p_{ij}}{p_{\cdot j}},\quad i=1,2,\cdots,$$

为在 $Y=y_j$ 条件下随机变量 X 的**条件分布律**.

2. 条件概率密度函数

二维码 4-2 第 4 章
知识要点讲解 2
(微视频)

设二维连续型随机变量(X,Y)的联合密度函数为 $f(x,y)$,X 和 Y 的概率密度函数分别为 $f_X(x)$ 和 $f_Y(y)$. 若在点(x,y)处 $f(x,y)$和 $f_Y(y)$连续,且 $f_Y(y)>0$,则称

$$f_{X|Y}(x \mid y)=\frac{f(x,y)}{f_Y(y)}$$

为在 $Y=y$ 条件下,随机变量 X 的**条件概率密度函数**.

同样,若在点(x,y)处 $f(x,y)$和 $f_X(x)$连续,且 $f_X(x)>0$,则称

$$f_{Y|X}(y \mid x)=\frac{f(x,y)}{f_X(x)}$$

为在 $X=x$ 条件下,随机变量 Y 的**条件概率密度函数**.

显然, $$f(x,y)=f_X(x)f_{Y|X}(y|x)=f_Y(y)f_{X|Y}(x|y).$$

相应的**条件分布函数**为

$$F_{Y|X}(y \mid x)=\frac{1}{f_X(x)}\int_{-\infty}^{y} f(x,v)\mathrm{d}v,\quad F_{X|Y}(x \mid y)=\frac{1}{f_Y(y)}\int_{-\infty}^{y} f(u,y)\mathrm{d}u.$$

4.2.7 随机变量的独立性

定义 设 X、Y 为两个随机变量,若对于任意实数 x、y,有

$$P(X\leqslant x,Y\leqslant y)=P(X\leqslant x)P(Y\leqslant y)$$

成立,亦即

$$F(x,y)=F_X(x)F_Y(y),$$

则称随机变量 X、Y **相互独立**.

对于离散型情形,独立性表现为

$$P(X=x_i,Y=y_j)=P(X=x_i)P(Y=y_j),$$

即

$$p_{ij}=p_{i\cdot}\cdot p_{\cdot j},\quad i,j=1,2,\cdots.$$

对于连续型情形，独立性则表现为

$$f(x,y)=f_X(x)f_Y(y).$$

注 1 独立性概念不难推广到更多个随机变量的情形.

注 2 对于相互独立的随机变量，边缘分布函数（边缘分布律或边缘密度函数）一定可以确定其联合分布函数（联合分布律或联合密度函数）.

注 3 若 $X_1,X_2,\cdots,X_n$ 相互独立，且

$$Y_1=g_1(X_1,X_2,\cdots,X_m),\quad Y_2=g_2(X_{m+1},X_{m+2},\cdots,X_n)$$

则 Y_1 和 Y_2 相互独立.

二维码 4-3　第 4 章基本要求与知识要点 1

注 4 若 $(X,Y)\sim N(\mu_1,\mu_2;\sigma_1^2,\sigma_2^2;\rho)$，则 X、Y 相互独立的充要条件为 $\rho=0$.

4.2.8　二维随机变量函数的分布

设 (X,Y) 为二维随机变量，$g(x,y)$ 为连续实函数，则称 $Z=g(X,Y)$ 为二维随机变量的函数，其分布称为二维随机变量函数的分布.

1. 离散型情形

设离散型随机变量 (X,Y) 的联合分布律为

二维码 4-4　第 4 章知识要点讲解 3（微视频）

$$P(X=x_i,Y=y_j)=p_{ij},\quad i,j=1,2,\cdots,$$

随机变量 $Z=g(X,Y)$ 的所有可能取值为 $z_k(k=1,2,\cdots)$，则 Z 的分布律为

$$P(Z=z_k)=P(g(X,Y)=z_k)=\sum_{(i,j):g(x_i,y_j)=z_k}p_{ij},\quad k=1,2,\cdots.$$

2. 连续型情形

若 (X,Y) 为连续型随机变量，设 $Z=g(X,Y)$ 也是一维连续型随机变量.

(1) $Z=X+Y$ 的分布　设二维连续型随机变量 (X,Y) 的密度函数为 $f(x,y)$，则 $Z=X+Y$ 的分布函数为

$$F_Z(z)=P(Z\leqslant z)=\int_{-\infty}^{z}\left[\int_{-\infty}^{+\infty}f(u-y,y)\mathrm{d}y\right]\mathrm{d}u.$$

故 $Z=X+Y$ 的密度函数为

$$f_Z(z)=\frac{\mathrm{d}}{\mathrm{d}z}F_z(z)=\int_{-\infty}^{+\infty}f(z-y,y)\mathrm{d}y.$$

由 X,Y 的对称性，得

$$f_Z(z)=\int_{-\infty}^{+\infty}f(x,z-x)\mathrm{d}x.$$

当 X 与 Y 相互独立时，有

$$f_Z(z)=\int_{-\infty}^{+\infty}f_X(z-y)f_Y(y)\mathrm{d}y,$$

或

$$f_Z(z)=\int_{-\infty}^{+\infty}f_X(x)f_Y(z-x)\mathrm{d}x.$$

其中 $f_X(x),f_Y(y)$ 分别为 X 和 Y 的密度函数.

称定积分

$$\int_{-\infty}^{+\infty} f_X(z-y) f_Y(y) \mathrm{d}y \quad 或 \quad \int_{-\infty}^{+\infty} f_X(x) f_Y(z-x) \mathrm{d}x$$

为 $f_X(x)$ 与 $f_Y(y)$ 的**卷积**,记为 $f_X(x) * f_Y(y)$.

称

$$f_Z(z) = \int_{-\infty}^{+\infty} f_X(z-y) f_Y(y) \mathrm{d}y \quad 或 \quad f_Z(z) = \int_{-\infty}^{+\infty} f_X(x) f_Y(z-x) \mathrm{d}x$$

为**卷积公式**.

正态分布的可加性 若 X 与 Y 相互独立,且 $X \sim N(\mu_1, \sigma_1^2)$, $Y \sim N(\mu_2, \sigma_2^2)$,则

$$Z = aX + bY + c \sim N(a\mu_1 + b\mu_2 + c, a^2\sigma_1^2 + b^2\sigma_2^2),$$

其中 a, b, c 为常数.

一般地,若 $X_1, X_2, \cdots, X_n$ 相互独立,且 $X_k \sim N(\mu_k, \sigma_k^2)$, $k=1,2,\cdots,n$,则

$$Z = \sum_{k=1}^{n} a_k X_k \sim N\left(\sum_{k=1}^{n} a_k \mu_k, \sum_{k=1}^{n} a_k^2 \sigma_k^2\right).$$

(2) $Z=\frac{X}{Y}$ 的分布 设二维连续型随机变量 (X,Y) 的密度函数为 $f(x,y)$,则 $Z=\frac{X}{Y}$ 的分布函数为

$$F_Z(z) = \int_0^{+\infty} \left[\int_{-\infty}^{yz} f(x,y) \mathrm{d}x\right] \mathrm{d}y + \int_{-\infty}^{0} \left[\int_{yz}^{+\infty} f(x,y) \mathrm{d}x\right] \mathrm{d}y.$$

$Z=\frac{X}{Y}$ 的密度函数为

$$f_Z(z) = \frac{\mathrm{d}}{\mathrm{d}z} F_Z(z) = \int_0^{+\infty} f(yz,y) y \mathrm{d}y - \int_{-\infty}^{0} f(yz,y) y \mathrm{d}y = \int_0^{+\infty} |y| f(yz,y) \mathrm{d}y.$$

特别地,当 X 与 Y 相互独立时,有

$$f_Z(z) = \int_{-\infty}^{+\infty} |y| f_X(yz) f_Y(y) \mathrm{d}y,$$

其中 $f_X(x)$, $f_Y(y)$ 分别为 X 和 Y 的密度函数.

(3) 极值统计量的分布

极值统计量 设 $X_1, X_2, \cdots, X_n$ 是 n 个随机变量,则称

$$X_{(1)} = \min(X_1, X_2, \cdots, X_n)$$

和

$$X_n = \max(X_1, X_2, \cdots, X_n)$$

分别为**极小值统计量**与**极大值统计量**.

分布函数 设 $X_1, X_2, \cdots, X_n$ 相互独立,其分布函数分别为 $F_{X_1}(x_1), F_{X_2}(x_2), \cdots, F_{X_n}(x_n)$,则极小值统计量 $X_{(1)}$ 的分布函数为

$$F_{X_1}(z) = 1 - [1 - F_{X_1}(z)][1 - F_{X_2}(z)] \cdots [1 - F_{X_n}(z)];$$

极大值统计量 $X_{(n)}$ 的分布函数为

$$F_{X_{(n)}}(z) = F_{X_1}(z) F_{X_2}(z) \cdots F_{X_n}(z).$$

特别地,当 $X_1, X_2, \cdots, X_n$ 相互独立且具有相同的分布函数 $F(z)$ 时,极值统计量的分布函数分别为

$$F_{X_{(1)}}(z)=1-[1-F(z)]^n,\quad F_{X_{(n)}}(z)=[F(z)]^n.$$

4.3 例题解析

二维码 4-5 第 4 章知识要点 2

二维码 4-6 第 4 章知识要点讲解 4（微视频）

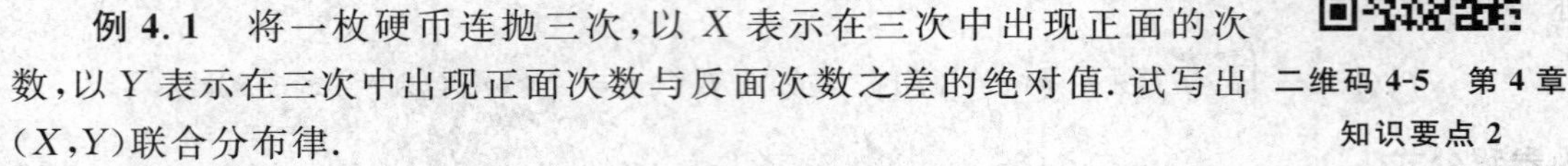

例 4.1 将一枚硬币连抛三次，以 X 表示在三次中出现正面的次数，以 Y 表示在三次中出现正面次数与反面次数之差的绝对值. 试写出 (X,Y) 联合分布律.

分析 求 (X,Y) 的联合分布律就是求 (X,Y) 的可能取值和取值的概率. 首先确定 (X,Y) 所有可能的取值，然后根据 (X,Y) 的取值所表示的事件，求出相应的概率.

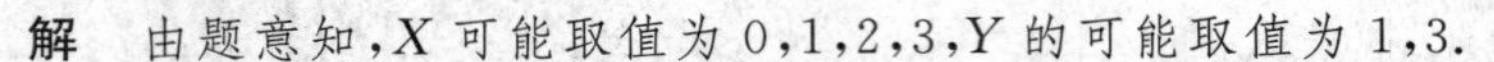

解 由题意知，X 可能取值为 0,1,2,3，Y 的可能取值为 1,3.

$P\{X=0,Y=1\}=P\{$三次中正面出现 0 次，且正、反面次数之差的绝对值为 1$\}=0$；

$P\{X=0,Y=3\}=P\{$三次中正面出现 0 次，且正、反面次数之差的绝对值为 3$\}=1/8$；

$P\{X=1,Y=1\}=P\{$三次中正面出现 1 次，且正、反面次数之差的绝对值为 1$\}=3/8$；

$P\{X=1,Y=1\}=P\{$三次中正面出现 1 次，且正、反面次数之差的绝对值为 3$\}=0$；

……

综上所述，(X,Y) 的联合分布律为

Y \ X	0	1	2	3
1	0	3/8	3/8	0
3	1/8	0	0	1/8

例 4.2 盒子里装有 3 个黑球、2 个红球、2 个白球，在其中任取 4 个球，以 X 表示取到黑球的个数，以 Y 表示取到红球的个数，试求 (X,Y) 的联合分布律.

解 由题意知，X 的可能取值为 0,1,2,3，Y 的可能取值为 0,1,2. $\{X=i,Y=j\}$ 表示抽取的 4 个球中黑球为 i 个，红球为 j 个，白球为 $4-i-j$ 个，故

$$P(X=i,Y=j)=\begin{cases}\dfrac{C_3^iC_2^jC_2^{4-i-j}}{C_7^4}, & 2\leqslant i+j\leqslant 4\\ 0, & i+j>4 \quad \text{或} \quad i+j\leqslant 1\end{cases}.$$

所以 (X,Y) 的联合分布律为

Y \ X	0	1	2	3
0	0	0	3/35	2/35
1	0	6/35	12/35	2/35
2	1/35	6/35	3/35	0

例 4.3 一射手进行射击，击中目标的概率为 $p(0<p<1)$，射击直到击中目标两次为

止. 设 X 表示第一次击中目标所射击的次数，Y 表示总共射击的次数. 试求 (X,Y) 的联合分布律、边缘分布律.

分析 边缘分布律是指 X、Y 的分布律，一般可通过 (X,Y) 的联合分布律求得.

解 由题意知，X 的可能取值为 $1,2,3,\cdots$，Y 的可能取值为 $2,3,\cdots$. $\{X=i,Y=j\}$ 表示第一次击中目标射击了 i 次，第二次击中目标共射击了 j 次，因此

$$P(X=i,Y=j)=\begin{cases}p^2q^{j-2}, & i<j\\ 0, & i\geqslant j\end{cases},\quad 其中\ q=1-p.$$

所以，(X,Y) 的联合分布律和边缘分布律为

Y \ X	1	2	3	…	i	…	$p_{\cdot j}$
2	p^2	0	0	…	0	…	p^2
3	p^2q	p^2q	0	…	0	…	$2p^2q$
4	p^2q^2	p^2q^2	p^2q^2	…	0	…	$3p^2q^2$
⋮	⋮	⋮	⋮	⋮	⋮	⋮	⋮
j	p^2q^{j-2}	p^2q^{j-2}	p^2q^{j-2}	…	p^2q^{j-2}	…	$C_{j-1}^1p^2q^{j-2}$
⋮	⋮	⋮	⋮	⋮	⋮	⋮	⋮
$p_{i\cdot}$	p	pq	pq^2	…	pq^{i-1}	…	

注 由题意知，X 实际上是服从参数为 p 的几何分布，Y 服从负二项分布. 因此也可以用几何分布和负二项分布来求解 X,Y 的分布.

例 4.4 设随机变量 X 的分布律为

$$P(X=1)=P(X=2)=0.5,$$

当事件 $\{X=k\}(k=1,2)$ 发生时，Y 服从二项分布 $Y\sim B(k,1/3)$. 试求 X 与 Y 的联合分布律.

分析 本题的重点是对"当事件 $\{X=k\}$ 发生时，Y 服从二项分布 $Y\sim B(k,1/3)$"的理解，其含义是条件分布律.

解 由题意知，X 的所有可能取值为 1,2，因此 Y 的所有可能取值为 0,1,2. 由乘法公式可得

$$\begin{aligned}P(X=i,Y=j)&=P(X=i)P(Y=j\mid X=i)\\&=(1/2)C_i^j(1/3)^j(2/3)^{i-j}(i\geqslant j,i=1,2).\end{aligned}$$

所以，X 与 Y 的联合分布律为

Y \ X	1	2
0	1/3	2/9
1	1/6	2/9
2	0	1/18

例 4.5 设二维随机变量 (X,Y) 的联合概率密度函数为

$$f(x,y)=\begin{cases}C(R-\sqrt{x^2+y^2}) & x^2+y^2\leqslant R^2\\ 0 & \text{其他}\end{cases},$$

试求:(1)常数 C;(2)概率 $P(X^2+Y^2\leqslant 1)$.

分析 本题考查二维连续型随机变量的性质.如果联合密度函数中含有未知参数,一般利用密度函数的性质(即在整个平面上的二重积分为1)来求解.随机点(X,Y)落在某区域的概率则转化为求密度函数在该区域上的积分.

解 (1)由于 $f(x,y)$为(X,Y)的联合概率密度函数,所以

$$\iint\limits_{R^2}f(x,y)\mathrm{d}x\mathrm{d}y=\iint\limits_{x^2+y^2\leqslant R^2}C(R-\sqrt{x^2+y^2})\mathrm{d}x\mathrm{d}y=1.$$

利用极坐标计算可得

$$\iint\limits_{x^2+y^2\leqslant R^2}C(R-\sqrt{x^2+y^2})\mathrm{d}x\mathrm{d}y=\int_0^{2\pi}\mathrm{d}\theta\int_0^R C(R-r)r\mathrm{d}r=\frac{\pi}{3}R^3C=1,$$

故 $C=\dfrac{3}{\pi R^3}$.

(2)由于(X,Y)只在圆域 $x^2+y^2\leqslant R^2$ 内取值,所以

当 $R\leqslant 1$ 时,$\{X^2+Y^2\leqslant 1\}$为必然事件,故 $P(X^2+Y^2\leqslant 1)=1$;

当 $R>1$ 时,

$$P(X^2+Y^2\leqslant 1)=\iint\limits_{x^2+y^2\leqslant 1}\frac{3}{\pi R^3}(R-\sqrt{x^2+y^2})\mathrm{d}x\mathrm{d}y=\int_0^{2\pi}\mathrm{d}\theta\int_0^1\frac{3}{\pi R^3}(R-r)r\mathrm{d}r=\frac{3R-2}{R^3},$$

故

$$P(X^2+Y^2\leqslant 1)=\begin{cases}\dfrac{3R-2}{R^3}, & R>1\\ 1, & R\leqslant 1\end{cases}.$$

例 4.6 已知随机变量(X,Y)的联合概率密度函数为

$$f(x,y)=\begin{cases}\sin x\sin y, & 0\leqslant x\leqslant \pi/2,\quad 0\leqslant y\leqslant \pi/2\\ 0, & \text{其他}\end{cases},$$

试求:(1)联合分布函数 $F(x,y)$;(2)概率 $P(X+Y\geqslant\pi/2)$.

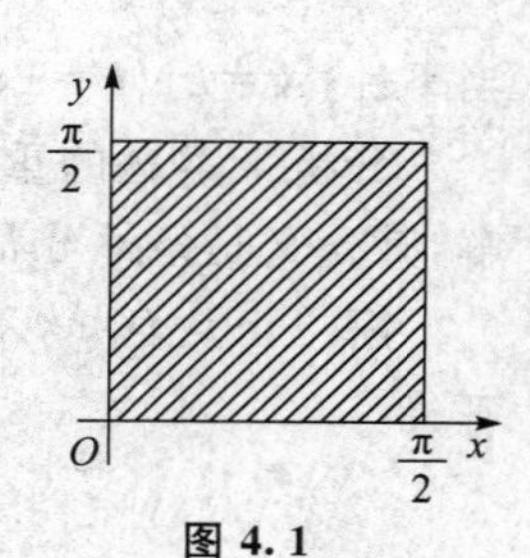

图 4.1

解 (1)$f(x,y)$是分区域表示的.在区域 D 上,$f(x,y)\neq 0$.首先画出 D 的图形(图 4.1).由分布函数和密度函数的关系知,

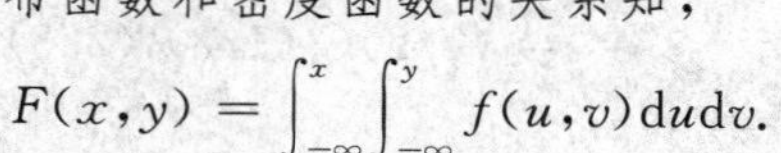

$$F(x,y)=\int_{-\infty}^x\int_{-\infty}^y f(u,v)\mathrm{d}u\mathrm{d}v.$$

当 $x<0,y<0$ 时,显然 $F(x,y)=0$;

当 $0\leqslant x\leqslant\dfrac{\pi}{2},0\leqslant y\leqslant\dfrac{\pi}{2}$时,

$$F(x,y)=\int_0^x\int_0^y\sin u\sin v\mathrm{d}u\mathrm{d}v=(1-\cos x)(1-\cos y);$$

当 $x>\dfrac{\pi}{2},0\leqslant y\leqslant\dfrac{\pi}{2}$时,

$$F(x,y)=\int_0^{\pi/2}\int_0^{y}\sin u\sin v\mathrm{d}u\mathrm{d}v=1-\cos y;$$

当 $0\leqslant x\leqslant\pi/2, y>\pi/2$ 时，

$$F(x,y)=\int_0^{x}\int_0^{\pi/2}\sin u\sin v\mathrm{d}u\mathrm{d}v=1-\cos x;$$

当 $x>\pi/2, y>\pi/2$ 时，

$$F(x,y)=\int_0^{\pi/2}\int_0^{\pi/2}\sin u\sin v\mathrm{d}u\mathrm{d}v=1.$$

故

$$F(x,y)=\begin{cases}0, & x<0, \quad y<0\\ (1-\cos x)(1-\cos y), & 0\leqslant x\leqslant\pi/2, \quad 0\leqslant y\leqslant\pi/2\\ 1-\cos y, & x>\pi/2, \quad 0\leqslant y\leqslant\pi/2.\\ 1-\cos x, & 0\leqslant x\leqslant\pi/2, \quad y>\pi/2\\ 1, & x>\pi/2, \quad y>\pi/2\end{cases}$$

(2) $P(X+Y\geqslant\pi/2)=\iint\limits_{x+y\geqslant\pi/2}f(x,y)\mathrm{d}x\mathrm{d}y=\int_0^{\pi/2}\mathrm{d}x\int_{\frac{\pi}{2}-x}^{\pi/2}\sin x\sin y\mathrm{d}y=\pi/4$.

例 4.7 随机地向半圆 $0<y<\sqrt{2ax-x^2}(a>0)$ 内投掷一点，点落在半圆内任何区域的概率与该区域的面积成正比. 求该点与原点的连线与 x 轴正方向的夹角 $\alpha\leqslant\pi/4$ 的概率.

解 设落在半圆内的任一点的坐标为 (X,Y)，那么该点落在面积为 A 的区域 D 内的概率为

$$P\{(X,Y)\in D\}=kA, \quad \text{其中 } k \text{ 为比例常数}.$$

当 D 为半圆时，有 $P\{(X,Y)\in\text{半圆}\}=1$，此时 $A=\dfrac{\pi a^2}{2}$，所以 $k=\dfrac{2}{\pi a^2}$.

设投掷点与原点的连线与 x 轴正方向的夹角 $\alpha\leqslant\pi/4$ 的区域为 D_1，则 D_1 的面积为 $A_1=a^2/2+\pi a^2/4$，故 $P\{(X,Y)\in D_1\}=1/\pi+1/2$.

例 4.8 设二维随机变量 (X,Y) 的概率密度为

$$f(x,y)=\begin{cases}2x\mathrm{e}^{-y}, & 0<x<a, y>0\\ 0, & \text{其他}\end{cases},$$

试求：(1) 常数 a；(2) 二次方程 $t^2-2Xt+Y=0$ 有实根的概率；(3) 分布函数 $F(x,y)$.

解 (1) 由 $\iint\limits_{R^2}f(x,y)\mathrm{d}x\mathrm{d}y=\int_0^{a}\mathrm{d}x\int_0^{+\infty}2x\mathrm{e}^{-y}\mathrm{d}y=a^2=1$，可得 $a=1$（负值舍去）；

(2) $P\{\text{二次方程 } t^2-2Xt+Y=0 \text{ 有实根}\}=P(X^2\geqslant Y)$

$$=\iint\limits_{x^2\geqslant y}f(x,y)\mathrm{d}x\mathrm{d}y=\int_0^{1}\mathrm{d}x\int_0^{x^2}2x\mathrm{e}^{-y}\mathrm{d}y=\mathrm{e}^{-1}.$$

(3) 当 $x\leqslant 0$ 或 $y\leqslant 0$ 时， $F(x,y)=0$；

当 $0<x<0, y<0$ 时， $F(x,y)=\int_0^{x}\mathrm{d}u\int_0^{y}2u\mathrm{e}^{-v}\mathrm{d}v=x^2(1-\mathrm{e}^{-y})$；

当 $x\geqslant 1, y>0$ 时， $F(x,y)=\int_0^{1}\mathrm{d}u\int_0^{y}2u\mathrm{e}^{-v}\mathrm{d}v=1-\mathrm{e}^{-y}$.

所以

$$F(x,y)=\begin{cases}0, & x\leqslant 0 \text{ 或 } y\leqslant 0\\ x^2(1-\mathrm{e}^{-y}), & 0<x<1, y>0.\\ 1-\mathrm{e}^{-y}, & x\geqslant 1, y>0\end{cases}$$

例 4.9 设(X,Y)服从二维正态分布,其概率密度函数为

$$f(x,y)=\frac{1}{2\pi 10^2}\mathrm{e}^{-\frac{1}{2}\left(\frac{x^2}{10^2}+\frac{y^2}{10^2}\right)},-\infty<x,y<+\infty,$$

求概率 $P(X<Y)$.

解 由于 $P(X<Y)=\iint\limits_{x<y}f(x,y)\mathrm{d}x\mathrm{d}y=\frac{1}{2\pi 10^2}\iint\limits_{x<y}\mathrm{e}^{-\frac{1}{2}\left(\frac{x^2}{10^2}+\frac{y^2}{10^2}\right)}\mathrm{d}x\mathrm{d}y$

$$=\frac{1}{2\pi 10^2}\int_{-\infty}^{+\infty}\mathrm{d}y\int_{-\infty}^{y}\mathrm{e}^{-\frac{1}{2}\left(\frac{x^2}{10^2}+\frac{y^2}{10^2}\right)}\mathrm{d}x=\frac{1}{2\pi 10^2}\int_{-\infty}^{+\infty}\mathrm{d}x\int_{-\infty}^{x}\mathrm{e}^{-\frac{1}{2}\left(\frac{y^2}{10^2}+\frac{x^2}{10^2}\right)}\mathrm{d}y.$$

又由于 $$P(X\geqslant Y)=\iint\limits_{x\geqslant y}f(x,y)\mathrm{d}x\mathrm{d}y=\frac{1}{2\pi 10^2}\iint\limits_{x\geqslant y}\mathrm{e}^{-\frac{1}{2}\left(\frac{x^2}{10^2}+\frac{y^2}{10^2}\right)}\mathrm{d}x\mathrm{d}y$$

$$=\frac{1}{2\pi 10^2}\int_{-\infty}^{+\infty}\mathrm{d}x\int_{-\infty}^{x}\mathrm{e}^{-\frac{1}{2}\left(\frac{y^2}{10^2}+\frac{x^2}{10^2}\right)}\mathrm{d}y.$$

所以,$P(X<Y)=P(X\geqslant Y)$. 由 $P(X<Y)+P(X\geqslant Y)=1$,可得 $P(X<Y)=0.5$.

注 本题无法通过计算二重积分来求解概率,因为被积函数的原函数无法用初等函数表示(形如 e^{x^2} 的函数的原函数虽然存在,但无法用初等函数表示).

例 4.10 设随机变量(X,Y)的联合概率密度函数为

$$f(x,y)=\begin{cases}Cx^2y, & x^2\leqslant y\leqslant 1\\ 0, & \text{其他}\end{cases}.$$

试求:(1)常数 C;(2)边缘密度函数.

分析 求边缘密度函数需要注意确定定积分的上、下限.

解 (1)联合密度函数 $f(x,y)$不为零的区域如图 4.2 所示.

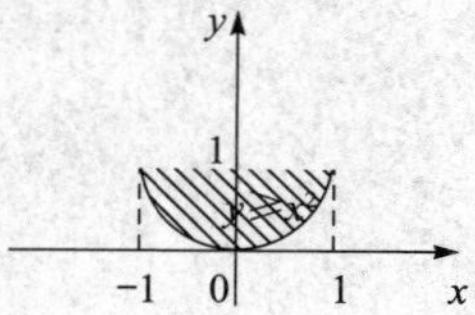

所以 $$\iint\limits_{R^2}f(x,y)\mathrm{d}x\mathrm{d}y=\int_{-1}^{1}\mathrm{d}x\int_{x^2}^{1}Cx^2y\mathrm{d}y$$

$$=\frac{C}{2}\int_{-1}^{1}(x^2-x^6)\mathrm{d}x=\frac{4}{21}C=1,$$

故 $C=\frac{21}{4}$.

图 4.2

(2)当 $x<-1$ 或 $x>1$ 时,$f(x,y)=0$,因此 $f_X(x)=0$;

当$-1\leqslant x\leqslant 1$ 时,$f_X(x)=\int_{-\infty}^{+\infty}f(x,y)\mathrm{d}y=\int_{x^2}^{1}\frac{21}{4}x^2y\mathrm{d}y=\frac{21}{8}(x^2-x^6)$.

综上所述,得

$$f_X(x)=\begin{cases}\frac{21}{8}(x^2-x^6), & -1\leqslant x\leqslant 1\\ 0, & \text{其他}\end{cases}.$$

同理,当 $y<0$ 或 $y>1$ 时,$f(x,y)=0$,因此 $f_Y(y)=0$.

当 $0\leqslant y\leqslant 1$ 时, $$f_Y(y)=\int_{-\infty}^{+\infty}f(x,y)\mathrm{d}x=\int_{-\sqrt{y}}^{\sqrt{y}}\frac{21}{4}x^2y\mathrm{d}x=\frac{7}{2}y^{5/2}.$$

综上所述，

$$f_Y(y)=\begin{cases}\frac{7}{2}y^{5/2}, & 0\leqslant y\leqslant 1\\ 0, & 其他\end{cases}.$$

例 4.11　设二维随机变量(X,Y)的联合概率密度函数为

$$f(x,y)=\begin{cases}x^2+\frac{1}{3}xy, & 0\leqslant x\leqslant 1,0\leqslant y\leqslant 2\\ 0, & 其他\end{cases},$$

试求：(1)(X,Y)的边缘密度函数；*(2)(X,Y)的条件密度函数.

解　(1)由边缘密度函数与联合密度函数的关系

$$f_X(x)=\int_{-\infty}^{+\infty}f(x,y)\mathrm{d}y,$$

得，当$x<0$或$x>1$时，$f(x,y)=0,f_X(x)=0$；

当$0\leqslant x\leqslant 1$时，$$f_X(x)=\int_0^2\left(x^2+\frac{1}{3}xy\right)\mathrm{d}y=2x^2+\frac{2}{3}x.$$

所以

$$f_X(x)=\begin{cases}2x^2+\frac{2}{3}x, & 0\leqslant x\leqslant 1\\ 0, & 其他\end{cases}.$$

同理，当$y<0$或$y>0$时，$$f(x,y)=0,f_Y(y)=0;$$

当$0\leqslant y\leqslant 2$时，$$f_Y(y)=\int_0^1\left(x^2+\frac{1}{3}xy\right)\mathrm{d}x=\frac{1}{3}+\frac{1}{6}y.$$

所以

$$f_Y(y)=\begin{cases}\frac{1}{3}+\frac{1}{6}y, & 0\leqslant y\leqslant 2\\ 0, & 其他\end{cases}.$$

*(2)由联合密度函数、边缘密度函数和条件密度函数的关系知，当$0\leqslant y\leqslant 2$时，有

$$f_{X|Y}(x\mid y)=\frac{f(x,y)}{f_Y(y)}=\begin{cases}\frac{6x^2+2xy}{2+y}, & 0\leqslant x\leqslant 1\\ 0, & 其他\end{cases}.$$

同理，当$0\leqslant x\leqslant 1$时，有

$$f_{Y|X}(y\mid x)=\frac{f(x,y)}{f_X(x)}=\begin{cases}\frac{3x+y}{6x+2}, & 0\leqslant y\leqslant 2\\ 0, & 其他\end{cases}.$$

***例 4.12**　设二维随机变量(X,Y)的联合密度函数为

$$f(x,y)=\begin{cases}3x, & 0<y<x<1\\ 0, & 其他\end{cases},$$

试求：(1)条件密度函数$f_{X|Y}(x|y)$，并写出$Y=1/2$时X的条件密度函数$f_{X|Y}(x|1/2)$；

(2)条件密度函数$f_{Y|X}(y|x)$，并写出$X=1/2$时Y的条件密度函数$f_{Y|X}(y|1/2)$；

(3)概率$P(Y\geqslant 1/3|X=1/2),P(Y<1/2|X<1/2)$.

解　(1)当$0<x<1$时，$f_X(x)=\int_{-\infty}^{+\infty}f(x,y)\mathrm{d}y=\int_0^x 3x\mathrm{d}y=3x^2$；

当$x\leqslant 0$或$x\geqslant 1$时，$f_X(x)=0$.

所以

$$f_X(x)=\begin{cases}3x^2, & 0<x<1\\ 0, & \text{其他}\end{cases}.$$

同理可得

$$f_Y(y)=\begin{cases}\dfrac{3}{2}(1-y^2), & 0<y<1\\ 0, & \text{其他}\end{cases}.$$

因此

$$f_{X|Y}(x\mid y)=\frac{f(x,y)}{f_Y(y)}=\begin{cases}\dfrac{2x}{(1-y^2)}, & 0<y<x<1\\ 0, & \text{其他}\end{cases}.$$

从而

$$f_{X|Y}(x\mid 1/2)=\begin{cases}8x/3, & 1/2<x<1\\ 0, & \text{其他}\end{cases}.$$

(2)同理可得 $f_{Y|X}(y\mid x)=\dfrac{f(x,y)}{f_X(x)}=\begin{cases}1/x, & 0<y<x<1\\ 0, & \text{其他}\end{cases}.$

和 $$f_{Y|X}(y\mid 1/2)=\begin{cases}2, & 0<y<1/2\\ 0, & \text{其他}\end{cases}.$$

(3) $$P(Y\geqslant 1/3\mid X=1/2)=\int_{1/3}^{+\infty}f_{Y|X}(y\mid 1/2)\mathrm{d}x=\int_{1/3}^{+\infty}2\mathrm{d}x=1/3;$$

$$P(Y<1/2\mid X<1/2)=\frac{P(Y<1/2,X<1/2)}{P(X<1/2)}=\frac{\iint\limits_{x,y<1/2}f(x,y)\mathrm{d}x\mathrm{d}y}{\int_{-\infty}^{1/2}f_X(x)\mathrm{d}x}=1/3.$$

例 4.13 设某班车起点站上客人数 X 服从参数为 $\lambda(\lambda>0)$ 的泊松分布，每位乘客在中途下车的概率为 $p(0<p<1)$，且中途下车与否相互独立. 以 Y 表示在中途下车的乘客数，试求：

(1)发车时有 n 个乘客的条件下，中途有 m 个人下车的概率；

(2)二维随机变量 (X,Y) 的概率分布.

解 (1)当 $X=n$ 时，Y 服从二项分布 $Y\sim B(n,p)$，即

$$P(Y=m\mid X=n)=\mathrm{C}_n^m p^m(1-p)^{n-m},0\leqslant m\leqslant n.$$

(2)(X,Y)的概率分布律为

$$P(X=n,Y=m)=P(X=n)P(Y=m\mid X=n)$$
$$=\frac{\lambda^n\mathrm{e}^{-\lambda}}{n!}\mathrm{C}_n^m p^m(1-p)^{n-m}=\frac{\lambda^n\mathrm{e}^{-\lambda}}{n!(n-m)!}p^m(1-p)^{n-m}.$$

例 4.14 设随机变量(X,Y)的联合密度函数为

$$f(x,y)=\frac{1}{\pi^2(x^2+y^2+x^2y^2+1)},\quad -\infty<x<+\infty,\quad -\infty<y<+\infty,$$

(1)求边缘密度函数；(2)问 X 与 Y 是否相互独立？

分析 本题重点考查如何利用联合密度函数与边缘密度函数来判断独立性.

解 (1) $$f_X(x)=\int_{-\infty}^{+\infty}f(x,y)\mathrm{d}y=\int_{-\infty}^{+\infty}\frac{1}{\pi^2(x^2+y^2+x^2y^2+1)}\mathrm{d}y$$

$$=\int_{-\infty}^{+\infty}\frac{1}{\pi^2(1+x^2)(1+y^2)}\mathrm{d}y=\frac{1}{\pi(1+x^2)},\quad -\infty<x<+\infty.$$

$$f_Y(y)=\int_{-\infty}^{+\infty}f(x,y)\mathrm{d}x=\int_{-\infty}^{+\infty}\frac{1}{\pi^2(x^2+y^2+x^2y^2+1)}\mathrm{d}x$$

$$=\int_{-\infty}^{+\infty}\frac{1}{\pi^2(1+x^2)(1+y^2)}\mathrm{d}x=\frac{1}{\pi(1+y^2)},\quad -\infty<y<+\infty.$$

(2) 由于 $f(x,y)=f_X(x)f_Y(y)$，所以 X 与 Y 相互独立.

例 4.15　设随机变量 X 与 Y 相互独立，它们的密度函数分别为

$$f_X(x)=\begin{cases}\dfrac{1}{b-a}, & a\leqslant x\leqslant b\\ 0, & 其他\end{cases}\quad 和\quad f_Y(y)=\begin{cases}\lambda e^{-\lambda y}, & y>0\\ 0, & y\leqslant 0\end{cases},$$

其中 λ 是正常数. 试求：(1)(X,Y)的联合密度函数；(2)概率 $P(Y\leqslant X)$.

解　(1)由于 X 与 Y 相互独立，所以

$$f(x,y)=f_X(x)f_Y(y)=\begin{cases}\dfrac{\lambda}{b-a}e^{-\lambda y}, & a\leqslant x\leqslant b,y>0\\ 0, & 其他\end{cases}.$$

(2)由 $P(Y\leqslant X)=\iint\limits_{y\leqslant x}f(x,y)\mathrm{d}x\mathrm{d}y$，知

如果 $b<0$，那么 $\{Y\leqslant X\}$ 为不可能事件，所以 $P(Y\leqslant X)=0$；

如果 $a\leqslant 0,b\geqslant 0$，那么

$$P(Y\leqslant X)=\iint\limits_{y\leqslant x}f(x,y)\mathrm{d}x\mathrm{d}y$$

$$=\int_0^b\mathrm{d}x\int_0^x\frac{\lambda}{b-a}e^{-\lambda y}\mathrm{d}y=\frac{e^{-\lambda b}+\lambda b-1}{\lambda(b-a)};$$

如果 $a>0$，那么

$$P(Y\leqslant X)=\iint\limits_{y\leqslant x}f(x,y)\mathrm{d}x\mathrm{d}y$$

$$=\int_a^b\mathrm{d}x\int_0^x\frac{\lambda}{b-a}e^{-\lambda y}\mathrm{d}y=1+\frac{1}{\lambda(b-a)}(e^{-\lambda b}-e^{-\lambda a}).$$

所以

$$P(Y\leqslant X)=\begin{cases}0, & b<0\\ \dfrac{e^{-\lambda b}+\lambda b-1}{\lambda(b-a)}, & a\leqslant 0\leqslant b\\ 1+\dfrac{1}{\lambda(b-a)}(e^{-\lambda b}-e^{-\lambda a}), & a>0\end{cases}.$$

例 4.16　一电子仪器由两个部件构成，以 X 和 Y 分别表示两个部件的寿命(单位：千小时)，已知 X 和 Y 的联合分布函数为：

$$F(x,y)=\begin{cases}1-e^{-0.5x}-e^{-0.5y}+e^{-0.5(x+y)}, & x\geqslant 0,y\geqslant 0\\ 0, & 其他\end{cases}.$$

(1)问 X 和 Y 是否独立？(2)求两个部件的寿命都超过 100 h 的概率.

解 (1)由于 $F_X(x)=F(x,+\infty)=\begin{cases}1-e^{-0.5x}, & x\geqslant 0\\ 0, & x<0\end{cases}$,

$$F_Y(y)=F(+\infty,y)=\begin{cases}1-e^{-0.5y}, & y\geqslant 0\\ 0, & y<0\end{cases}.$$

所以 $$F(x,y)=F_X(x)\cdot F_Y(y).$$

因此,X 和 Y 相互独立.

(2)$P\{$两个部件的寿命都超过 100 h$\}$

$$=P\{X>0.1,Y>0.1\}=P\{X>0.1\}P\{Y>0.1\}$$
$$=(1-F_X(0.1))(1-F_Y(0.1))=e^{-0.1}.$$

例 4.17 设随机变量 X 与 Y 相互独立,且 $P(X=1)=P(Y=1)=p$,$P(X=0)=P(Y=0)=1-p=q$,$0<p<1$. 随机变量 Z 定义为

$$Z=\begin{cases}1, & \text{若 } X+Y \text{ 为偶数}\\ 0, & \text{若 } X+Y \text{ 为奇数}\end{cases},$$

问 p 为何值时,X 与 Z 相互独立?

解 由题意知,X 与 Y 的可能取值为 0、1,所以

$$P(Z=0)=P\{X+Y \text{ 为奇数}\}=P(X=0,Y=1)+P(X=1,Y=0)$$
$$=P(X=0)P(Y=1)+P(X=1)P(Y=0)=2pq.$$

如果 X 与 Z 相互独立,那么

$$P(X=0,Z=0)=P(X=0,Y=1)=pq=P(X=0)P(Z=0)=2pq^2.$$

解 得 $q=1/2$. 即当 $p=1/2$ 时,X 与 Z 相互独立.

例 4.18 设随机变量 X 与 Y 相互独立,且分别服从参数为 λ_1,λ_2 的泊松分布.

试证:$Z=X+Y$ 服从参数为 $\lambda_1+\lambda_2$ 的泊松分布.

证 X 和 Y 的分布律分别为

$$P(X=k)=\frac{\lambda_1^k}{k!}e^{-\lambda_1},\quad k=0,1,2\cdots$$

$$P(Y=k)=\frac{\lambda_2^k}{k!}e^{-\lambda_2},\quad k=0,1,2\cdots.$$

Z 的所有可能取值为 $k=0,1,2\cdots$. 所以

$$P(Z=k)=P(X+Y=k)=\sum_{r=0}^{k}P(X=r,Y=k-r)$$

$$=\sum_{r=0}^{k}\frac{\lambda_1^r\lambda_2^{k-r}}{r!(k-r)!}e^{-(\lambda_1+\lambda_2)}=\frac{1}{k!}e^{-(\lambda_1+\lambda_2)}\left(\sum_{r=0}^{k}\frac{k!\lambda_1^r\lambda_2^{k-r}}{r!(k-r)!}\right)$$

$$=\frac{1}{k!}e^{-(\lambda_1+\lambda_2)}\sum_{r=0}^{k}C_k^r\lambda_1^r\lambda_2^{k-r}=\frac{(\lambda_1+\lambda_2)^k}{k!}e^{-(\lambda_1+\lambda_2)}.$$

故随机变量 Z 服从参数为 $\lambda_1+\lambda_2$ 的泊松分布.

注 本例证明了相互独立的泊松分布具有可加性. 二项分布也具有类似的性质:若 X 与 Y 相互独立,且 $X\sim B(n_1,p)$,$Y\sim B(n_2,p)$,则 $X+Y\sim B(n_1+n_2,p)$.

例 4.19 设 ξ,η 为相互独立且服从同一分布的两个离散型随机变量(简称 ξ,η 独立同

分布)，已知 ξ 的分布律为 $P(\xi=i)=1/3(i=1,2,3)$，又设 $X=\max\{\xi,\eta\}$，$Y=\min\{\xi,\eta\}$，求 (X,Y) 的联合分布律.

解 由 ξ,η 独立同分布及 $P(\xi=i)=1/3(i=1,2,3)$，可得 η 的分布律为

$$P(\eta=i)=1/3(i=1,2,3).$$

因此，X 的可能取值为 1,2,3，Y 的可能取值为 1,2,3. 由于 $X\geqslant Y$，所以 $\{X<Y\}$ 为不可能事件，即 $P(X<Y)=0$.

当 $X\geqslant Y$ 时，有

$$P(X=1,Y=1)=P(\xi=1,\eta=1)=P(\xi=1)P(\eta=1)=1/9;$$

$$P(X=2,Y=1)=P(\xi=2,\eta=1)+P(\xi=1,\eta=2)=1/9+1/9=2/9;$$

……

(X,Y) 的联合分布律为

Y \ X	1	2	3
1	1/9	2/9	2/9
2	0	1/9	2/9
3	0	0	1/9

例 4.20 某种商品每周的需求量 X 是随机变量，其密度函数为

$$f(x)=\begin{cases}xe^{-x}, & x>0\\ 0, & x\leqslant 0\end{cases}.$$

设各周的需求量相互独立，试求两周需求量的密度函数.

解 设 X_i 表示第 i 周的需求量 $(i=1,2)$，Y 表示这两周的需求量，则 $Y=X_1+X_2$. 由于 X_1 和 X_2 独立同分布，所以 (X_1,X_2) 的联合密度函数为

$$f(x_1,x_2)=f_{X_1}(x_1)f_{X_2}(x_2)=\begin{cases}x_1x_2e^{-(x_1+x_2)}, & x_1>0,x_2>0\\ 0, & \text{其他}\end{cases}.$$

由 $F_Y(y)=P(Y\leqslant y)=P(X_1+X_2\leqslant y)=\iint\limits_{x_1+x_2\leqslant y}f(x_1,x_2)dx_1dx_2$，知

当 $y\leqslant 0$ 时，$F_Y(y)=0$， 所以 $f_Y(y)=F'_Y(y)=0$.

当 $y>0$ 时，$F_Y(y)=\iint\limits_{x_1+x_2\leqslant y}f(x_1,x_2)dx_1dx_2$

$$=\int_0^y dx_2\int_0^{y-x_2}x_1x_2e^{-(x_1+x_2)}dx_1=\int_0^y[x_2e^{-x_2}-x_2(y-x_2+1)e^{-y}]dx_2,$$

所以

$$\begin{aligned}f_Y(y)&=F'_Y(y)\\&=[x_2e^{-x_2}-x_2(y-x_2+1)e^{-y}]|_{x_2=y}\cdot y'+\int_0^y\frac{\partial[x_2e^{-x_2}-x_2(y-x_2+1)e^{-y}]}{\partial y}dx_2\\&=0+\int_0^y x_2(y-x_2)e^{-y}dx_2=\frac{y^3}{6}e^{-y}.\end{aligned}$$

故

$$f_Y(y)=\begin{cases}\dfrac{y^3}{6}e^{-y}, & y>0\\ 0, & y\leqslant 0\end{cases}.$$

注 本题中两周的需求量 Y 不可以表示为 $Y=2X$. 对于随机变量而言:"X_1 和 X_2 相互独立且具有相同的分布(即独立同分布)"与"$X_1=X_2$"不是一回事.

例 4.21 设随机变量 X 和 Y 的联合分布在以点(0,1),(1,0),(1,1)为顶点的三角形区域上服从均匀分布,试求随机变量 $Z=X+Y$ 的概率密度函数.

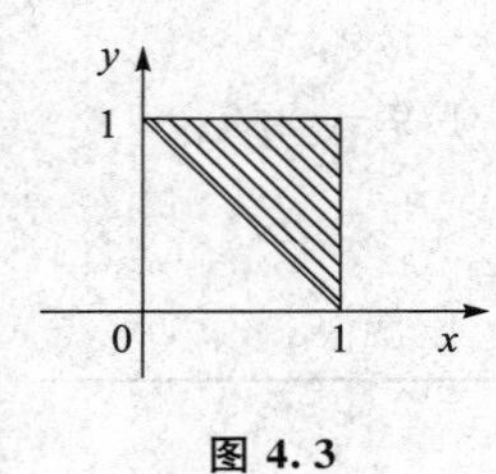

图 4.3

解 由题意,如图 4.3,以点(0,1),(1,0),(1,1)为顶点的三角形区域的面积为 0.5. 所以(X,Y)的密度函数为

$$f(x,y)=\begin{cases}2, & 0\leqslant x\leqslant 1, x\leqslant y\leqslant 1\\ 0, & y\leqslant 0\end{cases}.$$

由 $F_Z(z)=P(Z\leqslant z)=P(X+Y\leqslant z)=\iint\limits_{x+y\leqslant z} f(x,y)\mathrm{d}x\mathrm{d}y$,得

当 $z<1$ 时,$F_Y(y)=0$,所以 $f_Z(z)=F'_Z(z)=0$.

当 $1\leqslant z\leqslant 2$ 时,$F_Z(z)=\iint\limits_{x+y\leqslant z} f(x,y)\mathrm{d}x\mathrm{d}y=1-(2-z)^2$,

所以 $f_Z(z)=F'_Z(z)=4-2z$.

当 $z>2$ 时,$F_Z(z)=\iint\limits_{x+y\leqslant z} f(x,y)\mathrm{d}x\mathrm{d}y=1$,所以 $f_Z(z)=F'_Z(z)=0$.

综上所述
$$f(z)\begin{cases}4-2z, & 1\leqslant z\leqslant 2\\ 0, & \text{其他}\end{cases}.$$

例 4.22 若随机变量 X 和 Y 相互独立,且具有共同的概率密度函数

$$f(x)=\begin{cases}1, & 0\leqslant x\leqslant 1\\ 0, & \text{其他}\end{cases},$$

求 $Z=X+Y$ 的概率密度函数 $f_Z(z)$.

解法 1 先求出 Z 的分布函数 $F_Z(z)$(一般求出表达式即可),再对 $F_Z(z)$求导可得 $f_Z(z)$.

由题意知,(X,Y)的密度函数为

$$f(x,y)=\begin{cases}1, & 0\leqslant x\leqslant 1, 0\leqslant y\leqslant 1\\ 0, & \text{其他}\end{cases}.$$

由 $F_Z(z)=P(Z\leqslant z)=P(X+Y\leqslant z)=\iint\limits_{x+y\leqslant z} f(x,y)\mathrm{d}x\mathrm{d}y$ 得

当 $z<0$ 时,$F_Z(z)=0$,所以 $f_Z(z)=F'_Z(z)=0$.

当 $0\leqslant z\leqslant 1$ 时,$F_Z(z)=\iint\limits_{x+y\leqslant z} f(x,y)\mathrm{d}x\mathrm{d}y=\int_0^z\mathrm{d}x\int_0^{z-x}\mathrm{d}y=1/2z^2$,所以 $f_Z(z)=F'_Z(z)=z$.

当 $1<z\leqslant 2$ 时,$F_Z(z)=\iint\limits_{x+y\leqslant z} f(x,y)\mathrm{d}x\mathrm{d}y=1-\int_{z-1}^1\mathrm{d}x\int_{z-x}^1\mathrm{d}y=1-\dfrac{1}{2}(2-z)^2$.

所以
$$f_Z(z)=F'_Z(z)=2-z.$$

当 $z>2$ 时,$F_Z(z)=\iint\limits_{x+y\leqslant z} f(x,y)\mathrm{d}x\mathrm{d}y=1$,所以 $f_Z(z)=F'_Z(z)=0$.

综上所述
$$f_Z(z)=\begin{cases}z, & 0\leqslant z\leqslant 1\\ 2-z, & 1<z\leqslant 2.\\ 0, & 其他\end{cases}$$

解法 2 由于 X、Y 相互独立，可以利用卷积公式求解.
由卷积公式得
$$f_Z(z)=\int_{-\infty}^{+\infty}f_X(x)f_Y(z-x)\mathrm{d}x.$$
为确定积分限，先找出使被积函数不为 0 的区域，即
$$\begin{cases}0\leqslant x\leqslant 1\\ 0\leqslant z-x\leqslant 1\end{cases}\Rightarrow\begin{cases}0\leqslant x\leqslant 1\\ z-1\leqslant x\leqslant z\end{cases}.$$
所以
$$f_Z(z)=\int_{-\infty}^{+\infty}f_X(x)f_Y(z-x)\mathrm{d}x=\begin{cases}\int_0^z\mathrm{d}x, & 0\leqslant z\leqslant 1\\ \int_{z-1}^1\mathrm{d}x, & 1<z\leqslant 2\\ 0, & 其他\end{cases},$$
即
$$f_Z(z)=\begin{cases}z, & 0\leqslant z\leqslant 1\\ 2-z, & 1<z\leqslant 2.\\ 0, & 其他\end{cases}$$

例 4.23 若随机变量 X 和 Y 相互独立，且 X 服从[0,1]上的均匀分布，Y 服从参数为 λ 的指数分布，求 $Z=X+Y$ 的概率密度函数 $f_Z(z)$.

解 由题意，(X,Y) 的概率密度函数为
$$f(x,y)=\begin{cases}\lambda\mathrm{e}^{-\lambda y}, & 0\leqslant x\leqslant 1,0\leqslant y\\ 0, & 其他\end{cases}.$$
由卷积公式得
$$f_Z(z)=\int_{-\infty}^{+\infty}f_X(x)f_Y(z-x)\mathrm{d}x.$$
被积函数不为 0 的区域为
$$\begin{cases}0\leqslant x\leqslant 1\\ 0\leqslant z-x\end{cases}\Rightarrow\begin{cases}0\leqslant x\leqslant 1\\ x\leqslant z\end{cases}.$$
所以
$$f_Z(z)=\int_{-\infty}^{+\infty}f_X(x)f_Y(z-x)\mathrm{d}x=\begin{cases}0, & z<0\\ \int_0^z\lambda\mathrm{e}^{-\lambda(z-x)}\mathrm{d}x, & 0\leqslant z\leqslant 1,\\ \int_0^1\lambda\mathrm{e}^{-\lambda(z-x)}\mathrm{d}x, & 1<z\end{cases}$$
即

$$f_Z(z)=\begin{cases}0, & z<0\\ 1-\mathrm{e}^{-\lambda z}, & 0\leqslant z\leqslant 1.\\ \mathrm{e}^{-\lambda z}(\mathrm{e}^{\lambda}-1), & 1<z\end{cases}$$

例 4.24 设随机变量 X 和 Y 相互独立，且 $X\sim N(1,4^2)$，$Y\sim N(1,1^2)$，试求：$Z=X-3Y+2$ 的概率密度函数.

分析 对于 X 和 Y 都是正态分布的函数分布的求解，需要根据正态分布的函数分布的性质来确定其概率密度，而不是通过分布函数法(或公式法)来求解.

解 由于 X 和 Y 都服从正态分布，且相互独立，Z 是 X 与 Y 的线性函数，所以 Z 也服从正态分布. 由关系式 $Z=X-3Y+2$，得 Z 的正态分布的参数分别为 $1-3+2=0$ 和 $4^2+3^2=5^2$，所以

$$f_Z(z)=\frac{1}{\sqrt{2\pi}\cdot 5}\mathrm{e}^{-\frac{z^2}{50}},\quad -\infty<z<+\infty.$$

例 4.25 设在某一秒钟内的任何时刻，信号进入收音机是等可能的. 若收到的两个独立的这种信号的时间间隔小于 0.5 s，信号将产生互相干扰. 求两信号不互相干扰的概率.

解 设 X_i 表示第 i 个信号进入收音机的时间($i=1,2$)，则 X_1 和 X_2 独立同分布. 则 (X_1,X_2) 的联合密度函数为

$$f(x_1,x_2)=\begin{cases}1, & 0\leqslant x_1\leqslant 1, 0\leqslant x_2\leqslant 1\\ 0, & \text{其他}\end{cases}.$$

所以，$P\{\text{两信号不互相干扰}\}=P(|X_1-X_2|\geqslant 0.5)=\iint\limits_{|x_1-x_2|\geqslant 0.5} f(x_1,x_2)\mathrm{d}x_1\mathrm{d}x_2=1/4$.

例 4.26 设随机变量 X 与 Y 相互独立，且都服从参数为 1 的指数分布，试求 $Z=X/Y$ 的概率密度函数.

解 由于 X 与 Y 相互独立，且都服从参数为 1 的指数分布，所以 (X,Y) 的联合密度函数为

$$f(x,y)=f_X(x)f_Y(y)=\begin{cases}\mathrm{e}^{-(x+y)}, & x>0, y>0\\ 0, & \text{其他}\end{cases}.$$

由于 X 与 Y 的取值均为正数，所以 $\{Z=X/Y\leqslant 0\}$ 为不可能事件，因此

当 $z\leqslant 0$ 时，$F_Z(z)=P(Z\leqslant z)=P(X/Y\leqslant z)=0$，故 $f_Z(z)=F_Z'(z)=0$；

当 $z>0$ 时，$F_Z(z)=P(Z\leqslant z)=P(X/Y\leqslant z)=\iint\limits_{x/y\leqslant z} f(x,y)\mathrm{d}x\mathrm{d}y=\int_1^{+\infty}\mathrm{e}^{-y}\left(\int_0^{yz}\mathrm{e}^{-x}\mathrm{d}x\right)\mathrm{d}y$，

故
$$f_Z(z)=F'_Z(z)=\int_0^{+\infty}\frac{\partial\left[\mathrm{e}^{-y}\left(\int_0^{yz}\mathrm{e}^{-x}\mathrm{d}x\right)\right]}{\partial z}\mathrm{d}y=\int_0^{+\infty}y\mathrm{e}^{-y(1+z)}\mathrm{d}y=\frac{1}{(1+z)^2}.$$

因此

$$f_Z(z)=\begin{cases}\dfrac{1}{(1+z)^2}, & z>0\\ 0, & z\leqslant 0\end{cases}.$$

例 4.27 设二维随机变量 (X,Y) 的联合密度函数为

$$f(x,y)=\begin{cases}x+y, & 0\leqslant x\leqslant 1,0\leqslant y\leqslant 1\\0, & \text{其他}\end{cases},$$

试求：(1)$U=\max\{X,Y\}$的分布函数$F_U(u)$与密度函数$f_U(u)$；

(2)$V=\min\{X,Y\}$的分布函数$F_V(v)$与密度函数$f_V(v)$.

解　由分布函数和密度函数的关系知，

$$F(x,y)=\int_{-\infty}^{x}\int_{-\infty}^{y}f(s,t)\mathrm{d}s\mathrm{d}t.$$

当$x<0,y<0$时，显然有$F(x,y)=0$.

当$0\leqslant x\leqslant 1,0\leqslant y\leqslant 1$时，$F(x,y)=\int_0^x\int_0^y(s+t)\mathrm{d}s\mathrm{d}t=\frac{1}{2}xy(x+y)$.

当$x>1,0\leqslant y\leqslant 1$时，$F(x,y)=\int_0^1\int_0^y(s+t)\mathrm{d}s\mathrm{d}t=y$.

当$0\leqslant x\leqslant 1,y>1$时，$F(x,y)=\int_0^x\int_0^1(s+t)\mathrm{d}s\mathrm{d}t=x$.

当$x>1,y>1$时，$F(x,y)=\int_0^1\int_0^1(s+t)\mathrm{d}s\mathrm{d}t=1$.

所以

$$F(x,x)=\begin{cases}0, & x<0\\x^3, & 0\leqslant x\leqslant 1.\\1, & x>1\end{cases}$$

(1)由于$F_U(u)=P(U\leqslant u)=P(\max(X,Y)\leqslant u)=P(X\leqslant u,Y\leqslant u)=F(u,u)$，

故
$$F_U(u)=\begin{cases}0, & u<0\\u^3, & 0\leqslant u\leqslant 1,\\1, & u>1\end{cases}$$

因此

$$f_U(u)=F'_U(u)=\begin{cases}3u^2, & 0\leqslant u\leqslant 1\\1, & \text{其他}\end{cases}.$$

(2) $F_V(v)=P(V\leqslant v)=P(\min(X,Y)\leqslant v)=1-P(\min(X,Y)>v)=1-P(X>v,Y>v)$，

当$v<0$时，$P(X>v,Y>v)=1$，所以$F_V(v)=0$；

当$0\leqslant v\leqslant 1$时，$F_V(v)=P(V\leqslant v)=1-P(X>v,Y>v)=1-\int_v^1\mathrm{d}x\int_v^1(x+y)\mathrm{d}y=v+v^2-v^3$；

当$v>1$时，$P(X>v,Y>v)=0$，所以$F_V(v)=1$.

综上所述

$$F_V(v)=\begin{cases}0, & v\leqslant 0\\v+v^2-v^3, & 0<v\leqslant 1.\\1, & v>1\end{cases}$$

所以

$$f_V(v)=F'_V(v)=\begin{cases}1+2v-3v^2, & 0\leqslant v\leqslant 1\\ 0, & \text{其他}\end{cases}.$$

例 4.28 设二维随机变量(X,Y)的分布律为

Y \ X	0	1	2
0	1/8	1/4	0
1	1/8	1/4	1/4

试求：(1)$P(X=1\mid Y=0)$；(2)在$Y=1$的条件下，X的条件分布律；(3)$U=\max\{X,Y\}$和$V=\min\{X,Y\}$的联合分布律；(4)$U=\max\{X,Y\}$和$V=\min\{X,Y\}$的分布律.

解 (1)$P(X=1\mid Y=0)=\dfrac{P(X=1,Y=1)}{P(Y=0)}=\dfrac{1/4}{1/8+1/4+0}=2/3.$

(2)由于
$$P(X=0\mid Y=1)=\frac{P(X=0,Y=1)}{P(Y=1)}=\frac{1/8}{1/8+1/4+1/4}=1/5,$$
$$P(X=1\mid Y=1)=\frac{P(X=1,Y=1)}{P(Y=1)}=\frac{1/4}{1/8+1/4+1/4}=2/5,$$
$$P(X=2\mid Y=1)=\frac{P(X=2,Y=1)}{P(Y=1)}=\frac{1/4}{1/8+1/4+1/4}=2/5.$$

所以在$Y=1$的条件下，X的条件分布律为

$X\mid Y=1$	0	1	2
P	1/5	2/5	2/5

(3)由于X的可能取值为0、1、2，Y的可能取值为0、1，因此$U=\max\{X,Y\}$的可能取值为0、1、2，$V=\min\{X,Y\}$的可能取值为0、1，且$\{U<V\}$为不可能事件.

又
$$P(U=0,V=0)=P(X=0,Y=0)=1/8;$$
$$P(U=1,V=0)=P(X=1,Y=0)+P(X=0,Y=1)=3/8;$$
$$P(U=2,V=0)=P(X=2,Y=0)=0;$$
$$P(U=1,V=1)=P(X=1,Y=1)=1/4;$$
$$P(U=2,V=1)=P(X=2,Y=1)=1/4.$$

所以

V \ U	0	1	2
0	1/8	3/8	0
1	0	1/4	1/4

(4)由(U,V)的联合分布律可得U和V的分布律(即边缘分布律)：

U	0	1	2
P	1/8	5/8	1/4

V	0	1
P	1/2	1/2

例 4.29 设随机变量 X 和 Y 相互独立，X 服从正态分布 $N(\mu,\sigma^2)$、Y 服从$[-\pi,\pi]$上的均匀分布，求 $Z=X+Y$ 的概率密度函数(计算结果用标准正态分布函数 Φ 表示，其中 $\Phi(x)=\frac{1}{\sqrt{2\pi}}\int_{\infty}^{x}e^{-\frac{t^2}{2}}dt$.

解 X 和 Y 的概率密度函数分别为

$$f_X(x)=\frac{1}{\sqrt{2\pi}\sigma}e^{-\frac{(x-\mu)^2}{2\sigma^2}},\quad -\infty<x<+\infty,\quad f_Y(y)=\begin{cases}\frac{1}{2\pi}, & -\pi\leqslant x\leqslant\pi\\ 0, & \text{其他}\end{cases}.$$

由于 X 和 Y 相互独立，由卷积公式可得 Z 的密度函数为

$$f_Z(z)=\int_{-\infty}^{+\infty}f_X(z-y)f_Y(y)dy=\int_{-\pi}^{\pi}f_X(z-y)F_Y(y)dy=\frac{1}{2\pi}\int_{-\pi}^{\pi}\frac{1}{\sqrt{2\pi}\sigma}e^{-\frac{(z-y-\mu)^2}{2\sigma^2}}dy,$$

令 $t=\frac{z-y-\mu}{\sigma}$，则有

$$f_Z(z)=\frac{1}{2\pi}\int_{\frac{z-\pi-\mu}{\sigma}}^{\frac{z+\pi-\mu}{\sigma}}\frac{1}{\sqrt{2\pi}}e^{-\frac{t^2}{2}}dt=\frac{1}{2\pi}\left[\Phi\left(\frac{z+\pi-\mu}{\sigma}\right)-\Phi\left(\frac{z-\pi-\mu}{\sigma}\right)\right].$$

例 4.30 设随机变量 X_1,X_2,X_3,X_4 相互独立同分布，分布律为 $P(X_i=0)=0.6$，$P(X_i=1)=0.4(i=1,2,3,4)$，求行列式 $X=\begin{vmatrix}X_1 & X_2\\ X_3 & X_4\end{vmatrix}$ 的概率分布.

解 设 $Y=X_1X_4$，$Z=X_2X_3$，则 Y,Z 相互独立，且 $X=Y-Z$.

又
$$P(Y=1)=P(X_1X_4=1)=P(X_1=1,X_4=1)=0.16;$$
$$P(Y=0)=1-P(Y=1)=0.84.$$

同理可得

$$P(Z=1)=P(X_2X_3=1)=P(X_2=1,X_3=1)=0.16;$$
$$P(Z=0)=1-P(Z=1)=0.84.$$

故

$$P(X=1)=P(Y=1,Z=0)=P(Y=1)P(Z=0)=0.16\cdot 0.84=0.134\,4;$$
$$P(X=-1)=P(Y=0,Z=1)=P(Y=0)P(Z=1)=0.84\cdot 0.16=0.134\,4;$$
$$P(X=0)=P(Y=Z=0)+P(Y=Z=1)=0.84^2+0.16^2=0.731\,2.$$

从而 X 的分布律为

X	-1	0	1
P	0.134 4	0.731 2	0.134 4

4.4 同步练习

1. 设二维随机变量(X,Y)的联合密度函数为

二维码 4-7　第 4 章
典型例题讲解 1
（微视频）

二维码 4-8　第 4 章
典型例题讲解 2
（微视频）

$$f(x,y)=\begin{cases}kxy, & 0\leqslant x\leqslant 1,0\leqslant y\leqslant 1\\ 0, & \text{其他}\end{cases},$$

试求：(1)常数 k；(2)(X,Y)的联合分布函数.

2. 甲、乙两人独立地各进行两次射击，假设甲的命中率为 0.2，乙的命中率为 0.5，以 X 和 Y 分别表示甲和乙的命中次数，试求 X 和 Y 的联合分布律.

3. 设 A,B 为随机事件，且 $P(A)=1/4,P(A|B)=1/2,P(B|A)=1/3$，令

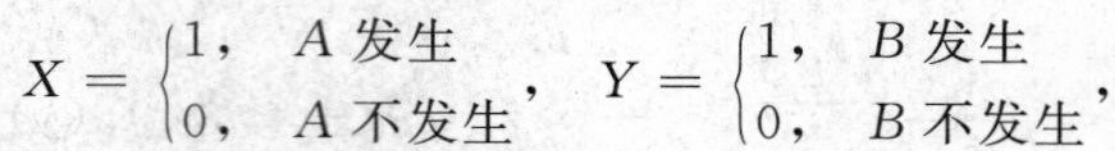

$$X=\begin{cases}1, & A\text{ 发生}\\ 0, & A\text{ 不发生}\end{cases},\quad Y=\begin{cases}1, & B\text{ 发生}\\ 0, & B\text{ 不发生}\end{cases},$$

试求二维随机变量(X,Y)的概率分布.

4. 设二维随机变量(X,Y)在区域 $G=\{(x,y)\,|\,0<x<1,|y|<x\}$内服从均匀分布，试求：(1)$(X,Y)$的概率密度函数 $f(x,y)$；(2)关于 X 的边缘密度函数 $f_X(x)$.

5. 设随机变量(X,Y)的概率密度函数为

$$f(x,y)=\begin{cases}6x, & 0\leqslant x\leqslant y\leqslant 1\\ 0, & \text{其他}\end{cases},$$

(1)求边缘密度函数；(2)问 X 与 Y 是否相互独立？

6. 设随机变量(X,Y)的概率密度函数为

$$f(x,y)=\begin{cases}Cx^2y^3, & 0<x<1,0<y<1,\\ 0, & \text{其他}\end{cases}$$

(1)求常数 C；(2)证明 X 与 Y 相互独立.

7. 设随机变量 X、Y 的联合分布是在以点(0,0)，(1,0)，(0,1)为顶点的三角形区域上服从均匀分布，试求 $Z=X+Y$ 的概率密度函数.

8. 设随机变量 X 与 Y 相互独立，其密度函数分别为

$$f_X(x)=\frac{1}{2}\mathrm{e}^{-|x|},\qquad -\infty<x<+\infty$$

$$f_Y(y)=\frac{1}{2}\mathrm{e}^{-|y|},\qquad -\infty<y<+\infty$$

试求：$Z=X+Y$ 的概率密度函数.

9. 设随机变量 X 与 Y 相互独立，且都服从$[-1,1]$上的均匀分布. 试求 $Z=XY$ 的概率密度函数.

10. 设随机变量 X 与 Y 相互独立，且都服从$[0,1]$上的均匀分布，试求 $Z=|X-Y|$ 的概率密度函数.

11. 设随机变量 X 与 Y 相互独立，且都服从正态分布 $N(0,\sigma^2)$，试求 $Z=\sqrt{X^2+Y^2}$ 的概率密度函数.

12. 设随机变量 U 在区间$[-2,2]$上服从均匀分布，记

$$X=\begin{cases}-1, & \text{若 } U\leqslant -1\\ 1, & \text{若 } U>-1\end{cases};\quad Y=\begin{cases}-1, & \text{若 } U\leqslant -1\\ 1, & \text{若 } U>1\end{cases},$$

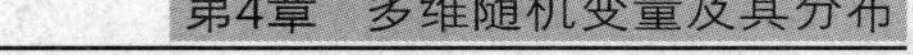

试求(X,Y)的概率分布律.

二维码 4-9 第 4 章
自测题及解析

13. 设系统 L 由四个独立工作的系统 L_1, L_2, L_3, L_4 组成(如图),每个子系统的寿命 X_i(单位:年)均服从参数为 1/6 的指数分布($i=1,2,3,4$).试求:

(1)系统 L 在 3 年内因 L_1 或 L_4 出现故障而不工作的概率;

(2)系统 L 寿命 X 的分布函数 $F(x)$

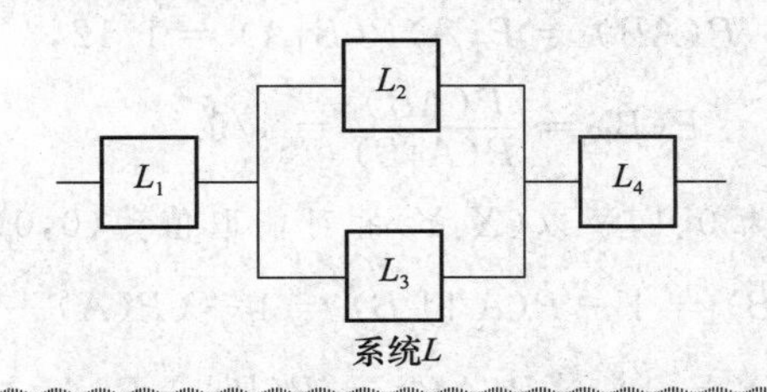

系统L

同步练习答案与提示

1. 解 (1)由于 $\int_{-\infty}^{+\infty}\int_{-\infty}^{+\infty} f(x,y)\mathrm{d}x\mathrm{d}y = \int_0^1 \mathrm{d}y \int_0^1 kxy\,\mathrm{d}x = k/4 = 1$,所以 $k=4$.

(2)由分布函数和密度函数的关系

$$F(x,y) = \int_{-\infty}^{x}\int_{-\infty}^{y} f(u,v)\mathrm{d}u\mathrm{d}v,$$

当 $x<0$ 或 $y<0$ 时,显然 $F(x,y)=0$;

当 $0\leqslant x\leqslant 1, 0\leqslant y\leqslant 1$ 时,$F(x,y) = \int_0^x \mathrm{d}u \int_0^y 4uv\,\mathrm{d}v = x^2y^2$;

当 $0\leqslant x\leqslant 1, 1<y$ 时,$F(x,y) = \int_0^x \mathrm{d}u \int_0^1 4uv\,\mathrm{d}v = x^2$;

当 $1<x, 0\leqslant y\leqslant 1$ 时,$F(x,y) = \int_0^1 \mathrm{d}u \int_0^y 4uv\,\mathrm{d}v = y^2$;

当 $1<x, 1<y$ 时,$F(x,y) = \int_0^1 \mathrm{d}u \int_0^1 4uv\,\mathrm{d}v = 1$.

故

$$f(x,y) = \begin{cases} 0, & x<0 \text{ 或 } y<0 \\ x^2y^2, & 0\leqslant x\leqslant 1, 0\leqslant y\leqslant 1 \\ x^2, & 0\leqslant x\leqslant 1, y>1 \\ y^2, & x>1, 0\leqslant y\leqslant 1 \\ 1, & x>1, y>1 \end{cases}.$$

2. 解 由题意知,X 和 Y 都服从二项分布:$X\sim B(2,0.2)$,$Y\sim B(2,0.5)$.

由于 X 和 Y 相互独立,因此

$$P(X=i,Y=j) = P(X=i)P(Y=j) = \mathrm{C}_2^i\mathrm{C}_2^j(0.2)^i(0.8)^{2-i}(0.5)^2 \quad (i,j=0,1,2).$$

从而 X 和 Y 的联合分布律为

Y \ X	0	1	2
0	0.16	0.08	0.01
1	0.32	0.16	0.02
2	0.16	0.08	0.01

3. 解 由 $P(A)=1/4$，$P(A|B)=1/2$，和 $P(B|A)=1/3$，可得

$$P(AB)=P(A)P(B|A)=1/12,$$

$$P(B)=\frac{P(AB)}{P(A|B)}=1/6.$$

由于 X、Y 的可能取值为 0、1，所以 (X,Y) 的可能取值为 $(0,0)$、$(0,1)$、$(1,0)$ 和 $(1,1)$.

$$P(X=0,Y=0)=P(\bar{A}\bar{B})=1-P(A\cup B)=1-(P(A)+P(B)-P(AB))=2/3;$$

$$P(X=0,Y=1)=P(\bar{A}B)=P(B)-P(AB)=1/12;$$

……

从而 (X,Y) 的联合分布律为

Y \ X	0	1
0	2/3	1/12
1	1/6	1/12

4. 解 (1) 由于区域 $G=\{(x,y)|0<x<1,|y|<x\}$ 面积为 1，且 (X,Y) 在 G 内服从均匀分布. 因此，(X,Y) 的联合密度函数为

$$f(x,y)=\begin{cases}1, & 0\leqslant x\leqslant 1,\ |y|\leqslant x\\ 0, & \text{其他}\end{cases}.$$

(2) 由于 $f_X(x)=\int_{-\infty}^{+\infty}f(x,y)\mathrm{d}y$，所以

当 $x<0$ 或 $x>1$ 时，$f(x,y)=0$，故 $f_X(x)=0$；

当 $0\leqslant x\leqslant 1$ 时，有 $f_X(x)=\int_{-\infty}^{+\infty}f(x,y)\mathrm{d}y=\int_{-x}^{x}\mathrm{d}y=2x$.

所以

$$f_X(x)=\begin{cases}2x, & 0\leqslant x\leqslant 1\\ 0, & \text{其他}\end{cases}.$$

5. 解 (1) 由于 $f_X(x)=\int_{-\infty}^{+\infty}f(x,y)\mathrm{d}y$，所以

当 $x<0$ 或 $x>1$ 时，$f(x,y)=0$，故 $f_X(x)=0$；

当 $0\leqslant x\leqslant 1$ 时，有 $f_X(x)=\int_{-\infty}^{+\infty}f(x,y)\mathrm{d}y=\int_{x}^{1}6x\mathrm{d}y=6x(1-x)$.

所以，

$$f_X(x)=\begin{cases}6x-6x^2, & 0\leqslant x\leqslant 1\\ 0, & \text{其他}\end{cases}.$$

由于 $f_Y(y)=\int_{-\infty}^{+\infty}f(x,y)\mathrm{d}x$，所以

当 $y<0$ 或 $y>1$ 时，$f(x,y)=0$，故 $f_Y(y)=0$；

当 $0\leqslant y\leqslant 1$ 时，有 $f_Y(y)=\int_{-\infty}^{+\infty}f(x,y)\mathrm{d}x=\int_0^y 6x\mathrm{d}x=3y^2$.

所以，

$$f_Y(y)=\begin{cases}3y^2, & 0\leqslant y\leqslant 1\\ 0, & \text{其他}\end{cases}.$$

(2)由于 $f(x,y)\neq f_X(x)f_Y(y)$，所以 X 与 Y 不相互独立.

6. 解　(1) 由 $\int_{-\infty}^{+\infty}\int_{-\infty}^{+\infty}f(x,y)\mathrm{d}x\mathrm{d}y=\int_0^1\mathrm{d}y\int_0^1 Cx^2y^3\mathrm{d}x=\frac{C}{12}=1$，得 $C=12$.

(2) 由于 $f_X(x)=\int_{-\infty}^{+\infty}f(x,y)\mathrm{d}y$，所以

当 $x<0$ 或 $x>1$ 时，$f(x,y)=0$，故 $f_X(x)=0$；

当 $0\leqslant x\leqslant 1$ 时，$f_X(x)=\int_{-\infty}^{+\infty}f(x,y)\mathrm{d}y=\int_0^1 12x^2y^3\mathrm{d}y=3x^2$；

所以，

$$f_X(x)=\begin{cases}3x^2, & 0\leqslant x\leqslant 1\\ 0, & \text{其他}\end{cases}.$$

同样可得

$$f_Y(y)=\begin{cases}4y^3, & 0\leqslant y\leqslant 1\\ 0, & \text{其他}\end{cases}.$$

由于 $f(x,y)=f_X(x)f_Y(y)$，所以 X 与 Y 相互独立.

7. 解　由题意知，(X,Y)的密度函数为

$$f(x,y)=\begin{cases}2, & 0\leqslant x\leqslant 1, 0\leqslant y\leqslant 1-x\\ 0, & \text{其他}\end{cases}.$$

由 $F_Z(z)=P(Z\leqslant z)=P(X+Y\leqslant z)=\iint\limits_{x+y\leqslant z}f(x,y)\mathrm{d}x\mathrm{d}y$，知

当 $z<0$ 时，$F_Y(y)=0$，所以 $f_Z(z)=F'_Z(z)=0$；

当 $0\leqslant z\leqslant 1$ 时，

$$F_Z(z)=\iint\limits_{x+y\leqslant z}f(x,y)\mathrm{d}x\mathrm{d}y=\int_0^z\mathrm{d}x\int_0^{z-x}2\mathrm{d}y=z^2\text{，所以 } f_Z(z)=F'_Z(z)=2z;$$

当 $z>1$ 时，

$$F_Z(z)=\iint\limits_{x+y\leqslant z}f(x,y)\mathrm{d}x\mathrm{d}y=\int_0^1\mathrm{d}x\int_0^{1-x}2\mathrm{d}y=1\text{，所以 } f_Z(z)=F'_Z(z)=0.$$

综上所述

$$f_Z(z)=\begin{cases}2z, & 0\leqslant z\leqslant 1\\ 0, & \text{其他}\end{cases}.$$

8. 解　由于 X 与 Y 相互独立，由卷积公式可得

$$f_Z(z)=\int_{-\infty}^{+\infty}f_X(z,y)f_Y(y)\mathrm{d}y=\frac{1}{4}\int_{-\infty}^{+\infty}\mathrm{e}^{-(|z-y|+|y|)}\mathrm{d}y.$$

当 $z<0$ 时，有 $f_Z(z)=\frac{1}{4}\int_{-\infty}^{+\infty}e^{-(|z-y|+|y|)}dy$

$$=\frac{1}{4}\left(\int_{-\infty}^{z}e^{2y-z}dy+\int_{z}^{0}e^{z}dy+\int_{0}^{+\infty}e^{z-2y}dy\right)=\frac{1}{4}(1-z)e^{z}.$$

当 $z\geqslant 0$ 时，有 $f_Z(z)=\frac{1}{4}\int_{-\infty}^{+\infty}e^{-(|z-y|+|y|)}dy$

$$=\frac{1}{4}\left(\int_{-\infty}^{0}e^{2y-z}dy+\int_{0}^{z}e^{-z}dy+\int_{z}^{+\infty}e^{z-2y}dy\right)=\frac{1}{4}(1+z)e^{-z}.$$

所以，$Z=X+Y$ 的概率密度函数为

$$f(z)=\frac{1}{4}(1+|z|)e^{-|z|},-\infty<z<+\infty.$$

9. 解 由于 X 与 Y 独立同分布，所以 (X,Y) 的联合密度函数为

$$f(x,y)=\begin{cases}1/4, & -1\leqslant x\leqslant 1,-1\leqslant y\leqslant 1\\ 0, & \text{其他}\end{cases}.$$

因此，$Z=XY$ 的分布函数为

$$F_Z(z)=P(Z\leqslant z)=P(XY\leqslant z)=\iint_{xy\leqslant z}f(x,y)dxdy.$$

当 $z<-1$ 时，有 $F_Z(z)=0$，从而有 $f_Z(z)=F'_Z(z)=0$；

当 $-1\leqslant z<0$ 时，有

$$F_Z(z)=\iint_{xy\leqslant z}f(x,y)dxdy=\int_{-1}^{z}dx\int_{\frac{z}{x}}^{1}\frac{1}{4}dy+\int_{-z}^{1}dx\int_{-1}^{\frac{z}{x}}\frac{1}{4}dy=\frac{1}{2}[1+z-z\ln(-z)],$$

从而 $f_Z(z)=F'_Z(z)=\frac{1}{2}[-\ln(-z)]$；

当 $0\leqslant z\leqslant 1$ 时，有

$$F_Z(z)=\iint_{xy\leqslant z}f(x,y)dxdy=1-\int_{-1}^{-z}dx\int_{-1}^{\frac{z}{x}}\frac{1}{4}dy-\int_{z}^{1}dx\int_{\frac{z}{x}}^{1}\frac{1}{4}dy=\frac{1}{2}(1+z-z\ln z),$$

从而 $f_Z(z)=F'_Z(z)=-\frac{1}{2}\ln z$.

当 $z>1$ 时，有

$$F_Z(z)=\iint_{xy\leqslant z}f(x,y)dxdy=\int_{-1}^{1}dx\int_{-1}^{1}\frac{1}{4}dy=1,$$

从而 $f_Z(z)=F'_Z(z)=0$.

所以，$Z=XY$ 的概率密度函数为

$$f_Z(z)=\begin{cases}-\frac{1}{2}\ln|z|, & |z|\leqslant 1\\ 0, & \text{其他}\end{cases}.$$

10. 解 由于 X 与 Y 独立同分布，所以 (X,Y) 联合密度函数为

$$f(x,y)=\begin{cases}1, & 0\leqslant x\leqslant 1,0\leqslant y\leqslant 1\\ 0, & \text{其他}\end{cases}.$$

因此 $Z=|X-Y|$ 的分布函数为

$$F_Z(z)=P(Z\leqslant z)=P(|X-Y|\leqslant z)=\iint\limits_{|x-y|\leqslant z}f(x,y)\mathrm{d}x\mathrm{d}y.$$

当 $z<0$ 时，有 $F_Z(z)=0$，从而有 $f_Z(z)=F'_Z(z)=0$；

当 $0\leqslant z<1$ 时，有

$$F_Z(z)=\iint\limits_{|x-y|\leqslant z}f(x,y)\mathrm{d}x\mathrm{d}y=1-\int_0^{1-z}\mathrm{d}x\int_{x+z}^1\mathrm{d}y+\int_z^1\mathrm{d}x\int_0^{x-z}\mathrm{d}y=1-(1-z)^2$$

从而 $f_Z(z)=F'_Z(z)=2(1-z)$；

当 $z\geqslant 1$ 时，有

$$F_Z(z)=\iint\limits_{|x-y|\leqslant z}f(x,y)\mathrm{d}x\mathrm{d}y=\int_0^1\mathrm{d}x\int_0^1\mathrm{d}y=1,$$

从而 $f_Z(z)=F'_Z(z)=0$.

所以，$Z=|X-Y|$ 的密度函数为

$$f_Z(z)=\begin{cases}2(1-z), & 0\leqslant z\leqslant 1\\ 0, & \text{其他}\end{cases}.$$

11. 解 由于 X 与 Y 独立同分布，所以 (X,Y) 的概率密度函数为

$$f(x,y)=\frac{1}{2\pi\sigma^2}\mathrm{e}^{-\frac{x^2+y^2}{2\sigma^2}},\quad -\infty<x,y<+\infty.$$

因此 $Z=\sqrt{X^2+Y^2}$ 的分布函数为

$$F_Z(z)=P(Z\leqslant z)=P(\sqrt{X^2+Y^2}\leqslant z)=\iint\limits_{\sqrt{x^2+y^2}\leqslant z}f(x,y)\mathrm{d}x\mathrm{d}y.$$

当 $z<0$ 时，有 $F_Z(z)=0$，从而有 $f_Z(z)=F'_Z(z)=0$；

当 $z\geqslant 0$ 时，有

$$\begin{aligned}F_Z(z)&=\frac{1}{2\pi\sigma^2}\iint\limits_{\sqrt{x^2+y^2}\leqslant z}\mathrm{e}^{-\frac{x^2+y^2}{2\sigma^2}}\mathrm{d}x\mathrm{d}y\\&=\frac{1}{2\pi\sigma^2}\int_0^{2\pi}\mathrm{d}\theta\int_0^z r\mathrm{e}^{-\frac{r^2}{2\sigma^2}}\mathrm{d}r=\frac{1}{\sigma^2}\int_0^z r\mathrm{e}^{-\frac{r^2}{2\sigma^2}}\mathrm{d}r,\end{aligned}$$

从而

$$f_Z(z)=F'_Z(z)=\frac{z}{\sigma^2}\mathrm{e}^{-\frac{z^2}{2\sigma^2}}.$$

所以，$Z=\sqrt{X^2+Y^2}$ 的密度函数为

$$f_Z(z)=\begin{cases}\dfrac{z}{\sigma^2}\mathrm{e}^{-\frac{z^2}{2\sigma^2}}, & z\geqslant 0\\ 0, & z<0\end{cases}.$$

12. 解 由于 X,Y 的可能取值为 -1 和 1，所以 (X,Y) 的所有可能取值为 $(-1,-1)$、$(-1,1)$、$(1,-1)$ 和 $(1,1)$.

$$P(X=-1,Y=-1)=P(U\leqslant -1,U\leqslant 1)=P(U\leqslant -1)=1/4;$$

$$P(X=-1,Y=1)=P(U\leqslant -1,U>1)=0;$$

$$P(X=1,Y=-1)=P(U>-1,U\leqslant 1)=P(-1<U\leqslant 1)=1/2;$$

$$P(X=1,Y=1)=P(U>-1,U>1)=P(U>1)=1/4.$$

故 (X,Y) 的联合分布律为

Y \ X	−1	1
−1	1/4	1/2
1	0	1/4

13. 解 由题意知 $X_i(i=1,2,3,4)$ 的分布函数为

$$F_{X_i}(x)=\begin{cases}1-e^{-\frac{x}{6}}, & x\geqslant 0\\ 0, & x<0\end{cases}.$$

(1)$P\{$系统 L 在 3 年内因 L_1 或 L_4 出现故障而不工作$\}=P(\min(X_1,X_4)<3)$

$$=1-P[\min(X_1,X_4)\geqslant 3]=1-P(X_1\geqslant 3,X_4\geqslant 3)$$

$$=1-[1-F_{X_1}(3)][1-F_{X_4}(3)]=1-e^{-1}.$$

(2)系统的寿命 L 为 $X=\min(X_1,\max(X_2,X_3),X_4)$，其分布函数为

$$\begin{aligned}F(x)&=P(X\leqslant x)=1-P\{\min[X_1,\max(X_2,X_3),X_4]>x\}\\&=1-P(X_1>x)P[\max(X_2,X_3)>x]P(X_4>x)\\&=1-P(X_1>x)P(X_4>x)[1-P(X_2\leqslant x)P(X_3\leqslant x)]\\&=1-[1-F_{X_1}(x)][1-F_{X_4}(x)][1-F_{X_2}(x)F_{X_3}(x)]\\&=1-2e^{-x/2}+e^{-2x/3},(x\geqslant 0).\end{aligned}$$

当 $x<0$ 时，显然有 $F(x)=0$，因此

$$F(x)=\begin{cases}1-2e^{-x/2}+e^{-2x/3}, & x\geqslant 0\\ 0, & x<0\end{cases}.$$

Chapter 5 第5章

随机变量的数字特征

5.1 教学基本要求

1. 理解随机变量数学期望与方差的概念，掌握期望与方差的性质；

2. 掌握0-1分布、二项分布、泊松分布、均匀分布、指数分布和正态分布的数学期望和方差；

3. 了解矩、协方差、相关系数的概念及性质；

4. 能够熟练计算随机变量的期望、方差、协方差及相关系数等数字特征.

5.2 知识要点

5.2.1 数学期望

1. 定义

设离散型随机变量 X 的分布律为

$$P(X=x_i)=p_i,\quad i=1,2,\cdots,$$

若级数 $\sum_{i=1}^{\infty} x_i p_i$ 绝对收敛，则称 $\sum_{i=1}^{\infty} x_i p_i$ 为随机变量 X 的**数学期望**，或**平均值**（简称**期望**或**均值**），记为 $E(X)$，即

$$E(X)=\sum_{i=1}^{\infty} x_i p_i.$$

设连续型随机变量 X 的密度函数为 $f(x)$，若积分 $\int_{-\infty}^{+\infty} xf(x)\mathrm{d}x$ 绝对收敛，则称 $\int_{-\infty}^{+\infty} xf(x)\mathrm{d}x$ 为随机变量 X 的**数学期望**，或**平均值**（简称**期望**或**均值**），记为 $E(X)$，即

$$E(X)=\int_{-\infty}^{+\infty} xf(x)\mathrm{d}x.$$

数学期望反映随机变量平均取值的大小.

2. 性质

(1)设 C 为常数,则 $E(C)=C$;

(2)设 X 是随机变量,且数学期望存在,k 为常数,则 $E(kX)=kE(X)$;

(3)设 X,Y 是随机变量,且数学期望都存在,则 $E(X+Y)=E(X)+E(Y)$;

综合(1)~(3),并推广得

$$E(C_1X_1+C_2X_2+\cdots+C_nX_n)=C_1E(X_1)+C_2E(X_2)+\cdots+C_nE(X_n).$$

(4)设 X,Y 是相互独立的随机变量,且数学期望都存在,则

$$E(XY)=E(X)E(Y).$$

注 性质(4)的逆命题不成立,即 $E(XY)=E(X)E(Y)$ 时,X,Y 不一定相互独立.

3. 随机变量函数的数学期望

定理1 设 Y 是随机变量 X 的函数:$Y=g(X)$(g 是连续函数).

(1)如果 X 为离散型随机变量,其分布律为

$$P(X=x_k)=p_k,\quad k=1,2,\cdots.$$

若级数 $\sum\limits_{k=1}^{\infty}g(x_k)p_k$ 绝对收敛,则

$$E(Y)=E[g(X)]=\sum_{k=1}^{\infty}g(x_k)p_k.$$

(2)如果 X 为连续型随机变量,其密度函数为 $f(x)$. 若 $\int_{-\infty}^{+\infty}g(x)f(x)\mathrm{d}x$ 绝对收敛,则

$$E(Y)=E[g(X)]=\int_{-\infty}^{+\infty}g(x)f(x)\mathrm{d}x.$$

定理2 设 Z 是二维随机变量 (X,Y) 的函数:$Z=g(X,Y)$(g 是连续函数).

(1)如果 (X,Y) 是二维离散型随机变量,联合分布律为

$$P(X=x_i,Y=y_j)=p_{ij},\quad i,j=1,2,\cdots.$$

若级数 $\sum\limits_{i,j}g(x_i,y_j)p_{ij}$ 绝对收敛,则有

$$E(Z)=E[g(X,Y)]=\sum_{i,j}g(x_i,y_j)p_{ij}.$$

(2)如果 (X,Y) 是二维连续型随机变量,联合密度函数为 $f(x,y)$,若积分 $\int_{-\infty}^{+\infty}\int_{-\infty}^{+\infty}g(x,y)f(x,y)\mathrm{d}x\mathrm{d}y$ 绝对收敛,则有

$$E(Z)=E[g(X,Y)]=\int_{-\infty}^{+\infty}\int_{-\infty}^{+\infty}g(x,y)f(x,y)\mathrm{d}x\mathrm{d}y.$$

特别地,当 $g(X,Y)=X$ 时,有

$$E(X)=\begin{cases}\sum\limits_{i,j}x_ip_{ij},(X,Y)\text{ 为离散型随机变量};\\ \int_{-\infty}^{+\infty}\int_{-\infty}^{+\infty}xf(x,y)\mathrm{d}x\mathrm{d}y,(X,Y)\text{ 为连续型随机变量}.\end{cases}$$

当 $g(X,Y)=Y$ 时,有

$$E(Y)=\begin{cases}\sum\limits_{i,j} y_j p_{ij}, & (X,Y)\text{ 为离散型随机变量；}\\ \int_{-\infty}^{+\infty}\int_{-\infty}^{+\infty} y f(x,y)\mathrm{d}x\mathrm{d}y, & (X,Y)\text{ 为连续型随机变量.}\end{cases}$$

5.2.2 方差与标准差

1. 定义

设 X 是一个随机变量，且数学期望存在. 若 $E[X-E(X)]^2$ 存在，则称 $E[X-E(X)]^2$ 为随机变量 X 的**方差**，记为 $D(X)$，$\mathrm{Var}(X)$ 或 σ_X^2，即

$$D(X)=E[X-E(X)]^2.$$

称 $\sqrt{D(X)}$ 为 X 的**均方差**或**标准差**，记为 σ_X.

方差的常用计算公式：$D(X)=E(X^2)-[E(X)]^2$.

方差是反映随机变量取值集中程度的数字特征，即刻画 X 取值相对于均值 $E(X)$ 的集中程度的一个数字特征.

2. 性质

(1)设 C 为常数，则 $D(C)=0$；

(2)设 X 为随机变量，C 为常数，则 $D(CX)=C^2D(X)$；

(3)设随机变量 X 与 Y 相互独立，则 $D(X\pm Y)=D(X)+D(Y)$；

综合性质(1)～(3)，可知，若 C_0,C_1,C_2 为任意常数，随机变量 X 与 Y 相互独立，则有

$$D(C_1X+C_2Y+C_0)=C_1^2D(X)+C_2^2D(Y).$$

随机变量的标准化 设 X 是任一随机变量，若 $E(X)$ 及 $D(X)$ 都存在，且 $D(X)>0$，则称

$$Y=\frac{X-E(X)}{\sqrt{D(X)}}$$

为 X 的**标准化随机变量**. 这里 $E(X)=0,D(X)=1$.

(4)$D(X)=0$ 的充要条件是 X 依概率 1 取常数 C，即 $P(X=C)=1$.

5.2.3 常见一维随机变量的数字特征

(1)0-1 分布：当 $X\sim B(1,p)$ 时，$E(X)=p,D(X)=p(1-p)$；

(2)二项分布：当 $X\sim B(n,p)$ 时，$E(X)=np,D(X)=np(1-p)$；

(3)泊松分布：当 $X\sim P(\lambda)$ 时，$E(X)=\lambda,D(X)=\lambda$；

(4)均匀分布：当 $X\sim U(a,b)$ 时，$E(X)=\frac{a+b}{2},D(X)=\frac{(b-a)^2}{12}$；

(5)指数分布：当 $X\sim E(\lambda)$ 时，$E(X)=1/\lambda,D(X)=1/\lambda^2$；

(6)正态分布：当 $X\sim N(\mu,\sigma^2)$ 时，$E(X)=\mu,D(X)=\sigma^2$.

二维码 5-1 第 5 章 知识要点讲解 1 (微视频)

5.2.4 协方差与相关系数

1. 协方差

定义 设二维随机变量 (X,Y)，若 $E\{[X-E(X)][Y-E(Y)]\}$ 存在，则称它为随机变量

X 与 Y 的**协方差**，记为 $\mathrm{Cov}(X,Y)$，即

$$\mathrm{Cov}(X,Y) = E\{[X-E(X)][Y-E(Y)]\}.$$

协方差是刻画随机变量 X 与 Y 之间的相互关系的数字特征.

协方差的常用计算公式：

$$\mathrm{Cov}(X,Y) = E(XY) - E(X)E(Y).$$

特别地，

$$\mathrm{Cov}(X,X) = D(X).$$

性质

(1) $\mathrm{Cov}(X,Y)=\mathrm{Cov}(Y,X)$；

(2) $\mathrm{Cov}(aX+b,cY+d)=ac\mathrm{Cov}(X,Y)$，$a,b,c,d$ 为常数；

(3) $\mathrm{Cov}(X+Y,Z)=\mathrm{Cov}(X,Z)+\mathrm{Cov}(Y,Z)$；

(4) $D(X\pm Y)=D(X)+D(Y)\pm 2\mathrm{Cov}(X,Y)$.

2. 相关系数

定义　若 $\mathrm{Cov}(X,Y)$ 存在，且 $D(X)>0$，$D(Y)>0$，则称

$$\frac{\mathrm{Cov}(X,Y)}{\sqrt{D(X)}\sqrt{D(Y)}}$$

为随机变量 X 和 Y 的**相关系数**，记为 ρ_{XY}.

随机变量 X,Y 的相关系数 ρ_{XY} 是一个无量纲的量，是衡量 X 与 Y 之间线性相关程度的数字特征，且 $|\rho_{XY}|\leqslant 1$. 当 $\rho_{XY}=1$ 时，称 X 与 Y **完全正线性相关**；当 $\rho_{XY}=-1$ 时，称 X 与 Y **完全负线性相关**. 而当 $|\rho_{XY}|<1$ 时，X 与 Y 之间线性相关程度减弱，当 $\rho_{XY}=0$ 时，称 X 与 Y **不相关**.

性质

(1) $|\rho_{XY}|\leqslant 1$；

(2) $|\rho_{XY}|=1$ 的充要条件是存在常数 $a\neq 0,b$，有 $P(Y=aX+b)=1$；

(3) 若 X 与 Y 相互独立则 $\rho_{XY}=0$，反之未必；

(4) 对于随机变量 X 与 Y，下列事实是等价的：

(Ⅰ) $\mathrm{Cov}(X,Y)=0$；

(Ⅱ) X 与 Y 不相关，即 $\rho_{XY}=0$；

(Ⅲ) $E(XY)=E(X)E(Y)$；

(Ⅳ) $D(X\pm Y)=D(X)+D(Y)$.

二维码 5-2　第 5 章知识要点讲解 2（微视频）

5.2.5　高阶矩

1. 高阶矩

设 X 与 Y 是随机变量，若

$$m_k = E(X^k),\quad k=1,2,\cdots$$

存在，则称它为随机变量 X 的 **k 阶原点矩**；若

$$c_k = E[X-E(X)]^k,\quad k=1,2,\cdots$$

存在，则称它为随机变量 X 的 **k 阶中心矩**；若

$$E(X^kY^l),\quad k,l=1,2,\cdots$$

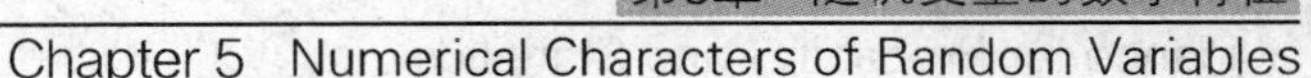

存在,则称它为随机变量 X 与 Y 的 $k+l$ **阶混合原点矩**;若

$$E[X-E(X)]^k[Y-E(Y)]^l,\quad k,l=1,2,\cdots$$

存在,则称它为随机变量 X 与 Y 的 $k+l$ **阶混合中心矩**.

显然,数学期望 $E(X)$ 是 X 的一阶原点矩,方差 $D(X)$ 是 X 的二阶中心矩,协方差 $\mathrm{Cov}(X,Y)$ 是 X 与 Y 的 1+1 阶混合中心矩.

2. 偏斜系数、峰态系数与变异系数

称 $sk(X)=\frac{c_3}{c_2^{3/2}}$ 为随机变量 X 的**偏斜系数**(或**偏度**),而称 $k(X)=\frac{c_4}{c_2^2}-3$ 为随机变量 X 的**峰态系数**(或**峭度**).

偏斜系数是表示随机变量概率分布偏斜方向与偏斜程度的数字特征;峰态系数是表示随机变量概率分布陡峭程度的数字特征.

随机变量 X 的**变异系数**定义为:$c_X=\frac{\sqrt{c_2}}{m_1}=\frac{\sigma_X}{m_1}$.

5.2.6　位置特征

称满足不等式

$$P(X\leqslant x)\geqslant p,\quad P(X\geqslant x)\geqslant 1-p,\quad (0<p<1)$$

的 x 值为随机变量 X 的 $\boldsymbol{p}$ **分位数**,可记为 x_p.

如果随机变量 X 是连续型的,那么 p 分位数就是满足

$$F(x)=p$$

的 x 值.

分位数及它的函数统称为**位置特征**.

当 $p=1/2$ 时,相应的 $x_{1/2}$ 称为随机变量 X 的**中位数**. 中位数是随机变量分布的"中点",是刻画随机变量"均值"的一种方法. 由于随机变量的中位数总是存在的,对于那些数学期望不存在的随机变量,中位数常起着数学期望的作用.

标准正态分布分位点　设 $X\sim N(0,1)$,

(1)若 u_α 满足条件

$$P(X>u_\alpha)=\alpha,\quad 0<\alpha<1,$$

则称点 u_α 为标准正态分布的**上(侧)$\boldsymbol{\alpha}$ 分位点**;

(2)若 u_0 满足条件

$$P(|X|>u_0)=\alpha,$$

则称点 u_0 为标准正态分布的**双侧 $\boldsymbol{\alpha}$ 分位点**.

5.3　例题解析

二维码 5-3　第 5 章基本要求与知识要点

例 5.1　已知随机变量 X,Y,Z 分别满足 $X\sim U[0,6],Y\sim N(0,4)$,$Z\sim P(3)$,求 $E(X-2Y+3Z)$.

分析　本题主要考查常见随机变量的期望及其性质.

解 由题设易得

$$E(X-2Y+3Z)=E(X)-2E(Y)+3E(Z)=3-2\times 0+3\times 3=12.$$

例 5.2 设连续型随机变量 X 的概率密度为

$$f(x)=\begin{cases}1+x, & -1\leqslant x\leqslant 0\\ 1-x, & 0<x<1,\\ 1, & \text{其他}\end{cases}$$

求 $D(X)$.

分析 本题主要考查方差的计算.

解 $E(X)=\int_{-\infty}^{+\infty}xf(x)\mathrm{d}x=\int_{-1}^{0}x(1+x)\mathrm{d}x+\int_{0}^{1}x(1-x)\mathrm{d}x=0,$

$$E(X^2)=\int_{-\infty}^{+\infty}x^2f(x)\mathrm{d}x=\int_{-1}^{0}x^2(1+x)\mathrm{d}x+\int_{0}^{1}x^2(1-x)\mathrm{d}x=1/6,$$

故 $$D(X)=E(X^2)-[E(X)]^2=1/6.$$

例 5.3 设随机变量 $X\sim U[-1,2]$，$Y=\begin{cases}1, & X>0\\ 0, & X=0,\\ -1, & X<0\end{cases}$ 求 $D(Y)$.

分析 本题主要考查随机变量函数的分布和方差的计算. 首先根据随机变量 X 和 Y 之间的关系求出 Y 的分布律，再利用方差的计算公式计算.

解 由题设，可知 $P(Y=1)=P(X>0)=\int_{0}^{2}\frac{1}{3}\mathrm{d}x=2/3$，同理

$$P(Y=0)=P(X=0)=0,\quad P(Y=-1)=P(X<0)=1/3.$$

所以，随机变量 Y 的分布律为：

Y	-1	1
P	$1/3$	$2/3$

因此 $$E(Y)=1/3,\quad E(Y^2)=1,$$

故 $$D(Y)=E(Y^2)-[E(Y)]^2=8/9.$$

例 5.4 设一次试验成功的概率为 p，独立重复该实验 100 次，当 p 为何值时，成功次数的标准差最大，并求其最大值.

分析 本题主要考查二项分布的方差. 首先分析二项分布的方差与 p 之间的关系，然后利用函数最值的求解方法求出方差的最大值点，方差的最大值点即为标准差的最大值点.

解 设 X 表示试验成功的次数，易得 $X\sim B(100,p)$，则 $D(X)=100p(1-p)$.

令 $\frac{\mathrm{d}D(X)}{\mathrm{d}p}=100(1-2p)=0$ 解得驻点 $p=1/2$. 又因为

$$\left.\frac{\mathrm{d}^2D(X)}{\mathrm{d}p^2}\right|_{p=1/2}=-200<0,$$

所以 $p=1/2$ 是方差的最大值点，也为标准差的最大值点，且标准差的最大值为：

$$\sqrt{D(X)}=\sqrt{100p(1-p)}\,\Big|_{p=1/2}=\sqrt{25}=5.$$

例 5.5 设随机变量 X 的分布律为：$\begin{array}{c|ccc}X & -1 & 0 & 1\\ \hline P & a & b & c\end{array}$，且 $E(X^2)=0.8$，$D(X)=0.79$，试

确定 a,b,c.

分析 本题主要考查离散型随机变量分布律的性质及期望和方差的计算.

解 因为
$$a+b+c=1 \tag{1}$$
又
$$E(X)=-a+c,$$
$$E(X^2)=(-1)^2\cdot a+0^2\cdot b+1^2\cdot c=a+c=0.8, \tag{2}$$
$$D(X)=E(X^2)-[E(X)]^2=0.8-(-a+c)^2=0.79, \tag{3}$$
联立(1)(2)(3)求解得
$$a=0.35,\quad b=0.2,\quad c=0.45 \quad 或 \quad a=0.45,\quad b=0.2,\quad c=0.35.$$

例 5.6 一批零件中有 9 个合格品,3 个次品,安装机器时从这批零件中任取一个,如果取出次品就不再放回去.求在取得合格品前取得的次品个数的数学期望和方差.

分析 本题主要考查离散型随机变量分布律和数字特征的计算.首先利用古典概型求出离散型随机变量的分布律,然后用离散型随机变量的期望和方差的计算公式计算.

解 设 X 表示在取得合格品前取得的次品个数,则 X 的所有可能取值为 0,1,2,3,且
$$P(X=0)=\frac{C_9^1}{C_{12}^1}=3/4,\qquad P(X=1)=\frac{C_3^1}{C_{12}^1}\cdot\frac{C_9^1}{C_{11}^1}=9/44,$$
$$P(X=2)=\frac{C_3^2}{C_{12}^2}\cdot\frac{C_9^1}{C_{10}^1}=9/220,\quad P(X=3)=\frac{C_3^3}{C_{12}^3}=1/220.$$
故 X 的分布律为:

X	0	1	2	3
P	3/4	9/44	9/220	1/220

则
$$E(X)=9/44+2\times 9/220+3\times 1/220=3/10;$$
$$E(X^2)=9/44+4\times 9/220+9\times 1/220=9/22;$$
$$D(X)=E(X^2)-[E(X)]^2=351/1\,100.$$

例 5.7 现有 10 张奖券,其中 8 张的奖金 2 元,2 张的奖金 5 元.今某人从中无放回地随机抽取 3 张,求此人得到的奖金总额的数学期望.

分析 本题主要考查离散型随机变量的分布律和期望的计算,关键是利用古典概型求出离散型随机变量的分布律.

解 设 X 表示此人得到的奖金额,则抽出的 3 张奖券中含有 5 元的奖券张数可能为 0 张,1 张,2 张,故 X 的可能取值为 6,9,12,且
$$P(X=6)=\frac{C_8^3}{C_{10}^3}=7/15,P(X=9)=\frac{C_8^2\cdot C_2^1}{C_{10}^3}=7/15,P(X=12)=\frac{C_8^1\cdot C_2^2}{C_{10}^3}=1/15.$$
所以,X 的分布律为:

X	6	9	12
P	7/15	7/15	1/15

则
$$E(X)=6\times 7/15+9\times 7/15+12\times 1/15=39/5.$$

例 5.8 设甲、乙两篮球队进行比赛,若有一队先胜 4 场,则比赛结束.假定甲、乙在每场比赛中获胜的概率都为 0.5,试求需要进行比赛场数 X 的期望和方差.

分析 本题主要考查随机变量的期望和方差,此题的关键是要先求出 X 的分布律.

解 先求 X 的分布律,X 的所有可能取值为 4,5,6,7.$X=k$ 表示在 k 场比赛中,甲先胜 4 场或乙先胜 4 场,从而有

$$P(X=k)=\mathrm{C}_2^1\left[\frac{1}{2}\mathrm{C}_{k-1}^3(1/2)^3(1/2)^{k-4}\right](k=4,5,6,7),$$

即 X 的分布律为：

X	4	5	6	7
P	1/8	1/4	5/16	5/16

$$E(X)=4\times 1/8+5\times 1/4+6\times 5/16+7\times 5/16=93/16,$$

$$E(X^2)=4^2\times 1/8+5^2\times 1/4+6^2\times 5/16+7^2\times 5/16=557/16,$$

$$D(X)=E(X^2)-[E(X)]^2=557/16-(93/16)^2=263/256.$$

例 5.9 某人用 n 把钥匙去开门，只有一把能把门打开，现逐个任取一把试开. 求打开此门所需次数 X 的数学期望和方差.

分析 本题主要考查离散型随机变量分布律和数字特征的计算，关键是利用古典概型求出离散型随机变量的分布律.

解 在打不开门的钥匙不放回的情况下，所需开门的次数 X 的可能取值为 $1,2,\cdots,n$，由于 $X=k$ 表示直到第 k 次才打开，所以得 X 的分布律为：

$$P(X=k)=\frac{n-1}{n}\cdot\frac{n-2}{n-1}\cdot\cdots\cdot\frac{n-k}{n-k+1}\cdot\frac{1}{n-k}=1/n,\quad k=1,2,\cdots n.$$

故
$$E(X)=\sum_{k=1}^{n}k\cdot 1/n=\frac{n+1}{2},$$

$$E(X^2)=\sum_{k=1}^{n}k^2\cdot\frac{1}{n}=\frac{1}{n}\cdot\frac{1}{6}n(n+1)(2n+1)=\frac{(n+1)(2n+1)}{6},$$

所以
$$D(X)=E(X^2)-[E(X)]^2=\frac{n^2-1}{12}.$$

例 5.10 某工厂生产的圆盘直径在区间 $[a,b]$ 上服从均匀分布，试求圆盘面积的数学期望.

分析 本题主要考查随机变量函数的数学期望.

解 设圆盘直径为 X，则 $X\sim U[a,b]$，那么 X 的概率密度函数为

$$f(x)=\begin{cases}\dfrac{1}{b-a}, & a\leqslant x\leqslant b\\ 0, & \text{其他}\end{cases}.$$

设圆盘面积为 Y，则 $Y=\frac{1}{4}\pi X^2$，所以

$$E(Y)=\int_{-\infty}^{+\infty}\frac{\pi}{4}x^2f(x)\mathrm{d}x=\frac{\pi}{4}\int_a^b x^2\cdot\frac{1}{b-a}\mathrm{d}x=\frac{a^2+ab+b^2}{12}\pi.$$

例 5.11 设 X 在 $[-1,1]$ 上服从均匀分布，求 $E(|X|)$ 和 $E\left(\frac{1}{X+2}\right)$.

分析 本题主要考查随机变量函数的数学期望.

解 由 $X\sim U[-1,1]$，则 X 的概率密度函数为

$$f(x)=\begin{cases}1/2, & -1\leqslant x\leqslant 1\\ 0, & \text{其他}\end{cases}.$$

所以
$$E(|X|)=\int_{-\infty}^{+\infty}|x|f(x)\mathrm{d}x=\int_{-1}^{1}|x|\cdot\frac{1}{2}\mathrm{d}x=\frac{1}{2},$$

$$E\left(\frac{1}{X+2}\right)=\int_{-\infty}^{+\infty}\frac{1}{x+2}f(x)\mathrm{d}x=\int_{-1}^{1}\frac{1}{x+2}\cdot\frac{1}{2}\mathrm{d}x=\frac{1}{2}\ln 3.$$

例 5.12 设 X,Y 是两个独立且均服从正态分布 $N(1,2)$ 的随机变量，试求随机变量 $|X-Y|$ 的数学期望与方差.

分析 本题主要考查二维随机变量函数的数字特征. 若直接用本章的定理 2 求解，计算量很大，这里通过正态分布的性质来简化计算.

解 由于 X,Y 都服从正态分布，且相互独立，故 $X-Y$ 也服从正态分布，且 $E(X-Y)=0$，$D(X-Y)=4$，即 $Z=X-Y\sim N(0,4)$ 则

$$E(|X-Y|)=E(|Z|)=\int_{-\infty}^{+\infty}|z|\frac{1}{\sqrt{2\pi}\cdot 2}\mathrm{e}^{-\frac{z^2}{8}}\mathrm{d}z=2\int_{0}^{+\infty}z\frac{1}{\sqrt{2\pi}\cdot 2}\mathrm{e}^{-\frac{z^2}{8}}\mathrm{d}z$$

$$=-\frac{4}{\sqrt{2\pi}}\int_{0}^{+\infty}\mathrm{e}^{-\frac{z^2}{8}}\mathrm{d}\frac{z^2}{8}=\frac{4}{\sqrt{2\pi}}.$$

因为
$$E(Z^2)=D(Z)+[E(Z)]^2=4+0=4,$$
所以
$$D(|X-Y|)=D(|Z|)=E(Z^2)-[E(|Z|)]^2=4-\left(\frac{4}{\sqrt{2\pi}}\right)^2=4(1-2/\pi).$$

例 5.13 工厂生产的某种设备的寿命 X(以年计)服从指数分布，密度函数为

$$f(x)=\begin{cases}1/4\mathrm{e}^{-x/4}, & x>0\\ 0, & x\leqslant 0\end{cases}.$$

工厂规定，出售的设备若在一年之内损坏予以调换. 若工厂售出一台设备赢利 100 元，调换一台设备厂方需花费 300 元，试求厂方出售一台设备赢利的数学期望.

分析 本题主要考查随机变量数学期望的计算，首先根据设备寿命 X 的概率密度求出厂方出售一台设备赢利 Y 的分布律，然后求赢利的数学期望.

解 设 Y 表示厂方出售一台设备的赢利，则 Y 的可能取值为 $100,-300$，且

$$P(Y=100)=P(X\geqslant 1)=\int_{1}^{+\infty}\frac{1}{4}\mathrm{e}^{-x/4}\mathrm{d}x=\mathrm{e}^{-1/4},$$

$$P(Y=-300)=P(X<1)=1-\mathrm{e}^{-1/4}.$$

所以厂方出售一台设备赢利的数学期望为

$$E(Y)=100\times P(X=100)+(-300)\times P(X=-300)$$
$$=100\mathrm{e}^{-1/4}-300(1-\mathrm{e}^{-1/4})=400\mathrm{e}^{-1/4}-300.$$

例 5.14 某保险公司规定，如果在一年内顾客的投保事件 A 发生，该公司就赔偿顾客 a 元，若一年内事件 A 发生的概率为 p，为使公司收益的期望值等于 a 的 10%，该公司应该要求顾客交多少保险费?

分析 本题主要考查随机变量数学期望的计算.

解 设该公司应该要求顾客交保险费 k 元，公司收益为 X，则 X 的可能取值为 $k-a$ 元，且

$$P(X=k)=1-p,P(X=k-a)=p.$$

所以，公司收益的期望值为

$$E(X)=k\times P(X=k)+(k-a)\times P(X=k-a)=k(1-p)+(k-a)p=k-ap,$$

令

$$E(X)=k-ap=a\times 10\%\Rightarrow k=(p+0.1)a.$$

因此，该公司应该要求顾客交保险费$(p+0.1)a$元.

例 5.15 设一只昆虫所生的虫卵数$X\sim P(\lambda)$，而每个虫卵发育为幼虫的概率为p，并且每个虫卵是否发育为幼虫是相互独立的，试求一只昆虫所生的幼虫数Y的数学期望和方差.

分析 本题主要考查全概率公式及常见随机变量的数学期望和方差. 首先利用全概率公式求出Y的分布律，然后求Y的数字特征.

解 依题意，一只昆虫所生的虫卵数$X\sim P(\lambda)$，所以X的分布律为

$$P(X=k)=\frac{\lambda^k}{k!}e^{-\lambda}(k=0,1,\cdots).$$

若该昆虫所生的虫卵数$X=k$，则它所生的幼虫数$Y=m$的概率为

$$P(Y=m\mid X=k)=C_k^m p^m(1-p)^{k-m},\quad (m=0,1,\cdots,k),$$

显然，当$k<m$时，$\quad P(Y=m|X=k)=P(\varnothing)=0.$

由全概率公式，得

$$\begin{aligned}P(Y=m)&=\sum_{k=0}^{\infty}P(X=k)P(Y=m\mid X=k)\\&=\sum_{k=0}^{\infty}\frac{\lambda^k}{k!}e^{-\lambda}\frac{k!}{m!(k-m)}p^m(1-p)^{k-m}\\&=\frac{(\lambda p)^m}{m!}e^{-\lambda}\sum_{k=0}^{\infty}\frac{1}{(k-m)!}[\lambda(1-p)]^{k-m}\\&=\frac{(\lambda p)^m}{m!}e^{-\lambda p}(m=0,1,\cdots).\end{aligned}$$

所以$Y\sim P(\lambda p)$，从而

$$E(X)=\lambda p,D(Y)=\lambda p.$$

例 5.16 设某种商品每周的需求量X是服从区间[10,30]上均匀分布的随机变量，而经销商店进货量为区间[10,30]中的某一整数. 商店每销售一个单位商品可获利500元. 若供大于求，则削价处理，每处理一个单位商品亏损100元；若供不应求，则可从外部调剂供应，此时1单位商品仅获利300元. 为使商店所获利润期望值不少于9 280元，试确定最少进货量.

分析 本题主要考查随机变量函数的数字特征. 首先给出利润与进货量之间的函数关系，然后结合连续型随机变量函数的期望计算公式得到不等式，解不等式可确定最少进货量.

解 设经销商店进货量为a，$a\in[10,30]$，商品所获利润为Y，则

$$\begin{aligned}Y&=\begin{cases}500X-100(a-X), & X\leqslant a\\500a+300(X-a), & X>a\end{cases}\\&=\begin{cases}600X-100a, & X\leqslant a\\300X+200a, & X>a\end{cases}.\end{aligned}$$

因为X的概率密度函数为：

$$f(x)=\begin{cases}1/20, & 10\leqslant x\leqslant 30\\0, & \text{其他}\end{cases},$$

所以商店所获利润期望值为：

$$E(Y)=\int_{10}^{a}(600x-100a)\cdot\frac{1}{20}dx+\int_{a}^{30}(300x+200a)\cdot\frac{1}{20}dx$$

$$=\int_{10}^{a}(30x-5a)\mathrm{d}x+\int_{a}^{30}(15x+10a)\mathrm{d}x=-\frac{15}{2}a^2+350a+5\,250.$$

解不等式

$$-\frac{15}{2}a^2+350a+5\,250\geqslant 9\,280,\quad a\in[10,30]$$

且 a 为整数，可得 a 的最小值为 21. 所以，该商店最少进货量为每周 21 个单位.

例 5.17　一商店经销某种商品，每周进货的数量 X 与顾客对该种商品的需求量 Y 是相互独立的随机变量，且都服从区间[10,20]上的均匀分布，商店每出售一单位商品可得利润 1 000元；若需求量超过进货量，商店可以从其他商店调剂供应，这时每单位商品获得利润 500 元，若进货量超过需求量，则积压每单位商品亏损 100 元，试计算此商店经销该商品每周所得利润的期望值.

分析　本题主要考查二维随机变量函数的期望，此题的关键是列出每周所得利润与每周进货的数量 X 与顾客对该种商品的需求量 Y 之间的关系，然后通过二维连续型随机变量函数的期望的计算公式计算.

解　设商品所获利润为 Z，则

$$Z=\begin{cases}1\,000Y-100(X-Y), & Y\leqslant X\\ 1\,000X+500(Y-X), & Y>X\end{cases}$$
$$=\begin{cases}1\,100Y-100X, & Y\leqslant X\\ 500(Y+X), & Y>X\end{cases}.$$

因为 X 与 Y 的联合概率密度函数为：

$$f(x,y)=\begin{cases}1/100, & 10\leqslant x\leqslant 20,\quad 10\leqslant y\leqslant 20\\ 0, & \text{其他}\end{cases},$$

所以每周所得利润的期望值为

$$E(Z)=\iint_{x\geqslant y}(1\,100y-100x)f(x,y)\mathrm{d}x\mathrm{d}y+\iint_{x<y}(500x+500y)f(x,y)\mathrm{d}x\mathrm{d}y$$
$$=\int_{10}^{20}\mathrm{d}y\int_{y}^{20}(1\,100y-100x)\frac{1}{100}\mathrm{d}x+\int_{10}^{20}\mathrm{d}y\int_{10}^{y}(500x+500y)\frac{1}{100}\mathrm{d}x$$
$$=6\,500+7\,500=14\,000(\text{元}).$$

例 5.18　假设一部机器在一天内发生故障的概率是 0.2，机器发生故障时全天停止工作. 若一周五个工作日内无故障，可获得利润 10 万元，发生一次故障可获利润 5 万元，发生 2 次故障所获得利润为 0 元，发生 3 次或 3 次以上故障，就要亏损 2 万元，求一周内利润的期望值.

分析　本题主要考查离散型随机变量函数的期望. 首先要给出一周的利润 Y 与机器在一天内发生故障的台数 X 之间的函数关系，然后求出 Y 的分布律，最后通过离散型随机变量期望的计算公式求解.

解　设 X 表示一天内机器发生故障的台数，显然 $X\sim B(5,0.2)$. Y 表示一周的利润，则

$$Y=\begin{cases}10, & X=0\\ 5, & X=1\\ 0, & X=2\\ -2, & X\geqslant 3\end{cases}.$$

由于 $X \sim B(5,0.2)$，故

$$P(Y=10)=P(X=0)=0.8^5=0.328;$$
$$P(Y=5)=P(X=1)=C_5^1 \cdot 0.2 \cdot 0.8^4=0.41;$$
$$P(Y=0)=P(X=2)=C_5^2 \cdot 0.2^2 \cdot 0.8^3=0.205;$$
$$P(Y=-2)=P(X \geqslant 3)=1-P(X=0)-P(X=1)-P(X=2)=0.057.$$

故

$$E(Y)=10 \cdot P(Y=10)+5 \cdot P(Y=5)+0 \cdot P(Y=0)+(-2) \cdot P(Y=-2)=5.216.$$

一周内利润的期望值为 5.216 万元.

例 5.19 一种股票未来价格是一个随机变量，一个人购买股票可通过比较两只股票未来价格的数学期望和方差来决定. 由未来价格的期望可判定未来收益，由方差可判定投资风险. 设有甲、乙两种股票，今年的价格都是 10 元，一年后它们的价格及分布如下表：

X(元)	8	12	15
P	0.4	0.5	0.1

Y(元)	6	8.6	23
P	0.3	0.5	0.2

试比较购买这两只股票的风险.

分析 本题主要考查数字特征在实际中的应用，比较购买这两只股票的风险实际上就是比较两只股票在一年后的平均价格和方差的大小.

解 甲股票的期望是

$$E(X)=8 \times 0.4+12 \times 0.5+15 \times 0.1=10.7,$$

乙股票的期望是

$$E(Y)=6 \times 0.3+8.6 \times 0.5+23 \times 0.2=10.7.$$

由于两只股票的期望相同，所以需从稳定性角度来分析购买风险，

因为 $E(X^2)=8^2 \times 0.4+12^2 \times 0.5+15^2 \times 0.1=120.1,$

所以 $D(X)=E(X^2)-[E(X)]^2=120.1-10.7^2=5.61;$

又因为 $E(Y^2)=6^2 \times 0.3+8.6^2 \times 0.5+23^2 \times 0.2=153.58,$

所以 $D(Y)=E(Y^2)-[E(Y)]^2=153.58-10.7^2=39.09.$

由于 $D(X)<D(Y)$，说明甲的稳定性更好，所以购买甲股票的风险小.

例 5.20 设 $X \sim E(1/2)$，$Y \sim N(3,9)$，且 $\rho_{XY}=1/4$，求 $D(X-Y)$.

分析 本题主要考查方差和协方差的性质与计算.

解 因为 $X \sim E(1/2)$，$Y \sim N(3,9)$，所以 $D(X)=4$，$D(Y)=9$. 则有

$$\begin{aligned} D(X-Y) &= D(X)+D(Y)-2\mathrm{Cov}(X,Y) \\ &= D(X)+D(Y)-2\sqrt{D(X)} \cdot \sqrt{D(Y)} \cdot \rho_{XY}=10. \end{aligned}$$

例 5.21 设二维随机变量 (X,Y) 服从二维正态分布，讨论随机变量 $\xi=X+Y$ 与 $\eta=X-Y$ 不相关的充要条件.

分析 本题主要考查协方差与相关系数的性质.

解 因为 ξ,η 不相关 $\Leftrightarrow D(\xi+\eta)=D(\xi)+D(\eta)$. 又

$$D(\xi+\eta)=D(X+Y+X-Y)=4D(X),$$
$$D(\xi)+D(\eta)=D(X+Y)+D(X-Y)$$

$$=D(X)+D(Y)+2\text{Cov}(X,Y)+D(X)+D(Y)-2\text{Cov}(X,Y)$$
$$=2D(X)+2D(Y),$$

故　ξ,η 不相关$\Leftrightarrow D(X)=D(Y)$.

例 5.22　设随机变量(X,Y)的联合密度函数为

$$f(x,y)=\begin{cases}\frac{1}{8}(x+y), & 0\leqslant x\leqslant 2,0\leqslant y\leqslant 2\\ 0, & \text{其他}\end{cases},$$

求 $E(X),E(Y),\text{Cov}(X,Y),\rho_{XY},D(X+Y)$.

分析　本题主要考查随机变量多种数字特征的综合计算.

解　$E(X)=\int_{-\infty}^{+\infty}\int_{-\infty}^{+\infty}xf(x,y)\mathrm{d}x\mathrm{d}y=\int_0^2\mathrm{d}x\int_0^2 x\cdot\frac{1}{8}(x+y)\mathrm{d}y=\frac{1}{4}\int_0^2(x^2+x)\mathrm{d}x=7/6;$

$$E(Y)=\int_{-\infty}^{+\infty}\int_{-\infty}^{+\infty}yf(x,y)\mathrm{d}x\mathrm{d}y=\int_0^2\mathrm{d}x\int_0^2 y\cdot\frac{1}{8}(x+y)\mathrm{d}y=7/6;$$

$$E(XY)=\int_{-\infty}^{+\infty}\int_{-\infty}^{+\infty}xyf(x,y)\mathrm{d}x\mathrm{d}y=\int_0^2\mathrm{d}x\int_0^2 xy\cdot\frac{1}{8}(x+y)\mathrm{d}y=\int_0^2\left(\frac{1}{4}x^2+1/3\right)\mathrm{d}x=4/3.$$

故　$$\text{Cov}(X,Y)=E(XY)-E(X)E(Y)=4/3-49/36=-1/36.$$

又　$$E(X^2)=\int_{-\infty}^{+\infty}\int_{-\infty}^{+\infty}x^2f(x,y)\mathrm{d}x\mathrm{d}y=\int_0^2\mathrm{d}x\int_0^2 x^2\cdot\frac{1}{8}(x+y)\mathrm{d}y=5/3,$$

所以　$$D(X)=E(X^2)-[E(X)]^2=11/36.$$

同理　$$D(Y)=E(Y^2)-[E(Y)]^2=11/36.$$

故　$$\rho_{XY}=\frac{\text{Cov}(X,Y)}{\sqrt{D(X)}\cdot\sqrt{D(Y)}}=-1/11.$$

$$D(X+Y)=D(X)+D(Y)+2\text{Cov}(X,Y)=5/9.$$

例 5.23　设随机变量(X,Y)服从区域 $D=\{(x,y)\mid 0<x<1,|y|<x\}$ 上的均匀分布,试求相关系数 ρ_{XY}.

分析　本题主要考查随机变量相关系数的计算,需先利用二维均匀分布的定义求出(X,Y)的联合概率密度函数,然后利用相关系数的计算公式来求解.

解　因为区域 D 的面积为 $S_D=1$,所以,(X,Y)的联合概率密度函数为

$$f(x,y)=\begin{cases}1, & 0<x<1,|y|<x\\ 0, & \text{其他}\end{cases}.$$

则有

$$E(X)=\int_{-\infty}^{+\infty}\int_{-\infty}^{+\infty}xf(x,y)\mathrm{d}x\mathrm{d}y=\int_0^1\mathrm{d}x\int_{-x}^{x}x\cdot 1\mathrm{d}y=\int_0^1 2x^2\mathrm{d}x=2/3,$$

$$E(Y)=\int_{-\infty}^{+\infty}\int_{-\infty}^{+\infty}yf(x,y)\mathrm{d}x\mathrm{d}y=\int_0^1\mathrm{d}x\int_{-x}^{x}y\cdot 1\mathrm{d}y=\int_0^1 0\mathrm{d}x=0,$$

$$E(XY)=\int_{-\infty}^{+\infty}\int_{-\infty}^{+\infty}xyf(x,y)\mathrm{d}x\mathrm{d}y=\int_0^1\mathrm{d}x\int_{-x}^{x}xy\cdot 1\mathrm{d}y=\int_0^1 0\mathrm{d}x=0.$$

故　$$\text{Cov}(X,Y)=E(XY)-E(X)E(Y)=0,$$

$$\rho_{XY}=\frac{\text{Cov}(X,Y)}{\sqrt{D(X)}\cdot\sqrt{D(Y)}}=0.$$

例 5.24 设二维随机变量(X,Y)的密度函数为

$$f(x,y)=1/2[\varphi_1(x,y)+\varphi_2(x,y)],$$

其中$\varphi_1(x,y)$和$\varphi_2(x,y)$都是二维正态密度函数，且它们对应的二维随机变量的相关系数分别为 1/3 和 −1/3，它们的边缘密度函数所对应的随机变量的期望都是 0，方差都是 1. 求随机变量 X 和 Y 的密度函数 $f_1(x)$，$f_2(y)$及 X 和 Y 的相关系数ρ_{XY}.

分析 本题主要考查二维随机变量函数的分布、独立性和相关系数. 首先根据二维正态分布密度函数的两个边缘密度函数都是正态密度函数，求出 $f_1(x)$和 $f_2(y)$，然后利用相关系数定义解题.

解 (1)由于二维正态密度函数的两个边缘密度函数都是正态密度函数，且它们的边缘密度函数所对应的随机变量的期望都是 0，方差都是 1，因此，$\varphi_1(x,y)$和 $\varphi_2(x,y)$的两个边缘密度均为标准正态密度函数，故

$$\begin{aligned}f_1(x)&=\int_{-\infty}^{+\infty}f(x,y)\mathrm{d}y=\frac{1}{2}\left[\int_{-\infty}^{+\infty}\varphi_1(x,y)\mathrm{d}y+\int_{-\infty}^{+\infty}\varphi_2(x,y)\mathrm{d}y\right]\\&=\frac{1}{2}\left[\frac{1}{\sqrt{2\pi}}\mathrm{e}^{-x^2/2}+\frac{1}{\sqrt{2\pi}}\mathrm{e}^{-x^2/2}\right]=\frac{1}{\sqrt{2\pi}}\mathrm{e}^{-x^2/2},\end{aligned}$$

同理

$$f_2(y)=\frac{1}{\sqrt{2\pi}}\mathrm{e}^{-y^2/2}.$$

所以 $X\sim N(0,1)$，$Y\sim N(0,1)$，故

$$E(X)=E(Y)=0,\quad D(X)=D(Y)=1$$

于是，X 和 Y 的相关系数 ρ_{XY} 为

$$\begin{aligned}\rho_{XY}&=\frac{\mathrm{Cov}(X,Y)}{\sqrt{D(X)}\sqrt{D(Y)}}=\frac{E(XY)-E(X)E(Y)}{\sqrt{D(X)}\sqrt{D(Y)}}\\&=E(XY)=\int_{-\infty}^{+\infty}\int_{-\infty}^{+\infty}xyf(x,y)\mathrm{d}x\mathrm{d}y\\&=\frac{1}{2}\left[\int_{-\infty}^{+\infty}\int_{-\infty}^{+\infty}xy\varphi_1(x,y)\mathrm{d}x\mathrm{d}y+\int_{-\infty}^{+\infty}\int_{-\infty}^{+\infty}xy\varphi_2(x,y)\mathrm{d}x\mathrm{d}y\right]\\&=\frac{1}{2}[1/3+(-1/3)]=0.\end{aligned}$$

例 5.25 设随机变量 X 和 Y 的联合分布律为

Y \ X	−1	0	1
0	0.07	0.18	0.15
1	0.08	0.32	0.20

试求协方差 $\mathrm{Cov}(X^2,Y^2)$.

分析 本题主要考查离散型随机变量函数的协方差，实际上还是求随机变量函数的期望. 首先求出边缘分布律，然后通过协方差的计算公式计算.

解 随机变量 X 和 Y 的边缘分布律分别为

X	−1	0	1
P	0.15	0.5	0.35

，

Y	0	1
P	0.4	0.6

.

所以

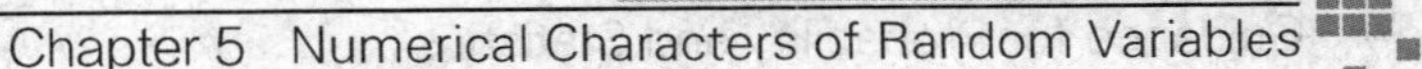

$$E(X^2)=0\times0.5+1\times0.5=0.5,\quad E(Y^2)=0\times0.4+1\times0.6=0.6,$$
$$E(X^2Y^2)=0\times(0.07+0.18+0.15+0.32)+1\times(0.08+0.20)=0.28$$

则

$$\mathrm{Cov}(X^2,Y^2)=E(X^2Y^2)-E(X^2)E(Y^2)=0.28-0.5\times0.6=-0.02.$$

例 5.26 设随机变量 $\xi\sim U[-2,2]$,随机变量

$$X=\begin{cases}-1, & \xi\leqslant-1\\ 1, & \xi>-1\end{cases},\quad Y=\begin{cases}-1, & \xi\leqslant1\\ 1, & \xi>1\end{cases},$$

试求:(1)X 和 Y 的联合分布律;(2)$D(X+Y)$.

分析 本题主要考查二维随机变量函数的数字特征.

解 (1)因为二维随机变量(X,Y)有四个可能取值:

$$(-1,-1),(-1,1),(1,-1),(1,1).$$

则 $P(X=-1,Y=-1)=P(\xi\leqslant-1,\xi\leqslant1)=P(\xi\leqslant-1)=\int_{-2}^{-1}\frac{1}{4}\mathrm{d}x=1/4;$

$P(X=-1,Y=1)=P(\xi\leqslant-1,\xi>1)=P(\varnothing)=0;$

$P(X=1,Y=-1)=P(\xi>-1,\xi\leqslant1)=P(-1<\xi\leqslant1)=\int_{-1}^{1}\frac{1}{4}\mathrm{d}x=1/2;$

$P(X=1,Y=1)=P(\xi>-1,\xi>1)=P(\xi>1)=\int_{1}^{2}\frac{1}{4}\mathrm{d}x=1/4.$

所以 X 和 Y 的联合分布律为

Y \ X	−1	1
−1	1/4	1/2
1	0	1/4

(2)因为 $X+Y$ 的可能取值为$-2,0,2$,所以

$P(X+Y=-2)=P(X=-1,Y=-1)=1/4;$

$P(X+Y=0)=P(X=-1,Y=1)+P(X=1,Y=-1)=0+1/2=1/2;$

$P(X+Y=2)=P(X=1,Y=1)=1/4.$

所以,$X+Y$ 的分布律为

$X+Y$	−2	0	2
P	1/4	1/2	1/4

则

$$E(X+Y)=-2\times1/4+0\times1/2+2\times1/4=0,$$
$$D(X+Y)=E(X+Y)^2-[E(X+Y)]^2=(-2)^2\times1/4+0\times1/2+2^2\times1/4-0=2.$$

例 5.27 掷 20 个骰子,求这 20 个骰子出现的点数和的数学期望.

分析 本题主要考查随机变量数学期望的性质.

解 设 $X_i(i=1,2,\cdots,20)$ 分别表示第 i 个骰子的点数,X 表示 20 个骰子出现的点数和,则 $X=\sum_{i=1}^{20}X_i$,$X_1,X_2,\cdots,X_{20}$ 独立同分布.$X_i(i=1,2,\cdots,20)$ 的分布律均为

二维码 5-4 第 5 章
典型例题讲解 1
(微视频)

X_i	1	2	3	4	5	6
P	1/6	1/6	1/6	1/6	1/6	1/6

,

所以 $$E(X_i)=1/6\times(1+2+3+4+5+6)=7/2, i=1,2,\cdots,20.$$

则 $$E(X)=\sum_{i=1}^{20}E(X_i)=20\times 7/2=70.$$

注 本题的关键是将一个较复杂的随机变量分解成多个随机变量的和，此方法具有普遍性，请看下例.

例 5.28 n 个人在一楼进入电梯，楼上有 n 层，设每个乘客在任何一层楼出电梯的概率相同，求直到电梯中的乘客出空为止，电梯所需停的次数 X 的数学期望.

分析 本题主要考查随机变量的数学期望，解题关键是随机变量 X 的分解.

解 令随机变量

$$X_i=\begin{cases}1, & \text{第 } i \text{ 层有乘客下电梯}\\ 0, & \text{第 } i \text{ 层没有乘客下电梯}\end{cases} \quad i=1,2,\cdots,n,$$

则电梯停的次数为 $X=\sum_{i=1}^{n}X_i$. 第 i 层没有乘客下电梯的概率为

$$P(X_i=0)=\left(1-\frac{1}{n}\right)^n, \quad i=1,2,\cdots,n,$$

由此得到 X_i 的分布律为

X_i	0	1
P	$\left(1-\frac{1}{n}\right)^n$	$1-\left(1-\frac{1}{n}\right)^n$

, $i=1,2,\cdots,n.$

所以 $$E(X_i)=0\cdot\left(1-\frac{1}{n}\right)^n+1\cdot\left[1-\left(1-\frac{1}{n}\right)^n\right]=1-\left(1-\frac{1}{n}\right)^n,$$

故 $$E(X)=E\left(\sum_{i=1}^{n}X_i\right)=\sum_{i=1}^{n}E(X_i)=n\left[1-\left(1-\frac{1}{n}\right)^n\right].$$

例 5.29 设随机变量 $X\sim E(\lambda)$，试求 X 的 k 阶原点矩.

分析 本题主要考查随机变量原点矩的概念和计算.

解 由于 $X\sim E(\lambda)(\lambda>0)$，则 X 的概率密度函数为

$$f(x)=\begin{cases}\lambda e^{-\lambda x}, & x\geqslant 0\\ 0, & \text{其他}\end{cases}$$

故 X 的 k 阶原点矩为

$$\begin{aligned}E(X^k)&=\int_{-\infty}^{+\infty}x^k f(x)\,dx=\int_0^{+\infty}x^k\lambda e^{-\lambda x}\,dx=-\int_0^{+\infty}x^k\,de^{-\lambda x}\\&=-x^k e^{-\lambda x}\Big|_0^{+\infty}+\int_0^{+\infty}e^{-\lambda x}\,dx^k=\int_0^{+\infty}kx^{k-1}\lambda e^{-\lambda x}\,dx\\&=-\frac{k}{\lambda}\int_0^{+\infty}x^{k-1}\,de^{-\lambda x}=\frac{k(k-1)}{\lambda^2}\int_0^{+\infty}x^{k-2}\,de^{-\lambda x}\\&=\cdots=k!\lambda^{-(k-1)}\int_0^{+\infty}x\lambda e^{-\lambda x}\,dx\\&=k!\lambda^{-(k-1)}\cdot E(X)=k!\lambda^{-k}.\end{aligned}$$

例 5.30 设随机变量 $X\sim U[0,2]$，试求 X 的 k 阶原点矩.

分析 本题主要考查随机变量中心矩的概念和计算.

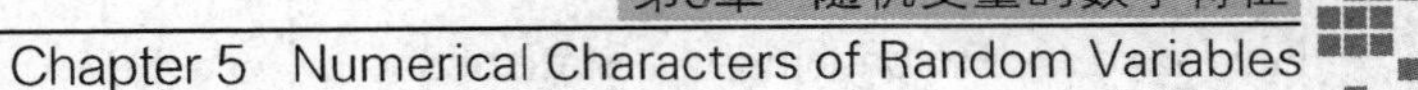

解 由于 $X\sim U[0,2]$，则 X 的概率密度函数为

$$f(x)=\begin{cases}1/2, & 0\leqslant x\leqslant 2\\ 0, & \text{其他}\end{cases}$$

且 $E(X)=\dfrac{0+2}{2}=1$. 所以 X 的 k 阶中心矩为

$$E[(X-1)^k]=\int_{-\infty}^{+\infty}(x-1)^k f(x)\mathrm{d}x=\int_0^2(x-1)^k\cdot\frac{1}{2}\mathrm{d}x$$

$$=\int_{-1}^{1}t^k\cdot\frac{1}{2}\mathrm{d}t=\frac{1}{2}\frac{1}{k+1}[1-(-1)^{k+1}]=\begin{cases}0, & k\text{ 为奇数}\\ \dfrac{1}{k+1}, & k\text{ 为偶数}\end{cases}.$$

例 5.31 设随机变量 X_1,X_2,X_3,X_4 独立同分布，它们都服从均值为 1，变异系数为 0.5 的正态分布，试求 $P(X_1+X_2+X_3-X_4>3)$.

分析 本题主要考查与随机变量变异系数有关的概率计算. 首先从变异系数的定义求出随机变量的方差，再利用正态分布的可加性计算.

解 由于变异系数 $c_X=\dfrac{\sqrt{D(X)}}{E(X)}=0.5$，又 $E(X_i)=1,i=1,2,\cdots,4$，

所以
$$\sqrt{D(X_i)}=E(X_i)\cdot c_{X_i}=1\times 0.5=0.5,$$
从而
$$D(X_i)=0.5^2=0.25\quad(i=1,2,3,4).$$
又
$$E(X_1+X_2+X_3-X_4)=E(X_1)+E(X_2)+E(X_3)-E(X_4)=2,$$
且 X_1,X_2,X_3,X_4 相互独立，所以

$$D(X_1+X_2+X_3-X_4)=D(X_1)+D(X_2)+D(X_3)+D(X_4)=1.$$

故利用正态分布的可加性，可得到 $X_1+X_2+X_3-X_4\sim N(2,1)$，所以

$$P(X_1+X_2+X_3-X_4>3)=1-\Phi\left(\frac{3-2}{1}\right)=1-\Phi(1)=0.158\ 7.$$

5.4 同步练习

二维码 5-5 第 5 章
典型例题讲解 2
（微视频）

1. 设随机变量 X 的所有可能取值为 $-1,0,1$，且取相应值的概率之比为 $1:2:3$. 试求 $E(X)$.

2. 已知离散型随机变量 X 的可能取值为 $-1,0,1$，且 $E(X)=0.1$，$D(X)=0.89$，试求 X 的分布律.

3. 设长方形的宽（单位：m）$X\sim U[0,2]$，已知长方形的周长为 20（单位：m），求长方形面积的数学期望.

4. 设随机变量 (X,Y) 服从二维正态分布，并且 X 和 Y 分别服从正态分布 $N(1,9)$ 和 $N(0,16)$，X,Y 的相关系数为 -0.5，设 $Z=X/3+Y/2$，

(1)求 Z 的期望 $E(Z)$ 和方差 $D(Z)$；

(2)求 X 与 Z 的相关系数 ρ_{XZ}.

5. 设随机变量 (X,Y) 服从区域 $D=\{(x,y)\mid 0<x<1,0<y<x\}$ 上的均匀分布，试求相

关系数 ρ_{XY}.

6. 一辆送客汽车，载有 20 位乘客从起点站开出，沿途有 10 个车站可以下车，若到达一个车站，没有乘客下车就不停车，设每个乘客在任何一站下车的概率相同，求汽车的平均停车次数.

7. 设 X,Y 是两个独立且均服从正态分布 $N(0,0.5)$ 的随机变量，试求随机变量 $|X-Y|$ 的数学期望与方差.

8. 设随机变量 X 与 Y 相互独立，其密度函数分别为

$$f_X(x)=\begin{cases}2x, & 0\leqslant x\leqslant 1\\ 0, & \text{其他}\end{cases},\quad f_Y(y)=\begin{cases}\mathrm{e}^{-(y-5)}, & y>5\\ 0, & y\leqslant 5\end{cases},$$

求 $E(XY)$.

9. 设 T 为发现沉船的搜索时间，在时间 $(0,t)$ 内经过搜索发现沉船的概率为 $1-\mathrm{e}^{-vt}$ $(v>0)$，求发现沉船所需的平均搜索时间 $E(T)$ 及方差 $D(T)$.

二维码 5-6　第 5 章自测题及解析

10. 轮船横向摇摆的随机振幅 X 的密度函数为

$$f(x)=\begin{cases}Ax\mathrm{e}^{-\frac{x^2}{2\sigma^2}}, & x>0,\\ 0, & \text{其他}\end{cases}$$

试求：(1) $E(X)$，$D(X)$；(2) 遇到大于其振幅均值的概率.

11. 点 (X,Y) 在以 $(0,0)$，$(1,0)$ 和 $(0,1)$ 为顶点的三角形 D 内服从均匀分布，试求：X 与 Y 的相关系数 ρ_{XY}.

□ 同步练习答案与提示

1. 解　易得随机变量 X 的分布律为

X	-1	0	1
P	$1/6$	$1/3$	$1/2$

所以
$$E(X)=-1\times 1/6+0\times 1/3+1\times 1/2=1/3.$$

2. 解　设随机变量 X 的分布律为

X	-1	0	1
P	a	b	c

因为
$$a+b+c=1. \tag{1}$$
又
$$E(X)=-a+c=0.1, \tag{2}$$
$$E(X^2)=(-1)^2\cdot a+0^2\cdot b+1^2\cdot c=a+c,$$
所以
$$D(X)=E(X^2)-[E(X)]^2=a+c-0.01=0.89. \tag{3}$$
联立(1)(2)(3)得
$$a=0.4,\quad b=0.1,\quad c=0.5.$$
所以随机变量 X 的分布律为

X	-1	0	1
P	0.4	0.1	0.5

3. 解 设 S 表示长方形面积，则

$$S=(10-X)X=10X-X^2.$$

由于 $X\sim U(0,2)$，所以 $E(X)=1,D(X)=1/3,E(X^2)=D(X)+[E(X)]^2=4/3$.

所以 $$E(S)=E(10X-X^2)=10E(X)-E(X^2)=26/3.$$

4. 解 (1) $$E(Z)=\frac{1}{3}E(X)+\frac{1}{2}E(Y)=1/3,$$

$$\mathrm{Cov}(X,Y)=\rho_{XY}\cdot\sqrt{D(X)}\cdot\sqrt{D(Y)}=-6,$$

所以 $$D(Z)=\frac{1}{9}D(X)+\frac{1}{4}D(Y)+2\times\frac{1}{3}\times\frac{1}{2}\mathrm{Cov}(X,Y)=3;$$

(2) $$\mathrm{Cov}(X,Z)=\mathrm{Cov}\left(X,\frac{X}{3}\right)+\mathrm{Cov}\left(X,\frac{Y}{2}\right)$$

$$=\frac{1}{3}D(X)+\frac{1}{2}\mathrm{Cov}(X,Y)=0,$$

所以 $$\rho_{XZ}=\frac{\mathrm{Cov}(X,Z)}{\sqrt{D(X)}\cdot\sqrt{D(Z)}}=\frac{0}{\sqrt{D(X)}\cdot\sqrt{D(Z)}}=0.$$

5. 解 区域 $D=\{(x,y)\mid 0<x<1,0<y<x\}$ 的面积为 $S_D=1/2$，所以 (X,Y) 的联合概率密度为

$$f(x,y)=\begin{cases}2, & (x,y)\in D\\ 0, & \text{其他}\end{cases}.$$

所以 $$E(X)=\int_{-\infty}^{+\infty}\int_{-\infty}^{+\infty}xf(x,y)\mathrm{d}x\mathrm{d}y=\int_0^1\mathrm{d}x\int_0^x 2x\mathrm{d}y=2/3,$$

$$E(X^2)=\int_{-\infty}^{+\infty}\int_{-\infty}^{+\infty}x^2f(x,y)\mathrm{d}x\mathrm{d}y=\int_0^1\mathrm{d}x\int_0^x 2x^2\mathrm{d}y=1/2,$$

所以 $$D(X)=E(X^2)-[E(X)]^2=1/2-4/9=1/18.$$

同理 $$E(Y)=\int_{-\infty}^{+\infty}\int_{-\infty}^{+\infty}yf(x,y)\mathrm{d}x\mathrm{d}y=\int_0^1\mathrm{d}x\int_0^x 2y\mathrm{d}y=1/3,$$

$$E(Y^2)=\int_{-\infty}^{+\infty}\int_{-\infty}^{+\infty}y^2f(x,y)\mathrm{d}x\mathrm{d}y=\int_0^1\mathrm{d}x\int_0^x 2y^2\mathrm{d}y=1/6,$$

$$D(Y)=E(Y^2)-[E(Y)]^2=1/6-1/9=1/18.$$

又 $$E(XY)=\int_{-\infty}^{+\infty}\int_{-\infty}^{+\infty}xyf(x,y)\mathrm{d}x\mathrm{d}y=\int_0^1\mathrm{d}x\int_0^x 2xy\mathrm{d}y=1/4,$$

所以 $$\mathrm{Cov}(X,Y)=E(XY)-E(X)E(Y)=1/4-2/9=1/36,$$

故 $$\rho_{XY}=\frac{\mathrm{Cov}(X,Y)}{\sqrt{D(X)}\cdot\sqrt{D(Y)}}=\frac{1/36}{1/18}=1/2.$$

6. 解 令随机变量

$$X_i=\begin{cases}1, & \text{第 } i \text{ 个车站有乘客下车}\\ 0, & \text{第 } i \text{ 个车站没有乘客下车}\end{cases}\quad i=1,2,\cdots,10,$$

则汽车停的次数为 $X=\sum_{i=1}^{10}X_i$.

第 i 个车站没有乘客下车的概率为

$$P(X_i=0)=(1-1/10)^{20}=(0.9)^{20},\quad i=1,2,\cdots,10,$$

由此得到 X_i 的分布律为

$$\begin{array}{c|cc} X_i & 0 & 1 \\ \hline P & (0.9)^{20} & 1-(0.9)^{20} \end{array},\quad i=1,2,\cdots,10.$$

故 $$E(X_i)=0\cdot(0.9)^{20}+1\cdot[1-(0.9)^{20}]=1-(0.9)^{20},$$

从而 $$E(X)=E\left(\sum_{i=1}^{n}X_i\right)=\sum_{i=1}^{n}E(X_i)=10\times[1-(0.9)^{20}].$$

7. 解 由于 X,Y 都服从正态分布，且相互独立，故 $X-Y$ 也服从正态分布，其数学期望 $E(X-Y)=0$，方差 $D(X-Y)=1$，即 $X-Y\sim N(0,1)$. 记 $Z=X-Y$，则

$$E(|X-Y|)=E(|Z|)=\int_{-\infty}^{+\infty}|z|\frac{1}{\sqrt{2\pi}}\mathrm{e}^{-\frac{z^2}{2}}\mathrm{d}z=2\int_0^{+\infty}z\frac{1}{\sqrt{2\pi}}\mathrm{e}^{-\frac{z^2}{2}}\mathrm{d}z$$
$$=\frac{2}{\sqrt{2\pi}}\int_0^{+\infty}\mathrm{e}^{-\frac{z^2}{2}}\mathrm{d}\frac{z^2}{2}=\frac{2}{\sqrt{2\pi}},$$

故 $$E(|Z|)^2=E(Z^2)=D(Z)+[E(Z)]^2=1+0=1,$$

$$D(|X-Y|)=D(|Z|)=E(Z^2)-[E(|Z|)]^2=1-\left(\frac{2}{\sqrt{2\pi}}\right)^2=1-2/\pi.$$

8. 解 因为 $$E(X)=\int_{-\infty}^{+\infty}xf_X(x)\mathrm{d}x=\int_0^1x\cdot 2x\mathrm{d}x=2/3,$$
$$E(Y)=\int_{-\infty}^{+\infty}yf_Y(y)\mathrm{d}y=\int_5^{+\infty}y\cdot\mathrm{e}^{-(y-5)}\mathrm{d}y=6,$$

又由于随机变量 X 与 Y 相互独立，所以

$$E(XY)=E(X)\cdot E(Y)=2/3\times 6=4.$$

9. 解 当 $t<0$ 时，$F(t)=P(T\leqslant t)=0$；当 $t\geqslant 0$ 时，$F(t)=P(T\leqslant t)=1-\mathrm{e}^{-vt}$，所以时间 T 的分布函数为

$$F(t)=\begin{cases}1-\mathrm{e}^{-vt}, & t\geqslant 0\\ 0, & t<0\end{cases},$$

从而时间 T 的概率密度函数为

$$f(t)=F'(t)=\begin{cases}v\mathrm{e}^{-vt}, & t\geqslant 0\\ 0, & t<0\end{cases}.$$

故 $T\sim E(v)$，从而 $E(T)=\frac{1}{v}$，$D(T)=\frac{1}{v^2}$.

10. 解 由概率密度函数的规范性有

$$\int_{-\infty}^{+\infty}f(x)\mathrm{d}x=\int_0^{+\infty}Ax\mathrm{e}^{-\frac{x^2}{2\sigma^2}}\mathrm{d}x=-A\sigma^2\mathrm{e}^{-\frac{x^2}{2\sigma^2}}\Big|_0^{+\infty}=A\sigma^2=1,\text{得 }A=\frac{1}{\sigma^2}.$$

(1)

$$E(X)=\int_{-\infty}^{+\infty}xf(x)\mathrm{d}x=\int_0^{+\infty}x\cdot\frac{1}{\sigma^2}x\mathrm{e}^{-\frac{x^2}{2\sigma^2}}\mathrm{d}x$$
$$=-\left(x\mathrm{e}^{-\frac{x^2}{2\sigma^2}}\Big|_0^{+\infty}-\int_0^{+\infty}\mathrm{e}^{-\frac{x^2}{2\sigma^2}}\mathrm{d}x\right)$$
$$=\sqrt{2\pi}\sigma\times 1/2\times 1=\sqrt{\frac{\pi}{2}}\sigma,$$

$$E(X^2)=\int_{-\infty}^{+\infty}x^2f(x)\mathrm{d}x=\int_0^{+\infty}x^2\cdot\frac{1}{\sigma^2}x\mathrm{e}^{-\frac{x^2}{2\sigma^2}}\mathrm{d}x$$

$$=-\left(x^2\mathrm{e}^{-\frac{x^2}{2\sigma^2}}\Big|_0^{+\infty}-2\int_0^{+\infty}x\mathrm{e}^{-\frac{x^2}{2\sigma^2}}\mathrm{d}x\right)=2\sigma^2,$$

所以 $D(X)=E(X^2)-[E(X)]^2=2\sigma^2-(\sqrt{\pi/2}\sigma)^2=(2-\pi/2)\sigma^2.$

(2) $P(X>E(X))=P(X>\sqrt{\pi/2}\sigma)$

$$=\int_{\sqrt{\pi/2}\sigma}^{+\infty}\frac{1}{\sigma^2}x\mathrm{e}^{-\frac{x^2}{2\sigma^2}}\mathrm{d}x=-\mathrm{e}^{-\frac{x^2}{2\sigma^2}}\Big|_{\sqrt{\pi/2}\sigma}^{+\infty}=\mathrm{e}^{-\pi/4}.$$

11. 解 该三角形 D 的面积为 $S_D=1/2$，所以 (X,Y) 的联合概率密度为

$$f(x,y)=\begin{cases}2, & (x,y)\in D\\ 0, & 其他\end{cases}.$$

所以 $E(X)=\int_{-\infty}^{+\infty}\int_{-\infty}^{+\infty}xf(x,y)\mathrm{d}x\mathrm{d}y=\int_0^1\mathrm{d}x\int_0^{1-x}2x\mathrm{d}y=1/3,$

$$E(X^2)=\int_{-\infty}^{+\infty}\int_{-\infty}^{+\infty}x^2f(x,y)\mathrm{d}x\mathrm{d}y=\int_0^1\mathrm{d}x\int_0^{1-x}2x^2\mathrm{d}y=1/6,$$

$$D(X)=E(X^2)-[E(X)]^2=1/6-1/9=1/18.$$

根据对称性，知 Y 的期望、方差与 X 的相同，故 $E(Y)=1/3, D(Y)=1/18.$

又 $E(XY)=\int_{-\infty}^{+\infty}\int_{-\infty}^{+\infty}xyf(x,y)\mathrm{d}x\mathrm{d}y=\int_0^1\mathrm{d}x\int_0^{1-x}2xy\mathrm{d}y=1/12,$

所以 $\mathrm{Cov}(X,Y)=E(XY)-E(X)E(Y)=1/12-1/9=-1/36,$

所以 $\rho_{XY}=\dfrac{\mathrm{Cov}(X,Y)}{\sqrt{D(X)}\cdot\sqrt{D(Y)}}=\dfrac{-1/36}{1/18}=-1/2.$

Chapter 6 第6章 大数定律和中心极限定理

The Law of Large Numbers and the Central Limits Theorem

6.1 教学基本要求

1. 了解切比雪夫(Chebyshev)不等式，切比雪夫大数定律和伯努利大数定律，了解伯努利大数定律与概率的统计定义之间的关系；

2. 了解独立同分布的中心极限定理和棣莫弗-拉普拉斯(De Moivre-Laplace)中心极限定理；

*3. 了解棣莫弗-拉普拉斯(De Moivre-Laplace)中心极限定理在实际问题中的应用.

6.2 知识要点

6.2.1 切比雪夫不等式

设随机变量 X 具有期望 $E(X)=\mu$，方差 $D(X)=\sigma^2$，则对任意给定的正数 ε，有

$$P(|X-\mu|\geqslant\varepsilon)\leqslant\frac{\sigma^2}{\varepsilon^2}.$$

或

$$P(|X-\mu|<\varepsilon)\geqslant 1-\frac{\sigma^2}{\varepsilon^2}.$$

切比雪夫不等式说明：当 X 的方差越小时，事件 $\{|X-E(X)|<\varepsilon\}$ 发生的概率就越大，即 X 的取值基本上集中在它的期望 $E(X)=\mu$ 附近. 这就进一步刻画了方差的意义，即方差是一个描述随机变量取值相对其平均值离散程度的数字特征.

另外，无论 X 的分布已知还是未知，只要知道了 $E(X)$ 和 $D(X)$，就可以估计概率 $P(|X-\mu|<\varepsilon)$ 或 $P(|X-\mu|\geqslant\varepsilon)$ 的值.

切比雪夫不等式作为一个工具，有着很普遍的应用，具有重要的理论价值.

6.2.2　大数定律

1. 基本概念

定义 1　若对于任意的自然数 $n>1, X_1, X_2, \cdots, X_n$ 相互独立，则称**随机变量序列** $X_1, X_2, \cdots, X_n, \cdots$ **是相互独立的**.

定义 2　设 $X_1, X_2, \cdots, X_n, \cdots$ 是一个随机变量序列，X 是一个随机变量，若对任给的 $\varepsilon>0$，均有

$$\lim_{n\to\infty} P(|X_n - X| \geqslant \varepsilon) = 0,$$

或

$$\lim_{n\to\infty} P(|X_n - X| < \varepsilon) = 1,$$

则称随机变量序列 $\{X_n\}$ **依概率收敛**于随机变量 X，记为 $X_n \xrightarrow{P} X$，或 $X_n \to X(P)$.

另外，当 X 为常量 a 时，可看成一个退化的随机变量.

定义 3　设 $X_1, X_2, \cdots, X_n, \cdots$ 是一个随机变量序列，$Y_n = \frac{1}{n}\sum_{i=1}^{n} X_i$. 若存在常数序列 $a_1, a_2, \cdots, a_n, \cdots$，使对于任给的 $\varepsilon>0$，均有

$$\lim_{n\to\infty} P(|X_n - a_n| \geqslant \varepsilon) = 0,$$

则称随机变量序列 $X_1, X_2, \cdots, X_n, \cdots$ 服从**大数定律(或大数法则)**.

2. 定理与推论

定理 1(马尔科夫大数定律)　设 $X_1, X_2, \cdots, X_n, \cdots$ 是一个随机变量序列，若对所有的 $n \geqslant 1$，方差 $D(X_i)(i=1,2,\cdots)$ 存在，且

$$\lim_{n\to\infty} \frac{1}{n^2} D\left(\sum_{i=1}^{n} X_i\right) = 0,$$

则对任给的 $\varepsilon>0$，有

$$\lim_{n\to\infty} P\left(\left|\frac{1}{n}\sum_{i=1}^{n} X_i - \frac{1}{n}\sum_{i=1}^{n} E(X_i)\right| \geqslant \varepsilon\right) = 0.$$

推论 1(切比雪夫大数定律)　设 $X_1, X_2, \cdots, X_n, \cdots$ 是相互独立的随机变量序列，若存在常数 C，使得 $X_i(i=1,2,\cdots)$ 的方差有公共上界，即

$$D(X_1) \leqslant C, D(X_2) \leqslant C, \cdots, D(X_n) \leqslant C, \cdots,$$

则对任给的 $\varepsilon>0$，有

$$\lim_{n\to\infty} P\left(\left|\frac{1}{n}\sum_{i=1}^{n} X_i - \frac{1}{n}\sum_{i=1}^{n} E(X_i)\right| \geqslant \varepsilon\right) = 0.$$

特别地，若 $X_1, X_2, \cdots, X_n, \cdots$ 进一步有相同的数学期望 $E(X)$，则有

$$\lim_{n\to\infty} P\left(\left|\frac{1}{n}\sum_{i=1}^{n} X_i - E(X)\right| \geqslant \varepsilon\right) = 0.$$

推论 2(泊松大数定律)　设 $X_1, X_2, \cdots, X_n, \cdots$ 是相互独立的随机变量序列，$X_i(i=1,2,\cdots)$ 有分布律

$$P(X_i = 1) = p_i, \quad P(X_i = 0) = 1 - p_i, \quad i = 1, 2, \cdots,$$

则对任给的 $\varepsilon>0$，有

$$\lim_{n\to\infty}P\left(\left|\frac{1}{n}\sum_{i=1}^{n}X_i-\frac{1}{n}\sum_{i=1}^{n}p_i\right|\geqslant\varepsilon\right)=0.$$

推论 3(伯努利大数定律) 设 μ_n 是 n 次重复独立试验中事件 A 发生的次数，p 是事件 A 在每次试验中发生的概率，则对任给的 $\varepsilon>0$，有

$$\lim_{n\to\infty}P\left(\left|\frac{\mu_n}{n}-p\right|\geqslant\varepsilon\right)=0.$$

伯努利大数定律表明事件 A 发生的频率依概率收敛于事件 A 的概率 $P(A)=p$，它以严格的形式表达了频率的稳定性，这也为在实际应用中用频率估计概率提供了理论依据.

定理 1 及其推论要求随机变量序列 $\{X_n\}$ 的方差存在，并且满足马尔科夫条件 $\lim\limits_{n\to\infty}\frac{1}{n^2}D\left(\sum\limits_{i=1}^{n}X_i\right)=0$. 当它们的方差不存在时，则有辛钦大数定律.

定理 2(辛钦大数定律) 设随机变量序列 $\{X_n\}$ 独立同分布，若它们的数学期望 $E(X_i)=\mu$，$(i=1,2,\cdots)$ 存在，则对任给的 $\varepsilon>0$，有

$$\lim_{n\to\infty}P\left(\left|\frac{1}{n}\sum_{i=1}^{n}X_i-\mu\right|\geqslant\varepsilon\right)=0.$$

6.2.3 中心极限定理

定理 1(Lindeberg-Levy 定理) 设 $X_1,X_2,\cdots,X_n,\cdots$ 是一个相互独立的随机变量序列，均服从同一分布，且具有有限的数学期望和方差. 记

$$E(X_i)=\mu,\quad D(X_i)=\sigma^2>0,\quad i=1,2,\cdots.$$

则对任何实数 x，都有

$$\lim_{n\to\infty}P(Y_n\leqslant x)=\frac{1}{\sqrt{2\pi}}\int_{-\infty}^{x}\mathrm{e}^{-\frac{t^2}{2}}\mathrm{d}t=\Phi(x),$$

其中

$$Y_n=\frac{\sum\limits_{i=1}^{n}[X_i-E(X_i)]}{\sqrt{D\left(\sum\limits_{i=1}^{n}X_i\right)}}=\frac{1}{\sigma\sqrt{n}}\sum_{i=1}^{n}(X_i-\mu).$$

定理 1 表明，随机变量序列 $Y_1,Y_2,\cdots,Y_n,\cdots$ 的分布函数序列 $F_1(x),F_2(x),\cdots,F_n(x),\cdots$ 的极限分布函数是 $\Phi(x)$，即 Y_n 的极限分布是 $N(0,1)$.

由定理 1 可知，当 n 很大时，Y_n 近似服从标准正态分布 $N(0,1)$. 从而当 n 很大时，随机变量的和 $\sum\limits_{i=1}^{n}X_i=\sigma\sqrt{n}Y_n+n\mu$ 就近似服从正态分布 $N(n\mu,n\sigma^2)$.

二维码 6-1 第 6 章 基本要求与知识要点

在实际工作中，如果一个随机变量可以表示为大量的独立随机变量之和，其中每个随机变量对于总和的作用都不大，则可以认为这个随机变量近似地服从正态分布.

作为定理 1 的一个重要特例，它是历史上最早的中心极限定理，称为棣莫弗-拉普拉斯(De Moivre-Laplace)定理。

定理 2(De Moivre-Laplace 定理)　设 $X_1, X_2, \cdots, X_n, \cdots$ 是一个相互独立的随机变量序列，且都服从参数为 p 的两点分布，即 $P(X_i=1)=p, P(X_i=0)=1-p$，$0<p<1, i=1,2,\cdots$，则对任何实数 x，有

$$\lim_{n\to\infty} P\left(\frac{\sum_{i=1}^{n} X_i - np}{\sqrt{np(1-p)}} \leqslant x\right) = \Phi(x).$$

二维码 6-2　第 6 章知识要点讲解(微视频)

6.3　例题解析

例 6.1　设 $X_1, X_2, \cdots, X_9$ 相互独立同分布，且 $E(X_i)=1, D(X_i)=1, i=1,2,\cdots,9$. 令 $S_9=\sum_{i=1}^{9} X_i$，则对任意的 $\varepsilon>0$，有(　　).

(A) $P(|S_9-1|<\varepsilon) \geqslant 1-\frac{1}{\varepsilon^2}$；　(B) $P(|S_9-9|<\varepsilon) \geqslant 1-\frac{9}{\varepsilon^2}$；

(C) $P(|S_9-9|<\varepsilon) \geqslant 1-\frac{1}{\varepsilon^2}$；　(D) $P(|1/9S_9-1|<\varepsilon) \geqslant 1-\frac{1}{\varepsilon^2}$.

解　由于 $E(S_9)=9, D(S_9)=9$，根据切比雪夫不等式，易得答案(B).

例 6.2　设 $X_1, X_2, \cdots, X_n, \cdots$ 是相互独立的随机变量序列，且都服从参数为 λ 的泊松分布，则下列不服从切比雪夫大数定律的随机变量序列是(　　).

(A) $X_1, X_2, \cdots, X_n, \cdots$；　(B) $X_1+1, X_2+2, \cdots, X_n+n, \cdots$；

(C) $X_1, \frac{X_2}{2}, \cdots, \frac{X_n}{n}, \cdots$；　(D) $X_1, 2X_2, \cdots, nX_n, \cdots$.

二维码 6-3　第 6 章典型例题讲解 1(微视频)

解　切比雪夫大数定律的条件有三个：第一要求随机变量序列中的各个随机变量是相互独立的，显然四个选项都满足；第二要求各个随机变量的期望和方差都存在，显然四个选项都满足；第三要求各个随机变量的方差有共同的上界，选项(A)、(B)、(C)中的各随机变量满足该条件，但(D)选项中 $D(nX_n)=n^2\lambda$ 随 n 的增大而增大，没有上界，所以不符合该条件.

例 6.3　设随机变量 $X_1, X_2, \cdots, X_n$ 相互独立，$S=X_1+X_2+\cdots+X_n$，则根据 Lindeberg-Levy 中心极限定理，当 n 充分大时，S_n 近似服从正态分布，只要 $X_1, X_2, \cdots, X_n$(　　).

(A)有相同的数学期望；　(B)有相同的方差；

(C)服从同一指数分布；　(D)服从同一离散型分布.

分析　本题主要考查 Lindeberg-Levy 中心极限定理.

解　根据 Lindeberg-Levy 中心极限定理的条件可知(A)、(B)不成立. 而(D)中条件 $X_1, X_2, \cdots, X_n$ 服从同一离散型分布是不够的，因为 $E(X_i)$、$D(X_i)$ 不一定存在. 所以选择(C).

例 6.4　设随机变量 $X_1, X_2, \cdots, X_n$ 独立同分布，$E(X_i)=\mu$、$D(X_i)=8, i=1,2,\cdots,n$，试估计概率 $P(\mu-4<\overline{X}<\mu+4)$，其中 $\overline{X}=\frac{1}{n}\sum_{i=1}^{n} X_i$.

分析　由于本题是求方差已知的随机变量在以期望值为中心的对称区间上取值的概率,可以直接利用切比雪夫不等式求解.

解　由于随机变量 $X_1,X_2,\cdots,X_n$ 独立同分布,$E(X_i)=\mu,D(X_i)=8$,所以

$$E(\overline{X})=\mu,\quad D(\overline{X})=\frac{8}{n}.$$

应用切比雪夫不等式,有

$$P(\mu-4<\overline{X}<\mu+4)=P(|\overline{X}-\mu|<4)\geqslant 1-\frac{D(\overline{X})}{4^2},$$

即

$$P(\mu-4<\overline{X}<\mu+4)\geqslant 1-\frac{1}{2n}.$$

例 6.5　甲乙两戏院在竞争 1 000 名观众,假定每个观众完全随机地选择一个戏院,且观众之间的选择是相互独立的.问每个戏院至少应设多少个座位,才能保证因缺少座位而使观众离去的概率小于 1%?

分析　本题主要考查 De Moivre-Laplace 中心极限定理.问题关键是首先分析出到戏院的观众数 X 服从二项分布,然后利用 De Moivre-Laplace 中心极限定理进行近似计算.

解　设 $X_i=\begin{cases}0, & \text{第 } i \text{ 个观众选择乙戏院}\\ 1, & \text{第 } i \text{ 个观众选择甲戏院}\end{cases}$,则 $X_i\sim B(1,1/2),i=1,2,\cdots 1\,000.$

由于观众之间的选择是相互独立的,即 $X_1,X_2,\cdots,X_{1\,000}$ 相互独立.

所以

$$X=\sum_{i=1}^{1\,000}X_i\sim B(1\,000,1/2).$$

有

$$E(X)=500,\quad D(X)=250,\quad \sqrt{D(X)}=5\sqrt{10}.$$

设每个戏院至少应设 n 个座位,才能保证因缺少座位而使观众离去的概率小于 1%,则

$$P(X\leqslant n)=P(0\leqslant X\leqslant n)=P\left(\frac{0-500}{5\sqrt{10}}\leqslant\frac{X-500}{5\sqrt{10}}\leqslant\frac{n-500}{5\sqrt{10}}\right)$$

$$\approx\Phi\left(\frac{n-500}{5\sqrt{10}}\right)-\Phi\left(\frac{0-500}{5\sqrt{10}}\right)\approx\Phi\left(\frac{n-500}{5\sqrt{10}}\right)\geqslant 0.99,$$

查表得 $\frac{n-500}{5\sqrt{10}}\geqslant 2.33$,解得 $n\geqslant 537$.所以每个戏院至少应设 537 个座位,才能保证因缺少座位而使观众离去的概率小于 1%.

例 6.6　一批种子中良种占 1/16,从中任取 6 000 粒,问能以 0.99 的概率保证其中良种的比例与 1/6 相差是多少?这时相应的良种粒数落在哪个范围?

分析　本题主要考查 De Moivre-Laplace 中心极限定理.首先分析出良种的总粒数 X 服从二项分布,然后利用 De Moivre-Laplace 中心极限定理进行近似计算.

解　设 $X_i=\begin{cases}1,\text{第 } i \text{ 粒种子是良种}\\ 0,\text{第 } i \text{ 粒种子不是良种}\end{cases}$,　$i=1,2,\cdots,6\,000$,则良种的总粒数

$$X=\sum_{i=1}^{6\,000}X_i\sim B(n,p),$$

其中 $n=6\,000,p=1/6$.从而 $E(X)=np=1\,000$,令 $q=1-p$,$\sqrt{D(X)}=\sqrt{npq}=\frac{50}{\sqrt{3}}$.

设能以 0.99 的概率保证其中良种的比例与 1/6 相差 ε，则

$$P\left(\left|\frac{X}{6\ 000}-\frac{1}{6}\right|<\varepsilon\right)=P\left(\left|\frac{X}{n}-p\right|<\varepsilon\right)=P\left(\left|\frac{X-np}{\sqrt{npq}}\right|<\varepsilon\sqrt{\frac{n}{pq}}\right)$$

$$\approx\Phi\left(\varepsilon\sqrt{\frac{n}{pq}}\right)-\Phi\left(-\varepsilon\sqrt{\frac{n}{pq}}\right)\approx 2\Phi\left(\varepsilon\sqrt{\frac{n}{pq}}\right)-1=0.99,$$

所以 $\Phi\left(\varepsilon\sqrt{\frac{n}{pq}}\right)=\frac{1.99}{2}=0.995$，查表得 $\varepsilon\sqrt{\frac{n}{pq}}=2.58$，故解得 $\varepsilon=0.012\ 4$.

因此

$$P\left(\left|\frac{X}{6\ 000}-\frac{1}{6}\right|<0.012\ 4\right)=P(|X-1\ 000|<74.4)$$

$$=P(925.6<X<1\ 074.4)=0.99.$$

即说明相应的良种粒数落在 925 与 1 075 之间.

例 6.7　若射击每次击中目标的概率为 0.1，不断地对靶进行独立射击. 求

(1)在 500 次射击中，击中目标次数在区间(49,55]内的概率；(2)问至少要射击多少次，才能使击中的次数超过 50 次的概率大于 0.95.

分析　本题主要考查 De Moivre-Laplace 中心极限定理. 首先分析出击中的总粒数 X 服从二项分布，然后利用 De Moivre-Laplace 中心极限定理进行近似计算.

解　(1)设在 500 次射击中，击中的次数为 X，则 $X\sim B(500,0.1)$，故

$$E(X)=50,\quad \sqrt{D(X)}=3\sqrt{5}.$$

由 De Moivre-Laplace 中心极限定理可知

$$P(49<X\leqslant 55)=P\left(\frac{49-50}{3\sqrt{5}}<\frac{X-50}{3\sqrt{5}}<\frac{55-50}{3\sqrt{5}}\right)\approx\Phi\left(\frac{55-50}{3\sqrt{5}}\right)-\Phi\left(\frac{49-50}{3\sqrt{5}}\right)$$

$$=\Phi(0.745)-\Phi(-0.149)=0.329\ 9;$$

(2)设至少要射击 n 次，才能使击中的次数超过 50 次的概率大于 0.95，则

$$P(X>50)=1-P(X\leqslant 50)=1-P\left(\frac{X-n\times 0.1}{\sqrt{n\times 0.1\times 0.9}}\leqslant\frac{50-n\times 0.1}{\sqrt{n\times 0.1\times 0.9}}\right)$$

$$\approx 1-\Phi\left(\frac{50-0.1n}{0.3\sqrt{n}}\right)=\Phi\left(\frac{0.1n-50}{0.3\sqrt{n}}\right)>0.95,$$

查表得

$$\frac{0.1n-50}{0.3\sqrt{n}}>0.64\Rightarrow n>623.$$

所以，至少要射击 623 次，才能使击中的次数超过 50 次的概率大于 0.95.

例 6.8　计算器在进行加法时，将每个加数舍入最靠近它的整数. 设所有舍入误差是独立的，且在(−0.5,0.5)上服从均匀分布.

(1)若将 1 500 个数相加，问误差总和的绝对值超过 15 的概率是多少？

(2)最多可有几个数相加使得误差总和的绝对值小于 10 的概率不小于 0.90？

分析　本题主要考查 Lindeberg-Levy 中心极限定理.

解　假设第 i 个加数的取整误差为 $X_i(i=1,2,\cdots,n)$. 依题意，$X_1,X_2,\cdots,X_n$ 相互独立

且同时服从(−0.5,0.5)上的均匀分布,则 $E(X_i)=0, D(X_i)=1/12$. 令 $S_n=\sum\limits_{i=1}^{n}X_i$,当 n 足够大时,S_n 近似服从正态分布 $N\left(0,\frac{n}{12}\right)$,于是有

(1)$E(S_{1\,500})=0$, $D(S_{1\,500})=\frac{1\,500}{12}=125$,

$$P(|S_{1\,500}|>15)=1-P(|S_{1\,500}|\leqslant 15)=1-P\left(\left|\frac{S_{1\,500}}{\sqrt{125}}\right|\leqslant\frac{15}{\sqrt{125}}\right)$$

$$\approx 2-2\Phi\left(\frac{3}{\sqrt{5}}\right)=0.180\,2;$$

(2)假设最多 n 个数相加,使得误差总和的绝对值小于10的概率不小于0.90,则 n 满足以下不等式

$$P(|S_n|<10)\geqslant 0.90.$$

由于 $E(S_n)=0, D(S_n)=\frac{n}{12}$,于是有

$$P(|S_n|<10)=P\left(\left|\sqrt{\frac{12}{n}}S_n\right|<10\sqrt{\frac{12}{n}}\right)\approx 2\Phi\left(10\sqrt{\frac{12}{n}}\right)-1\geqslant 0.90,$$

即
$$\Phi\left(10\sqrt{\frac{12}{n}}\right)\geqslant 0.95,$$

二维码 6-4　第6章典型例题讲解2(微视频)

所以
$$10\sqrt{\frac{12}{n}}\geqslant 1.64\Rightarrow n\leqslant 446.16.$$

故 $n=446$ 为所求.

例 6.9　设随机变量序列 $\{X_n\}, n=1,2,\cdots$ 相互独立,且 X_n 的分布律为

$$P(X_k=\sqrt{\ln k})=P(X_k=-\sqrt{\ln k})=1/2,\quad k=1,2,\cdots.$$

证明:随机变量序列 $\{X_n\}$ 服从大数定律.

分析　本题主要考查利用切比雪夫不等式证明大数定律.

证明　$E(X_k)=\frac{1}{2}\sqrt{\ln k}+\frac{1}{2}(-\sqrt{\ln k})=0, k=1,2,\cdots$,

$$D(X_k)=E(X_k^2)-E^2(X_k)=E(X_k^2)=\frac{1}{2}(\sqrt{\ln k})^2+\frac{1}{2}(\sqrt{\ln k})^2=\ln k, k=1,2,\cdots.$$

令 $Y_n=\frac{1}{n}\sum\limits_{k=1}^{n}X_k, n=1,2,\cdots$,则

$$E(Y_n)=0$$

$$D(Y_n)=D\left(\frac{1}{n}\sum_{k=1}^{n}X_k\right)=\frac{1}{n^2}\sum_{k=1}^{n}D(X_k)=\frac{1}{n^2}\sum_{k=1}^{n}\ln k=\frac{1}{n^2}\sum_{k=1}^{n}\left(\ln\frac{k}{n}+\ln n\right)$$

$$=\frac{1}{n}\sum_{k=1}^{n}\left(\frac{1}{n}\ln\frac{k}{n}+\frac{\ln n}{n}\right).$$

由于 $\lim\limits_{n\to\infty}\sum\limits_{k=1}^{n}\frac{1}{n}\ln\frac{K}{n}=\int_0^1\ln x\mathrm{d}x=-1, \lim\limits_{n\to\infty}\frac{\ln n}{n}=0$,所以 $\lim\limits_{n\to\infty}D(Y_n)=0$.

故由切比雪夫不等式,对 $\forall\varepsilon>0, 0\leqslant P(|Y_n-E(Y_n)|\geqslant\varepsilon)\leqslant\frac{E(Y_n)}{\varepsilon^2}$,

由夹逼准则得 $$\lim_{n\to\infty}P(|Y_n-E(Y_n)|\geqslant\varepsilon)=0,$$
所以随机变量序列$\{X_n\}$服从大数定律.

例 6.10 设$X_1,X_2,\cdots,X_n,\cdots$是相互独立的随机变量序列,且$E(X_i)=\mu,D(X_i)=\sigma^2(i=1,2,\cdots)$,试证明$\lim\limits_{n\to\infty}\dfrac{2}{n(n+1)}\sum\limits_{i=1}^{n}iX_i\xrightarrow{P}\mu$.

分析 本题主要考查利用切比雪夫不等式证明大数定律.

证明 $E\left(\dfrac{2}{n(n+1)}\sum\limits_{i=1}^{n}iX_i\right)=\dfrac{2}{n(n+1)}\sum\limits_{i=1}^{n}iE(X_i)=\dfrac{2}{n(n+1)}\sum\limits_{i=1}^{n}i\mu=\mu.$

又$X_1,X_2,\cdots,X_n,\cdots$相互独立,所以

$$\begin{aligned}D\left(\frac{2}{n(n+1)}\sum_{i=1}^{n}iX_i\right)&=\frac{4}{n^2(n+1)^2}\sum_{i=1}^{n}i^2D(X_i)=\frac{4\sigma^2}{n^2(n+1)^2}\sum_{i=1}^{n}i^2\\&=\frac{4\sigma^2}{n^2(n+1)^2}\cdot\frac{1}{6}n(n+1)(2n+1)=\frac{2}{3}\frac{2n+1}{n(n+1)}\sigma^2.\end{aligned}$$

由切比雪夫不等式,对$\forall\varepsilon>0$,

$$\begin{aligned}P\left(\left|\frac{2}{n(n+1)}\sum_{i=1}^{n}iX_i-\mu\right|\geqslant\varepsilon\right)&=P\left(\left|\frac{2}{n(n+1)}\sum_{i=1}^{n}iX_i-E\left(\frac{2}{n(n+1)}\sum_{i=1}^{n}iX_i\right)\right|\geqslant\varepsilon\right)\\&\leqslant\frac{D\left(\frac{2}{n(n+1)}\sum_{i=1}^{n}iX_i\right)}{\varepsilon^2}=\frac{1}{\varepsilon^2}\cdot\frac{2}{3}\cdot\frac{2n+1}{n(n+1)}\sigma^2.\end{aligned}$$

因为 $$\lim_{n\to\infty}\frac{2n+1}{n(n+1)}=0,$$

所以由夹逼准则得

$$\lim_{n\to\infty}P\left(\left|\frac{2}{n(n+1)}\sum_{i=1}^{n}iX_i-\mu\right|\geqslant\varepsilon\right)=0,$$

所以 $$\lim_{n\to\infty}\frac{2}{n(n+1)}\sum_{i=1}^{n}iX_i\xrightarrow{P}\mu.$$

例 6.11 设随机变量$X_1,X_2,\cdots,X_n$相互独立且都服从闭区间$[a,b]$上的均匀分布,$f(x)$是闭区间$[a,b]$上的连续函数.

试证明: $$\lim_{n\to\infty}\frac{1}{n}\sum_{i=1}^{n}f(X_i)\xrightarrow{P}\frac{1}{b-a}\int_a^b f(x)\mathrm{d}x\quad(\text{依概率收敛}).$$

分析 本题主要考查辛钦大数定律.

证明 因为随机变量$X_1,X_2,\cdots,X_n$独立同分布,且$f(x)$在闭区间$[a,b]$上连续,所以$f(X_1),f(X_2)\cdots,f(X_n)$也独立同分布.又

$$E[f(X_i)]=\int_a^b f(x)\cdot\frac{1}{b-a}\mathrm{d}x=\frac{1}{b-a}\int_a^b f(x)\mathrm{d}x,\quad(i=1,2,\cdots,n).$$

由辛钦大数定律得

$$\lim_{n\to\infty}P\left(\left|\frac{1}{n}\sum_{i=1}^{n}f(X_i)-\frac{1}{b-a}\int_a^b f(x)\mathrm{d}x\right|\geqslant\varepsilon\right)=0,$$

二维码 6-5 第 6 章
典型例题讲解 3
(微视频)

即
$$\lim_{n\to\infty}\frac{1}{n}\sum_{i=1}^{n}f(X_i)\xrightarrow{P}\frac{1}{b-a}\int_a^b f(x)\mathrm{d}x.$$

6.4 同步练习

1.试分别用切比雪夫不等式和中心极限定理确定，当掷一枚均匀硬币时，需要投多少次，才能保证出现正面的频率在0.4和0.6之间的概率不小于0.9.

2.某高校有10 000名学生，每人都以20%的概率去图书馆上自习.假设每个学生是否上自习相互独立.问图书馆至少应该有多少个座位，才能以99.7%的概率保证去上自习的同学都有座位?

3.假设市场上出售的某种商品，每日价格的变化是一个随机变量，如果以 Y_n 表示第 n 天商品的价格，则有 $Y_n=Y_{n-1}+X_n(n\geqslant1)$，其中 $X_1,X_2\cdots,X_n$ 为独立同分布的随机变量，$E(X_n)=0,D(X_n)=1$.假定该商品最初的价格为 a 元，那么10周后(即在第71天)该商品的价格在 $(a-10)$ 至 $(a+10)$ 之间的概率是多少?

4.某银行为支付某日即将到期的债券准备一笔现金.设这批债券共发放了500张，每张债券到期之日需付本息1 000元.若持券人(一人一券)于债券到期之日到银行领取本息的概率为0.4，问银行于该日至少应准备多少现金才能以99.9%的把握保证持券人的兑换?

5.设某种集成电路出厂时一级品率为0.7，装配一台仪器需要100只一级品集成电路，问购置多少只才能以99.9%的概率保证装配该仪器时够用?

6.某灯泡厂生产的灯泡平均寿命原为2 000 h，标准差为200 h.经过技术改造使得灯泡的平均寿命提高到2 250 h，标准差不变.为了确认这次成果，检验办法如下：任意挑选若干个灯泡，如这批灯泡的平均寿命超过2 200 h，就承认技术改造有效.那么要使得检验通过的概率超过0.997，则至少应检验多少只灯泡?

7.某单位有200台电话分机，每台分机有5%的时间要使用外线通话.假定每台分机是否需要外线相互独立，问该单位总机要安装多少条外线，才能保证以90%以上的概率保证分机通话通畅?

8.设船舶在某海区航行，已知每遭受一次波浪的冲击，纵摇角度大于6°的概率为 $p=1/3$. 若船舶遭受了90 000次波浪冲击，问其中有29 500～30 500次纵摇角度大于6°的概率是多少?

9.有一批建筑房屋用的木柱，其中80%的长度不小于3 m.现从这批木柱中随机地取出100根，问其中至少有30根长度小于3 m的概率是多少?

二维码6-6 第6章自测题及解析

10.设有30个电子元件，它们的使用寿命 $T_1,T_2,\cdots,T_{30}$ 服从参数为 $\lambda=0.1$(单位：h)的指数分布，其使用情况是第一个损坏时第二个立即使用，第二个损坏时第三个立即使用，直至第30个.令 T 为30个电子元件使用的总计时间，求 T 超过30 h个小时的概率.

11.一袋中装有10个编号为0～9的相同的球，从袋中有放回地抽取若干次，每次都记下球的号码.

(1)设 $X_i=\begin{cases}1, & 第\,i\,次取到号码\,0\\ 0, & 其他\end{cases}$，$i=1,2,\cdots$，问序列$\{X_i\}$是否满足大数定律？

(2)至少应取球多少次，才能使“0”出现的频率在 0.09～0.11 之间的概率至少是 0.95？

(3)利用中心极限定理计算，在 100 次抽取中，号码“0”出现次数在(7,13]之间的概率.

□ 同步练习答案与提示

1. 解 (1)(用切比雪夫不等式)设需要掷 n 次，令

$$X_i=\begin{cases}1, & 第\,i\,次出现正面\\ 0, & 第\,i\,次出现反面\end{cases},\quad i=1,2,\cdots n,$$

则 $X_i\sim B(1,0.5)$ 且 $X_1,X_2,\cdots,X_n$ 相互独立，n 次试验中正面出现的频率为

$$\overline{X}=\frac{1}{n}\sum_{i=1}^{n}X_i.$$

由于 $E(X_i)=0.5,D(X_i)=0.25,E(\overline{X})=0.5,D(\overline{X})=\frac{1}{n}D(X_i)=\frac{1}{4n}$，从而

由切比雪夫不等式可知

$$\begin{aligned}P(0.4<\overline{X}<0.6)&=P(|\overline{X}-E(\overline{X})|<0.1)\\&=1-P(|\overline{X}-E(\overline{X})|\geqslant 0.1)\geqslant 1-\frac{D(\overline{X})}{0.01}\geqslant 0.9,\end{aligned}$$

解不等式得 $n\geqslant\frac{1\,000}{4}=250$；

(2)根据棣莫弗-拉普拉斯中心极限定理得

$$\begin{aligned}P(0.4<\overline{X}<0.6)&=P(|\overline{X}-0.5|<0.1)=P\left(\frac{|\overline{X}-E(\overline{X})|}{\sqrt{D(\overline{X})}}<\frac{0.1}{\sqrt{D(\overline{X})}}\right)\\&=P\left(\frac{|\overline{X}-E(\overline{X})|}{\sqrt{D(\overline{X})}}<0.2\sqrt{n}\right)\approx\Phi(0.2\sqrt{n})-\Phi(-0.2\sqrt{n})\\&=2\Phi(0.2\sqrt{n})-1>0.9.\end{aligned}$$

于是 $\Phi(0.2\sqrt{n})>0.95=\Phi(1.645)$，故 $0.2\sqrt{n}>1.645$，解得 $n\geqslant 67.65$，取 $n\geqslant 68$.

所以，按切比雪夫不等式确定需要至少做 250 次试验；按中心极限定理确定需要至少做 68 次试验.

2. 解 设随机变量 X 表示同时去图书馆上自习的人数，并设图书馆至少应设置 k 个座位，才能以 99.7%的概率保证去上自习的同学都有座位，则 k 满足

$$P(0\leqslant X\leqslant k)\geqslant 0.997.$$

又 $X\sim B(10\,000,0.2)$，即 $n=10\,000,p=0.2$.

所以根据棣莫弗-拉普拉斯中心极限定理得：

$$P(0\leqslant X\leqslant k)=P\left(\frac{0-np}{\sqrt{np(1-p)}}\leqslant\frac{X-np}{\sqrt{np(1-p)}}\leqslant\frac{k-np}{\sqrt{np(1-p)}}\right)$$

$$= P\left(\frac{-2\ 000}{40} \leqslant \frac{X-2\ 000}{40} \leqslant \frac{k-2\ 000}{40}\right)$$

$$\approx \Phi\left(\frac{k-2\ 000}{40}\right) - \Phi\left(\frac{-2\ 000}{40}\right) \geqslant 0.997,$$

查表得$\frac{k-2\ 000}{40} > 2.75$，解得$k \geqslant 2\ 110$.

3. 解 依题意，$Y_1 = a$，那么10周后(即在第71天)该商品的价格为

$$Y_{71} = Y_{70} + X_{71} = Y_{69} + X_{71} + X_{70} = \cdots = Y_1 + \sum_{i=2}^{71} X_i = a + \sum_{i=2}^{71} X_i.$$

由于$E(X_n) = 0, D(X_n) = 1$，则$E\left(\sum_{i=2}^{71} X_i\right) = 0, D\left(\sum_{i=2}^{71} X_i\right) = 70$. 所以

$$P(a-10 < Y_n < a+10) = P\left(a-10 < a + \sum_{i=2}^{71} X_i < a+10\right)$$

$$= P\left(-10 < \sum_{i=2}^{71} X_i < 10\right)$$

$$= P\left[\frac{-10 - E\left(\sum_{i=2}^{71} X_i\right)}{\sqrt{D\left(\sum_{i=2}^{71} X_i\right)}} < \frac{\sum_{i=2}^{71} X_i - E\left(\sum_{i=2}^{71} X_i\right)}{\sqrt{D\left(\sum_{i=2}^{71} X_i\right)}} < \frac{10 - E\left(\sum_{i=2}^{71} X_i\right)}{\sqrt{D\left(\sum_{i=2}^{71} X_i\right)}}\right]$$

$$= P\left[\frac{-10}{\sqrt{70}} < \frac{\sum_{i=2}^{71} X_i}{\sqrt{70}} < \frac{10}{\sqrt{70}}\right] \approx 2\Phi\left(\frac{10}{\sqrt{70}}\right) - 1 \approx 0.769\ 8.$$

4. 解 设随机变量X表示于债券到期之日到银行领取本息的人数，并设银行于该日至少应准备k元现金才能以99.9%的把握满足持券人的兑换，则k满足

$$P\left(0 \leqslant X \leqslant \frac{k}{1\ 000}\right) \geqslant 0.999.$$

又$X \sim B(500, 0.4)$，即$n=500, p=0.4$. 所以根据棣莫弗-拉普拉斯中心极限定理得

$$P\left(0 \leqslant X \leqslant \frac{k}{1\ 000}\right) = P\left[\frac{0-np}{\sqrt{np(1-p)}} \leqslant \frac{X-np}{\sqrt{np(1-p)}} \leqslant \frac{\frac{k}{1\ 000} - np}{\sqrt{np(1-p)}}\right]$$

$$= P\left[\frac{-200}{\sqrt{120}} \leqslant \frac{X-200}{\sqrt{120}} \leqslant \frac{\frac{k}{1\ 000} - 200}{\sqrt{120}}\right]$$

$$\approx \Phi\left[\frac{\frac{k}{1\ 000} - 200}{\sqrt{120}}\right] - \Phi\left(\frac{-200}{\sqrt{120}}\right) \geqslant 0.999,$$

查表得 $\frac{\frac{k}{1\ 000} - 200}{\sqrt{120}} \geqslant 3.10$，解得$n \geqslant 233\ 957.4$(元).

5. 解 设购置n只集成电路才能以99.9%的概率保证装配该仪器时够用，又设随机变量X表示购置的n只集成电路中含有一级品集成电路的只数，则

$$X \sim B(n,0.7), \quad 即 \quad p = 0.7.$$

所以根据棣莫弗-拉普拉斯中心极限定理得

$$P(X \geqslant 100) = 1 - P(X \leqslant 100) = 1 - P\left(\frac{X - np}{\sqrt{np(1-p)}} \leqslant \frac{100 - np}{\sqrt{np(1-p)}}\right)$$

$$= 1 - P\left(\frac{X - 0.7n}{\sqrt{0.21n}} \leqslant \frac{100 - 0.7n}{\sqrt{0.21n}}\right)$$

$$\approx 1 - \Phi\left(\frac{100 - 0.7n}{\sqrt{0.21n}}\right) \geqslant 0.999,$$

查表得$\frac{0.7n-100}{\sqrt{0.21n}} \geqslant 3.10$,解得$n=169.255$.取$n \geqslant 170$(台).

6.解 假设要使检验通过的概率超过0.997,则至少应检验n只灯泡.

设X_i表示第i只灯泡的寿命,$i=1,2,\cdots,n$.依题意知

$$E(X_i) = 2\ 250, \quad \sqrt{D(X_i)} = 200, \quad i = 1,2,\cdots,n.$$

则这n只被检验的灯泡的平均寿命为

$$\overline{X} = \frac{1}{n}\sum_{i=1}^{n} X_i$$

且

$$E(\overline{X}) = 2\ 250, D(\overline{X}) = \frac{40\ 000}{n}.$$

根据列维-林德伯格中心极限定理有

$$P(\overline{X} \geqslant 2\ 200) = 1 - P(\overline{X} \leqslant 2\ 200) = 1 - P\left(\frac{X - E(\overline{X})}{\sqrt{D(\overline{X})}} \leqslant \frac{2\ 200 - E(\overline{X})}{\sqrt{D(\overline{X})}}\right)$$

$$= 1 - P\left(\frac{X - 2\ 250}{200}\sqrt{n} \leqslant \frac{2\ 200 - 2\ 250}{200}\sqrt{n}\right)$$

$$\approx 1 - \Phi\left(\frac{2\ 200 - 2\ 250}{200}\sqrt{n}\right) > 0.997$$

$$\approx 1 - \Phi\left(-\frac{\sqrt{n}}{4}\right) = \Phi\left(\frac{\sqrt{n}}{4}\right) > 0.997 = \Phi(2.75),$$

即$\frac{\sqrt{n}}{4} > 2.75$,解得$n > 121$(只).

7.解 设总机最少需要铺设m条外线,由于每时刻每台分机使用外线的概率为0.05,设电话交换台每时刻呼叫次数为X,则200台电话分机使用外线可看成200次重复伯努利试验,故$X \sim B(200,0.05)$,即$n=200, p=0.05$.依题意,

$$P(0 \leqslant X \leqslant m) \geqslant 0.9,$$

根据棣莫弗-拉普拉斯中心极限定理得:

$$P(0 \leqslant X \leqslant m) = P\left[\frac{0 - np}{\sqrt{np(1-p)}} \leqslant \frac{X - np}{\sqrt{np(1-p)}} \leqslant \frac{m - np}{\sqrt{np(1-p)}}\right]$$

$$= P\left(\frac{0 - 10}{\sqrt{9.5}} \leqslant \frac{X - 10}{\sqrt{9.5}} \leqslant \frac{m - 10}{\sqrt{9.5}}\right)$$

$$\approx \Phi\left(\frac{m - 10}{\sqrt{9.5}}\right) - \Phi(-3.244) \approx \Phi\left(\frac{m - 10}{\sqrt{9.5}}\right) - 0.000\ 6 \geqslant 0.9,$$

即 $$\Phi\left(\frac{m-10}{\sqrt{9.5}}\right)\geqslant 0.9006\approx\Phi(1.29),$$

解不等式得 $m\geqslant 13.973$，取 $m\geqslant 14$，所以该单位总机要安装 14 条外线，才能保证以 90%以上的概率保证分机通话通畅.

8. 解 设 $X_i=\begin{cases}1, & 第 i 次纵摇角度大于 6^\circ\\0, & 第 i 次纵摇角度不大于 6^\circ\end{cases}$，则 $X_i\sim B(1,1/3)$，$i=1,2,\cdots,90000$，且 $X_1,X_2,\cdots,X_n$ 相互独立.

$X=\sum\limits_{i=1}^{90000}X_i$ 表示 90 000 次冲击中纵摇角度大于 6° 的次数，

由于 $E(X_i)=1/3$，$D(X_i)=2/9$，则 $E(X)=30000$，$D(X)=20000$.

根据棣莫弗-拉普拉斯中心极限定理得

$$\begin{aligned}P(29500\leqslant X\leqslant 30500)&=P\left(\frac{29500-E(X)}{\sqrt{D(X)}}\leqslant\frac{X-E(X)}{\sqrt{D(X)}}\leqslant\frac{30500-E(X)}{\sqrt{D(X)}}\right)\\&=P\left(\frac{29500-30000}{100\sqrt{2}}\leqslant\frac{X-30000}{100\sqrt{2}}\leqslant\frac{30500-30000}{100\sqrt{2}}\right)\\&=P\left(\frac{-5}{\sqrt{2}}\leqslant\frac{X-30000}{100\sqrt{2}}\leqslant\frac{5}{\sqrt{2}}\right)\\&\approx 2\Phi\left(\frac{5}{\sqrt{2}}\right)-1\approx 2\Phi(3.535)-1=0.9995.\end{aligned}$$

9. 解 设 $X_i=\begin{cases}1, & 第 i 根长度小于 3\text{ m}\\0, & 第 i 根长度不小于 3\text{ m}\end{cases}$，则 $X_i\sim B(1,0.2)$，$i=1,2,\cdots,100$，且 $X_1,X_2,\cdots,X_n$ 相互独立. $X=\sum\limits_{i=1}^{100}X_i$ 表示 100 根木柱中小于 3 m 的根数，由于 $E(X_i)=0.2$，$D(X_i)=0.16$，所以 $E(X)=20$，$D(X)=16$.

根据棣莫弗-拉普拉斯中心极限定理得

$$\begin{aligned}P(X\geqslant 30)&=P\left(\frac{X-E(X)}{\sqrt{D(X)}}\geqslant\frac{30-E(X)}{\sqrt{D(X)}}\right)=P\left(\frac{X-20}{4}\geqslant\frac{30-20}{4}\right)\\&=1-P\left(\frac{X-20}{4}\leqslant\frac{30-20}{4}\right)=1-\Phi(2.5)=0.0062\end{aligned}$$

10. 解 依题意 $T_1,T_2,\cdots,T_{30}$ 服从参数为 $\lambda=0.1$(单位:h) 的指数分布并且相互独立，则 $E(T_i)=10$，$D(T_i)=100$，$i=1,2,\cdots,30$. 又设 30 个电子元件使用的总计时间为 $T=\sum\limits_{i=1}^{30}T_i$，所以 $E(T)=300$，$D(T)=3000$.

根据列维-林德伯格中心极限定理有

$$\begin{aligned}P(T>300)&=1-P(T\leqslant 300)=1-P\left(\frac{T-E(T)}{\sqrt{D(T)}}\leqslant\frac{300-E(T)}{\sqrt{D(X)}}\right)\\&=1-P\left(\frac{T-300}{\sqrt{3000}}\leqslant\frac{300-300}{3000}\right)\\&\approx 1-\Phi\left(\frac{300-300}{\sqrt{3000}}\right)=1-\Phi(0)=0.5.\end{aligned}$$

11. 解　(1)满足. 由于 $X_i=\begin{cases}1, & 第\ i\ 次取到号码\ 0\\ 0, & 其他\end{cases}$，$i=1,2,\cdots$. 显然每次摸到号码 0 的概率均为 0.1，所以 $X_i\sim B(1,0.1)$，$i=1,2,\cdots$. 又采取的是有放回的抽取方式，从而 $X_1,X_2,\cdots$ 相互独立，显然符合泊松大数定律的条件，所以序列 $\{X_i\}$ 满足大数定律；

(2) 设至少应取球 n 次，才能使"0"出现的频率在 $0.09\sim0.11$ 之间的概率至少是 0.95. 记 $\overline{X}=\dfrac{1}{n}\sum\limits_{i=1}^{n}X_i$ 表示 n 次取球中取到号码 0 的频率，由于 $E(X_i)=0.1, D(X_i)=0.09$，则 $E(\overline{X})=0.1, D(\overline{X})=\dfrac{1}{n}D(X_i)=\dfrac{0.09}{n}$.

根据棣莫弗-拉普拉斯中心极限定理得

$$P(0.99<\overline{X}<0.11)=P(|\overline{X}-0.1|<0.01)=P\left(\frac{|\overline{X}-E(\overline{X})|}{\sqrt{D(\overline{X})}}<\frac{0.01}{\sqrt{D(\overline{X})}}\right)$$

$$=P\left[\frac{|\overline{X}-E(\overline{X})|}{\sqrt{D(\overline{X})}}<\frac{\sqrt{n}}{30}\right]\approx 2\Phi\left(\frac{\sqrt{n}}{30}\right)-1\geqslant 0.95,$$

于是 $\Phi\left(\dfrac{\sqrt{n}}{30}\right)>0.975=\Phi(1.96)$，故 $\dfrac{n}{30}>1.96$，解得 $n\geqslant 3\,457.44$，取 $n\geqslant 3\,458$.

(3) 由题意，$\mu=\sum\limits_{i=1}^{100}X_i$ 表示 100 次取球中取到号码 0 的次数.

由于 $E(X_i)=0.1, D(X_i)=0.09$，则

$$E(\mu)=0.1\times100=10,\quad D(\mu)=0.09\times100=9.$$

根据棣莫弗-拉普拉斯中心极限定理得

$$P(7<\mu\leqslant13)=P\left(\frac{7-E(\mu)}{\sqrt{D(\mu)}}<\frac{\mu-E(\mu)}{\sqrt{D(\mu)}}\leqslant\frac{13-E(\mu)}{\sqrt{D(\mu)}}\right)$$

$$=P\left(\frac{7-10}{3}<\frac{\mu-10}{3}\leqslant\frac{13-10}{3}\right)$$

$$\approx\Phi\left(\frac{13-10}{3}\right)-\Phi\left(\frac{7-10}{3}\right)=2\Phi(1)-1=0.682\,6.$$

Chapter 7 第7章

数理统计的基本概念

Basic Concepts of Statistics

7.1 教学基本要求

1. 理解总体、个体、样本和统计量的概念;

2. 理解样本均值、样本方差的概念并会计算;

3. 了解 χ^2 分布、t 分布、F 分布的定义,并会查表确定分位数;

4. 了解正态总体的常用抽样分布,如正态总体样本产生的标准正态分布、χ^2 分布、t 分布、F 分布等.

7.2 知识要点

7.2.1 总体、个体和样本

1. 总体与个体

把所研究的对象全体组成的集合称为**总体**或**母体**,而把组成总体的每个元素称为**个体**.总体常用一个随机变量或随机向量 X 来表示,称为**总体随机变量**,而 X 的分布称为**总体分布**.

总体 X 可能取值的全体可以是有限个或无限个,也可以是离散型或连续型,因而总体 X 可以是**有限总体**或**无限总体**,也可以是离散型随机变量或连续型随机变量.

2. 样本与样本观测值

把随机向量$(X_1,X_2,\cdots,X_n)$称为容量为 n 的**样本**,其中 X_i 是对第 i 个(次)个体的观测.称$(x_1,x_2,\cdots,x_n)$为**容量为 n 的样本观测值**,其中每个 x_i 是一次抽样观察的结果即某一个被观察个体的**指标值**.

3. 随机抽样

从总体中随机抽取部分个体的方式称为**随机抽样**.样本$(X_1,X_2,\cdots,X_n)$所有可能取值的全体称为**样本空间**,一个样本观察值$(x_1,x_2,\cdots,x_n)$就是样本空间中的一个**样本点**.

简单随机样本 随机抽样的两个基本要求:

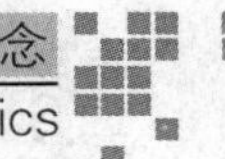

(1)代表性 要求样本的每个分量 X_i 与所考查的总体 X 具有相同的分布；

(2)独立性 要求 $X_1, X_2, \cdots, X_n$ 为相互独立的随机变量，即每个观察结果既不影响其他观察结果，也不受其他观察结果的影响.

满足上述两条性质的样本称为**简单随机样本**. 获得简单随机样本的抽样方法称为**简单随机抽样**.

4. 样本的联合分布

设总体 X 的分布函数为 $F(x)$，则样本 $(X_1, X_2, \cdots, X_n)$ 的**联合分布函数**为

$$P(X_1 \leqslant x_1, X_2 \leqslant x_2, \cdots, X_n \leqslant x_n) = \prod_{i=1}^{n} F(x_i).$$

当总体 X 是离散型随机变量时，设其概率分布律为 $P(X=a_i)=p_i (i=1,2,\cdots)$，则样本 $(X_1, X_2, \cdots, X_n)$ 的**联合分布律**为

$$P(X_1 = x_1, X_2 = x_2, \cdots, X_n = x_n) = \prod_{i=1}^{n} P(X_i = x_i).$$

当总体 X 是连续型随机变量时，设其密度函数为 $f(x)$，则样本 $(X_1, X_2, \cdots, X_n)$ 的**联合密度函数**为

$$f(x_1, x_2, \cdots, x_n) = \prod_{i=1}^{n} f(x_i).$$

获得简单随机样本的方法有**抽签法**、**查随机数表法**或在计算机上**产生随机数法**等.

7.2.2 统计量和样本矩

1. 统计量

如果样本 $X_1, X_2, \cdots, X_n$ 的函数 $g(X_1, X_2, \cdots, X_n)$ 为随机变量且不包含任何未知参数，则称 $g(X_1, X_2, \cdots, X_n)$ 为一个**统计量**，而 $g(x_1, x_2, \cdots, x_n)$ 称为统计量 $g(X_1, X_2, \cdots, X_n)$ 的一个观测值. 显然，统计量也是一个随机变量.

2. 样本矩

设 $X_1, X_2, \cdots, X_n$ 是来自总体 X 的一个样本，则称统计量 $\overline{X} = \frac{1}{n}\sum_{i=1}^{n} X_i$ 为**样本均值**，$S^2 = \frac{1}{n-1}\sum_{i=1}^{n}(X_i - \overline{X})^2$ 为**样本方差**，$S = \sqrt{\frac{1}{n-1}\sum_{i=1}^{n}(X_i - \overline{X})^2}$ 为**样本标准差**，$A_r = \frac{1}{n}\sum_{i=1}^{n} X_i^r$ 为**样本的 r 阶原点矩**，$B_r = \frac{1}{n}\sum_{i=1}^{n}(X_i - \overline{X})^r$ 为**样本 r 阶中心距**. 显然，$A_1 = \overline{X}$.

如果总体 X 的数学期望 $\mu = E(X)$ 和方差 $\sigma^2 = D(X)$ 存在，则

$$E(\overline{X}) = \mu, \quad D(\overline{X}) = \frac{\sigma^2}{n}, \quad E(S^2) = \sigma^2.$$

7.2.3 抽样分布

1. 抽样分布

统计量的分布称为**抽样分布**.

2. 分位点

设统计量 U 服从某分布，且有正数 $\alpha(0<\alpha<1)$，如果概率 $P(U>u_\alpha)=\alpha$，则称 u_α 为该分布的上 α **分位点**，简称**分位点**或**分位数**.

3. 三个重要分布

(1)χ^2 分布 若 $X_1,X_2,\cdots,X_n$ 相互独立且同服从于 $N(0,1)$，则随机变量

$$\chi^2=\sum_{i=1}^{n}X_i^2$$

服从参数为 n 的 χ^2 **分布**，记为 $\chi^2\sim\chi^2(n)$. 其中参数 n 称为**自由度**，它表示 $\chi^2=\sum\limits_{i=1}^{n}X_i^2$ 中独立变量的个数.

一般地，若 $X_1,X_2,\cdots,X_n$ 相互独立且同服从于 $N(\mu,\sigma^2)$，则有

$$\sum_{i=1}^{n}\left(\frac{X_i-\mu}{\sigma}\right)^2\sim\chi^2(n).$$

如果 $X\sim\chi^2(n)$，有 $E(X)=n,D(X)=2n$.

χ^2 分布的可加性 若 $X_1,X_2,\cdots,X_k$ 相互独立，且分别服从 $\chi^2(n_i),i=1,2,\cdots,k$，则有

$$\sum_{i=1}^{n}X_i\sim\chi^2\left(\sum_{i=1}^{k}n_j\right).$$

χ^2 分布的百分位点 设随机变量 $Y\sim\chi^2(n)$，给定正数 $\alpha(0<\alpha<1)$，称满足条件

$$P(Y>\chi_\alpha^2(n))=\int_{\chi_\alpha^2(n)}^{+\infty}f(y)\mathrm{d}y=\alpha$$

的实数 $\chi_\alpha^2(n)$ 为 $\chi^2(n)$ 的**上 α 分位点**.

二维码 7-1 第 7 章知识要点讲解 1（微视频）

当 n 很大时，$\sqrt{2\chi^2}$ 近似地服从 $N(\sqrt{2n-1},1)$. 因而也就可以近似地求得 n 很大时 $\chi^2(n)$ 分布的上 100α 百分位点.

(2)t 分布 设 $X\sim N(0,1),Y\sim\chi^2(n)$，且 X 与 Y 相互独立，则随机变量

$$T=\frac{X}{\sqrt{Y/n}}$$

服从自由度为 n 的 **t 分布**，记为 $T\sim t(n)$.

当 n 很大时，t 分布近似服从 $N(0,1)$ 分布.

t 分布的分位点 把满足 $P(T>t_\alpha(n))=\int_{t_\alpha(n)}^{+\infty}f(t)\mathrm{d}t=\alpha(0<\alpha<1)$ 的实数 $t_\alpha(n)$ 称为 t 分布的**上 α 分位点**，其中 $f(t)$ 为 $t(n)$ 的概率密度函数.

由 t 分布的对称性有 $t_{1-\alpha}(n)=-t_\alpha(n)$.

如果数 $t_{\frac{\alpha}{2}}(n)$ 满足 $P(|T|>t_{\frac{\alpha}{2}}(n))=\alpha,(0<\alpha<1)$，则称 $t_{\frac{\alpha}{2}}(n)$ 为 t 分布的**双侧 α 分位点**.

$n>45$ 时，t 分布可用正态分布 $N(0,1)$ 近似，有 $t_\alpha(n)\approx\mu_\alpha$.

(3)F 分布 设 $X\sim\chi^2(n_1)$、$Y\sim\chi^2(n_2)$，且 X 与 Y 相互独立，则随机变量

$$F=\frac{X/n_1}{Y/n_2}$$

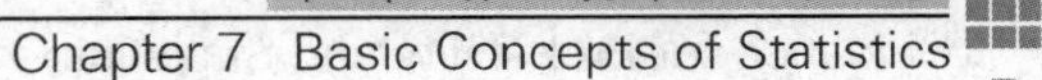

服从第一自由度为 n_1、第二自由度为 n_2 的 F **分布**，记作 $F \sim F(n_1, n_2)$.

若 $n_1 = 1$，则 $F = T^2$，所以 $F(1, n)$ 与 $t^2(n)$ 同分布.

F 分布的分位点　把满足 $P(F > F_\alpha(n_1, n_2)) = \int_{F_\alpha(n_1, n_2)}^{+\infty} f(y)\mathrm{d}y = \alpha$ 的实数 $F_\alpha(n_1, n_2)$ 称为 F 分布的**上 α 分位点**，其中 $f(y)$ 为 $F_\alpha(n_1, n_2)$ 的概率密度函数.

如果 $F \sim F(n_1, n_2)$，则 $\frac{1}{F} \sim F(n_2, n_1)$.

F 分布的上 α 分位点具有性质：$F_{1-\alpha}(n_1, n_2) = \frac{1}{F_\alpha(n_2, n_1)}$.

该式常用来求 F 分布表中没有列出的某些值.

4. 正态总体的常用抽样分布

(1)正态总体样本线性函数的分布　设 $X_1, X_2, \cdots, X_n$ 是来自正态总体 $N(\mu, \sigma^2)$ 的简单随机样本，则 $U = a_1X_1 + a_2X_2 + \cdots + a_nX_n \sim N\left(\mu\sum_{i=1}^{n} a_i, \sigma^2\sum_{i=1}^{n} a_i^2\right)$.

推论 1　设 $X_1, X_2, \cdots, X_n$ 是来自正态总体 $N(\mu, \sigma^2)$ 的简单随机样本，则

$$\overline{X} \sim N\left(\mu, \frac{\sigma^2}{n}\right).$$

即 $\overline{X}$ 与总体 X 有相同的均值，但它更向数学期望集中，集中程度与样本容量 n 的大小有关.

推论 2　设 $(X_1, X_2, \cdots, X_m)$ 和 $(Y_1, Y_2, \cdots, Y_n)$ 分别取自两个相互独立的正态总体 $N(\mu_1, \sigma_1^2)$ 及 $N(\mu_2, \sigma_2^2)$ 的简单随机样本，则

$$\frac{\overline{X} - \overline{Y} - (\mu_1 - \mu_2)}{\sqrt{\frac{\sigma_1^2}{m} + \frac{\sigma_2^2}{n}}} \sim N(0, 1).$$

(2)与正态总体样本均值和方差有关的分布

费希尔定理　设 $X_1, X_2, \cdots, X_n$ 是来自正态总体 $N(\mu, \sigma^2)$ 的简单随机样本，记

$$\overline{X} = \frac{1}{n}\sum_{i=1}^{n} X_i, \quad S^2 = \frac{1}{n-1}\sum_{i=1}^{n}(X_i - \overline{X})^2,$$

则有(1)$\overline{X}$ 与 S^2 独立；(2)$\frac{(n-1)S^2}{\sigma^2} \sim \chi^2(n-1)$.

推论 1　设 $X_1, X_2, \cdots, X_n$ 是来自正态总体 $N(\mu, \sigma^2)$ 的简单随机样本，则

$$T = \frac{\overline{X} - \mu}{S/\sqrt{n}} \sim t(n-1).$$

二维码 7-2　第 7 章知识要点讲解 2（微视频）

推论 2　设 $X_1, X_2, \cdots, X_m$ 是来自正态总体 $N(\mu_1, \sigma_1^2)$ 的简单随机样本，$Y_1, Y_2, \cdots, Y_n$ 是来自正态总体 $N(\mu_2, \sigma_2^2)$ 的简单随机样本，且假定 $X_1, X_2, \cdots, X_m$ 和 $Y_1, Y_2, \cdots, Y_n$ 相互独立，则

$$F = \frac{S_1^2/S_2^2}{\sigma_1^2/\sigma_2^2} \sim F(m-1, n-1).$$

其中 $S_1^2 = \frac{1}{m-1}\sum_{i=1}^{m}(X_i - \overline{X})^2$，$\overline{X} = \frac{1}{m}\sum_{i=1}^{m} X_i$，$S_2^2 = \frac{1}{n-1}\sum_{i=1}^{n}(Y_i - \overline{Y})^2$，$\overline{Y} = \frac{1}{n}\sum_{i=1}^{n} Y_i$.

二维码 7-3 第 7 章知识要点讲解 3（微视频）

二维码 7-4 第 7 章基本要求与知识要点

特别地，若 $\sigma_1^2=\sigma_2^2$，则

$$F=S_1^2/S_2^2\sim F(m-1,n-1).$$

推论 3 设 $X_1,X_2,\cdots,X_m$ 和 $Y_1,Y_2,\cdots,Y_n$ 分别是从正态总体 $N(\mu_1,\sigma_1^2)$ 和 $N(\mu_2,\sigma_2^2)$ 中抽取的相互独立的简单随机样本，且 $\sigma_1^2=\sigma_2^2$，则

$$T=\frac{(\overline{X}-\overline{Y})-(\mu_1-\mu_2)}{\sqrt{(m-1)S_1^2+(n-1)S_2^2}}\cdot\sqrt{\frac{mn(m+n-2)}{m+n}}\sim t(m+n-2).$$

注意，这里要求两个正态总体的方差相等. 尤其 $m=n$ 时，有

$$T=\frac{(\overline{X}-\overline{Y})-(\mu_1-\mu_2)}{\sqrt{S_1^2+S_2^2}}\sqrt{n}\sim t(2n-2).$$

7.3 例题解析

例 7.1 以 X 表示产品中某种化学成分的百分比含量，且其概率密度函数为 $f(x,\theta)=(\theta+1)x^\theta(0\leqslant x\leqslant 1)$，其中 $\theta\geqslant 0$ 未知，$X_1,X_2,\cdots,X_n$ 是来自总体的一个样本.

(1)求 $X_1,X_2,\cdots,X_n$ 的联合概率密度函数；

(2)在 $\sum_{i=1}^{n}X_i,\sum_{i=1}^{n}(X_i-\overline{X})^4,\sum_{i=1}^{n}(X_i-\theta)$ 中哪些是统计量？

(3)求 $E(\overline{X}),D(\overline{X})$ 和 $E(S^2)$.

分析 本题主要考查样本、统计量及样本矩的概念以及相应的计算.

解 (1)$X_1,X_2,\cdots,X_n$ 的联合概率密度函数为

$$f(x_1,x_2,\cdots,x_n)=\prod_{i=1}^{n}f(x_i,\theta)=\prod_{i=1}^{n}(\theta+1)x_i^\theta=(\theta+1)^n(x_1x_2\cdots x_n)^\theta.$$

(2)由于 θ 未知，由统计量的定义 $\sum_{i=1}^{n}X_i,\sum_{i=1}^{n}(X_i-\overline{X})^4$ 是统计量而 $\sum_{i=1}^{n}(X_i-\theta)$ 不是.

(3) 因为 $E(\overline{X})=E(X)$，所以 $E(\overline{X})=\int_0^1 x(\theta+1)x^\theta\mathrm{d}x=\frac{\theta+1}{\theta+2}$.

又因为 $D(\overline{X})=\frac{D(X)}{n}$，而 $D(X)=E(X^2)-E^2(X)$，

所以 $$D(\overline{X})=\frac{1}{n}\left[\int_0^1 x^2(\theta+1)x^\theta\mathrm{d}x-\left(\frac{\theta+1}{\theta+2}\right)^2\right]=\frac{1}{n}\left[\frac{\theta+1}{\theta+3}-\left(\frac{\theta+1}{\theta+2}\right)^2\right].$$

$$E(S^2)=D(X)=\frac{\theta+1}{\theta+3}-\left(\frac{\theta+1}{\theta+2}\right)^2.$$

注 本题总体是连续型随机变量，则联合概率密度函数的表示一般比较熟悉. 若总体为离散型的初学者就不是很习惯了，请看下例.

例 7.2 设总体 X 服从两点分布 $B(1,p)$，即 $P(X=1)=p,P(X=0)=1-p,X_1,X_2,\cdots,X_n$ 为取自 X 的样本，试写出它的样本空间及样本的联合分布列.

分析 本题总体是离散型随机变量，为便于表示，需要把其分布列写成一个表达式.

解 样本空间是样本所有可能取值的全体，所以 $X_1,X_2,\cdots,X_n$ 的样本空间为

$$\{(x_1,x_2,\cdots,x_n)\mid x_1,x_2,\cdots,x_n=0 \text{ 或 } 1\}.$$

而总体分布列为　　$P(X=1)=p,\quad P(X=0)=1-p$

可表示为　　$P(X=x)=p^x(1-p)^{1-x},\quad x=0 \text{ 或 } 1.$

所以,样本的分布列为

$$P(X_1=x_1,X_2=x_2,\cdots,X_n=x_n)=p^{\sum\limits_{j=1}^{n}x_j}(1-p)^{n-\sum\limits_{j=1}^{n}x_j}.$$

例 7.3　研究一批灯泡的寿命 X,随机地抽取 5 个做寿命试验,测得寿命值(单位:h)为

$$105,150,125,280,250.$$

试求样本均值,样本方差,样本标准差的观测值.

解　由定义,样本均值的观测值为

$$\bar{x}=\frac{1}{5}(105+150+125+280+250)=182.$$

样本方差的观测值为

$$S^2=\frac{1}{4}[(105-182)^2+(150-182)^2+(125-182)^2+(280-182)^2+(250-182)^2]$$
$$=6\,107.5$$

所以,样本标准差的观测值为 $s=\sqrt{s^2}=78.15$.

注　样本均值、样本方差是数理统计最重要的两个统计量,其观测值的计算一定要掌握.

例 7.4　设某总体一次抽样的样本值的频数分布情况如下:

X	0	1	2	3	4	5
频数	14	21	26	19	12	8

试求样本均值,样本方差,样本标准差的观测值.

分析　与上例比较,本题的样本观测值取值情况是用频数给出的.

解　样本容量为 $n=100$.

由定义,样本均值的观测值为

$$\bar{x}=\frac{1}{100}(0\cdot 14+1\cdot 21+2\cdot 26+3\cdot 19+4\cdot 12+5\cdot 8)=2.18.$$

样本方差的观测值为

$$S^2=\frac{1}{99}[(0-2.18)^2\cdot 14+(1-2.18)^2\cdot 21+\cdots+(5-2.18)^2\cdot 8]\approx 2.15.$$

所以,样本标准差的观测值为 $S=\sqrt{S^2}=\sqrt{2.15}\approx 1.47$.

例 7.5　设总体 $X\sim N(2,1)$,$X_1,X_2,\cdots,X_9$ 是来自总体 X 的一个样本.分别求 X 和 $\overline{X}$ 在区间[1,3]中取值的概率,并作比较以说明 X 的分布与 $\overline{X}$ 的分布有什么关系?

分析　本题主要考查正态总体 X 与其样本均值 $\overline{X}$ 的分布及其比较.

解　因为 $X\sim N(2,1)$,则 $\overline{X}\sim N(2,1/9)$.所以有

$$P(1\leqslant X\leqslant 3)=P(|X-2|\leqslant 1)=2\Phi(1)-1=0.682\,6,$$
$$P(1\leqslant \overline{X}\leqslant 3)=P\left(\left|\frac{\overline{X}-2}{1/3}\right|\leqslant 3\right)=2\Phi(3)-1=0.997\,3.$$

本题说明当总体 $X\sim N(2,1)$时,$\overline{X}$ 与 X 有相同的均值,但 $D(\overline{X})=\frac{1}{9}D(X)$.由于方差

反映了随机变量取值离散程度的大小，这就说明 $\overline{X}$ 取值比 X 取值更集中在 $\mu=2$ 的附近，因而 $\overline{X}$ 在[1,3]取值的概率要比 X 在[1,3]取值的概率大得多.

注 样本均值、样本方差等样本矩是数理统计中重要的统计量，充分理解其本质含义，掌握其抽样分布是学好数理统计的基础.

例 7.6 从正态总体 $X\sim N(3.4,6^2)$ 中抽取容量为 n 的样本，如果要求其样本均值位于区间(1.4,5.4)内的概率不小于0.95，问样本容量 n 至少应取多大？

分析 本题从另一个角度考查正态总体样本均值的分布.

解 因为 $X\sim N(3.4,6^2)$，则 $\overline{X}\sim N(3.4,6^2/n)$. 所以有

$$P(1.4<\overline{X}<5.4)=P(|\overline{X}-3.4|<2)=P\left(\left|\frac{\overline{X}-3.4}{6/\sqrt{n}}\right|<\frac{2\sqrt{n}}{6}\right)$$

$$=2\Phi\left(\frac{\sqrt{n}}{3}\right)-1\geqslant 0.95,$$

即 $\Phi\left(\frac{\sqrt{n}}{3}\right)\geqslant 0.975$，查表得 $\frac{\sqrt{n}}{3}\geqslant 1.96$，则 $n\geqslant(1.96\cdot 3)^2\approx 34.57$，故 n 至少取35.

例 7.7 求总体 $N(20,3^2)$ 容量分别为10、15的两个独立随机样本平均值差的绝对值大于0.3的概率.

分析 本题考查正态总体样本均值的分布及正态分布的可加性.

解 分别设容量为10、15的两个独立随机样本平均值为 $\overline{X}_1,\overline{X}_2$，则有

$$\overline{X}_1\sim N(20,3^2/10),\overline{X}_2\sim N(20,3^2/15),\overline{X}_1-\overline{X}_2\sim N(0,3^2/10+3^2/15)=N(0,1.5).$$

所以

$$P(|\overline{X}_1-\overline{X}_2|>0.3)=P\left(\frac{|\overline{X}_1-\overline{X}_2|}{\sqrt{1.5}}>\frac{0.3}{\sqrt{1.5}}\right)=1-P\left(\frac{|\overline{X}_1-\overline{X}_2|}{\sqrt{1.5}}\leqslant\frac{0.3}{\sqrt{1.5}}\right)$$

$$=1-\left[2\Phi\left(\frac{0.3}{\sqrt{1.5}}\right)-1\right]=2-2\Phi\left(\frac{0.3}{\sqrt{1.5}}\right)\approx 0.8026.$$

注 注意题设中两个随机样本**独立**这个条件.

例 7.8 在正态总体 $N(\mu,0.5^2)$ 中抽取样本 $X_1,X_2,\cdots,X_{10}$，

(1)已知 $\mu=0$，求概率 $P\left(\sum_{i=1}^{10}X_i^2\geqslant 4\right)$；

(2)μ 未知，求概率 $P\left(\sum_{i=1}^{10}(X_i-\overline{X})^2\geqslant 2.85\right)$.

分析 本题考查 χ^2 分布的构造，注意 μ 已知和 μ 未知时 χ^2 分布自由度的不同.

解 (1)因为总体服从正态分布 $N(\mu,0.5^2)$，所以

$$X_i\sim N(\mu,0.5^2)(i=1,2,\cdots,10).$$

则 $\sum_{i=1}^{10}\left(\frac{X_i-\mu}{0.5}\right)^2\sim\chi^2(10)$. 当 $\mu=0$ 时，有 $\sum_{i=1}^{10}\left(\frac{X_i}{0.5}\right)^2\sim\chi^2(10)$. 故

$$P\left(\sum_{i=1}^{10}X_i^2\geqslant 4\right)=P\left(\sum_{i=1}^{10}\left(\frac{X_i}{0.5}\right)^2\geqslant\frac{4}{0.5^2}\right)=P\left(\sum_{i=1}^{10}\left(\frac{X_i}{0.5}\right)^2\geqslant 16\right)=P(\chi^2(10)\geqslant 16)=0.1.$$

(2)μ 未知时，由费希尔定理 $\frac{\sum_{i=1}^{10}(X_i-\overline{X})^2}{\sigma^2}\sim\chi^2(9)$，所以

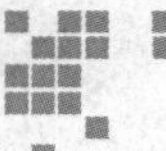

$$P\left(\sum_{i=1}^{10}(X_i-\overline{X})^2 \geqslant 2.85\right)=P\left[\frac{\sum_{i=1}^{10}(X_i-\overline{X})^2}{0.5^2} \geqslant 2.85/0.5^2\right]$$

$$=P\left[\frac{\sum_{i=1}^{10}(X_i-\overline{X})^2}{0.5^2} \geqslant 11.4\right]$$

$$=P(\chi^2(9) \geqslant 11.4)=0.25.$$

例 7.9 在正态总体 $N(\mu,\sigma^2)$中抽取一容量为 16 的样本，求

(1)$P\left(\frac{S^2}{\sigma^2}\leqslant 2.041\right)$，其中 S^2 为样本方差；(2)$D(S^2)$.

分析 第(1)问仍然是考查 χ^2 分布，第(2)问直接求有一定困难，需要转换.

解 (1)因为$\frac{(n-1)S^2}{\sigma^2}\sim\chi^2(n-1)$，所以 $n=16$ 时，有$\frac{15S^2}{\sigma^2}\sim\chi^2(15)$.

故

$$P\left(\frac{S^2}{\sigma^2}\leqslant 2.041\right)=P\left(\frac{15S^2}{\sigma^2}\leqslant 2.041\cdot 15\right)=P\left(\frac{15S^2}{\sigma^2}\leqslant 30.615\right)$$

$$=P(\chi^2(15)\leqslant 30.615)=1-P(\chi^2(15)\geqslant 30.615)=0.99$$

(2)因为 $\frac{(n-1)S^2}{\sigma^2}\sim\chi^2(n-1)$，所以 $D\left(\frac{(n-1)S^2}{\sigma^2}\right)=2(n-1)$，即$\frac{(n-1)^2}{\sigma^4}D(S^2)=2(n-1)$，得 $D(S^2)=\frac{2\sigma^4}{n-1}=\frac{2}{15}\sigma^4$.

例 7.10 设总体 $X\sim N(\mu_1,\sigma_1^2)$，$Y\sim N(\mu_2,\sigma_2^2)$相互独立，从两总体中分别抽样，得到下列数据：$n_1=8$，$\bar{x}=10.5$，$S_1^2=42.25$；$n_2=10$，$\bar{y}=13.4$，$S_2^2=56.25$. 其中 $n_1=8$，$n_2=10$ 是两样本容量，$\bar{x}=10.5$，$\bar{y}=13.4$ 是两样本均值，$S_1^2=42.25$ 和 $S_2^2=56.25$ 是两样本方差.

(1) 求 $P\left(\frac{\sigma_2^2}{\sigma_1^2}<4.40\right)$；(2) 假定 $\sigma_1^2=\sigma_2^2$，求 $P(\mu_1<\mu_2)$.

分析 本题第(1) 问考查 F 分布，第(2) 问考查方差相等时两总体均值比较的 t 分布.

解 (1) 因为$\dfrac{\frac{(n_1-1)S_1^2}{\sigma_1^2}/(n_1-1)}{\frac{(n_2-1)S_2^2}{\sigma_2^2}/(n_2-1)}\sim F(n_1-1,n_2-1)$，

所以 $\frac{S_1^2}{S_2^2}\Big/\frac{\sigma_1^2}{\sigma_2^2}\sim F(n_1-1,n_2-1)$. 则

$$P\left(\frac{\sigma_2^2}{\sigma_1^2}<4.40\right)=P\left(\frac{S_1^2}{S_2^2}\Big/\frac{\sigma_1^2}{\sigma_2^2}<\frac{S_1^2}{S_2^2}\cdot 4.40\right)=P\left(F(n_1-1,n_2-1)<\frac{S_1^2}{S_2^2}\cdot 4.40\right).$$

把 $n_1=8$，$S_1^2=42.25$；$n_2=10$，$S_2^2=56.25$ 代入上式得

$$P\left(\frac{\sigma_2^2}{\sigma_1^2}<4.40\right)=P(F(7,9)<3.3)=1-P(F(7,9)\geqslant 3.3)=0.95.$$

(2)因为 $\frac{(\overline{X}-\overline{Y})-(\mu_1-\mu_2)}{\sqrt{n_1S_1^2+n_2S_2^2}}\cdot\sqrt{\frac{n_1n_2(n_1+n_2-2)}{n_1+n_2}}\sim t(n_1+n_2-2)$，所以

$$P(\mu_1<\mu_2)=P(\mu_1-\mu_2<0)$$

$$=P\left\{\frac{(\overline{X}-\overline{Y})-(\mu_1-\mu_2)}{\sqrt{(n_1-1)S_1^2+(n_2-1)S_2^2}}\cdot\sqrt{\frac{n_1n_2(n_1+n_2-2)}{n_1+n_2}}>\right.$$

$$\left.\frac{(\overline{X}-\overline{Y})}{\sqrt{(n_1-1)S_1^2+(n_2-1)S_2^2}}\cdot\sqrt{\frac{n_1n_2(n_1+n_2-2)}{n_1+n_2}}\right\}$$

$$=P\left\{t(n_1+n_2-2)>\frac{(\overline{X}-\overline{Y})}{\sqrt{(n_1-1)S_1^2+(n_2-1)S_2^2}}\cdot\sqrt{\frac{n_1n_2(n_1+n_2-2)}{n_1+n_2}}\right\}.$$

把 $n_1=8,\bar{x}=10.5,S_1^2=42.25;n_2=10,\bar{y}=13.4,S_2^2=56.25$ 代入上式得

$$P(\mu_1<\mu_2)=P(t(16)>-0.8629)=1-P(t(16)>0.8629)\approx 0.80.$$

例 7.11 设 $X_1,X_2,\cdots,X_n$ 是来自正态总体 $X\sim N(\mu,\sigma^2)$ 的样本，S^2 为样本方差，求满足下式的最小 n 值：

(1)$P\left(\frac{S^2}{\sigma^2}\leqslant 1.5\right)\geqslant 0.95$；　(2)$P(|S^2-\sigma^2|\leqslant 1/2\sigma^2)\geqslant 0.8$.

分析 一般同时涉及样本方差 S^2 和总体方差 σ^2 都要联想到 χ^2 分布.

解 (1) 因为 $X_1,X_2,\cdots,X_n$ 是来自正态总体 $X\sim N(\mu,\sigma^2)$ 的样本，

所以有
$$\frac{(n-1)S^2}{\sigma^2}\sim\chi^2(n-1).$$

而
$$P\left(\frac{S^2}{\sigma^2}\geqslant 1.5\right)=P\left(\frac{(n-1)S^2}{\sigma^2}\geqslant 1.5(n-1)\right)=P(\chi^2(n-1)\geqslant 1.5(n-1)).$$

则由
$$P\left(\frac{S^2}{\sigma^2}\geqslant 1.5\right)\geqslant 0.95$$

得
$$P\left(\frac{S^2}{\sigma^2}\geqslant 1.5\right)\leqslant 0.05,$$

即
$$P(\chi^2(n-1)\geqslant 1.5(n-1))\leqslant 0.05.$$

查表得 $n=26$.

(2) 由 $P\left(|S^2-\sigma^2|\leqslant\frac{1}{2}\sigma^2\right)\geqslant 0.8$ 得 $P\left(\frac{1}{2}\sigma^2\leqslant S^2\leqslant\frac{3}{2}\sigma^2\right)\geqslant 0.8$. 所以有

$$P\left(\frac{1}{2}(n-1)\leqslant\frac{(n-1)S^2}{\sigma^2}\leqslant\frac{2}{3}(n-1)\right)\geqslant 0.8,$$

即
$$P\left(\frac{1}{2}(n-1)\leqslant\chi^2(n-1)\leqslant\frac{2}{3}(n-1)\right)\geqslant 0.8,$$

也即

$$P\left(\chi^2(n-1)\geqslant\frac{1}{2}(n-1)\right)-P\left(\chi^2(n-1)\geqslant\frac{2}{3}(n-1)\right)\geqslant 0.8,$$

查表得 $n=15$.

注 本题查表比较麻烦，既要考虑到自由度又要考虑到分位点，是一个“凑”的过程.

例 7.12 设总体 $X\sim N(\mu,\sigma^2)$，$X_1,X_2,\cdots,X_n$ 为一简单随机样本，$\overline{X}$ 为样本均值，S^2 为样本方差.

(1) 求 $P\left((\overline{X}-\mu)^2\leqslant\frac{\sigma^2}{n}\right)$；

(2) 如果 n 很大，求 $P\left((\overline{X}-\mu)^2 \leqslant \frac{2S^2}{n}\right)$；

(3) 若 $n=6$，求 $P\left((\overline{X}-\mu)^2 \leqslant \frac{2S^2}{3}\right)$.

分析　本题主要考查与正态总体样本均值有关的分布. 在 n 很大时 t 分布可由正态分布来近似，并注意 t 分布表的正、反查法.

解　(1) 因有 $\frac{\overline{X}-\mu}{\sigma/\sqrt{n}} \sim N(0,1)$，所以

$$P\left((\overline{X}-\mu) \leqslant \frac{\sigma^2}{n}\right) = P\left(|\overline{X}-\mu| \leqslant \frac{\sigma}{\sqrt{n}}\right) = P\left(\left|\frac{\overline{X}-\mu}{\sigma/\sqrt{n}}\right| \leqslant 1\right)$$
$$= \Phi(1) - \Phi(-1) = 2\Phi(1) - 1 = 0.682\,8.$$

(2)因有 $\frac{\overline{X}-\mu}{S/\sqrt{n}} \sim t(n-1)$，而当 n 很大时近似有 $\frac{\overline{X}-\mu}{S/\sqrt{n}} \sim N(0,1)$. 所以

$$P\left((\overline{X}-\mu)^2 \leqslant \frac{2S^2}{3}\right) = P\left[|\overline{X}-\mu| \leqslant \frac{\sqrt{2}S}{\sqrt{n}}\right] = P\left[\left|\frac{\overline{X}-\mu}{S/\sqrt{n}}\right| \leqslant \sqrt{2}\right] = \Phi(\sqrt{2}) - \Phi(-\sqrt{2})$$
$$= 2\Phi(\sqrt{2}) - 1 = 2\Phi(1.414) - 1 = 0.842\,6.$$

(3)因 $n=6$ 较小，只能用 t 分布. 即

$$P\left((\overline{X}-\mu)^2 \leqslant \frac{2S^2}{3}\right) = P\left(\left|\frac{\overline{X}-\mu}{S/\sqrt{6}}\right| \leqslant 2\right) = P(|t(5)| \leqslant 2)$$
$$= P(t(5) > -2) - P(t(5) > 2) = 1 - 2P(t(5) > 2) = 0.9.$$

例 7.13　若 $X \sim t(n)$，求 X^2 和 $\frac{1}{X^2}$ 的分布.

分析　本题考查 t 分布和 F 分布的构造.

解　因为 $X \sim t(n)$，所以可把 X 看成

$$X = \frac{U}{\sqrt{V/n}},$$

其中 $U \sim N(0,1)$，$V \sim \chi^2(n)$，且 U,V 相互独立.

而
$$X^2 = \frac{U^2}{V/n}, \quad U^2 \sim \chi^2(1).$$

所以
$$X^2 = \frac{U^2/1}{V/n} \sim F(1,n), \quad \frac{1}{X^2} = \frac{V/n}{U^2/1} \sim F(n,1).$$

例 7.14　设总体 $X \sim N(0,1)$，$X_1, X_2, \cdots, X_n$ 为一简单随机样本，试问下列统计量各服从什么分布？

(1) $\frac{\sqrt{n-1}X_1}{\sqrt{\sum\limits_{i=2}^{n} X_i^2}}$；　(2) $\frac{X_1 - X_2}{\sqrt{X_3^2 + X_4^2}}$；　(3) $\left(\frac{X_1 - X_2}{X_3 + X_4}\right)^2$；　(4) $\left(\frac{n}{3}-1\right)\frac{\sum\limits_{i=1}^{3} X_i^2}{\sum\limits_{i=4}^{n} X_i^2}$.

分析　本题考查 t 分布和 F 分布的构造，要注意到简单随机样本之间的独立性. 这类问题往往有一定“凑”的技巧.

解 (1)因为总体 $X \sim N(0,1)$，所以 $X_1 \sim N(0,1)$，$\sum_{i=2}^{n} X_i^2 \sim \chi^2(n-1)$.

由 t 分布的构造
$$\frac{\sqrt{n-1}X_1}{\sqrt{\sum_{i=2}^{n} X_i^2}} = \frac{X_1}{\sqrt{\sum_{i=2}^{n} X_i^2/(n-1)}} \sim t(n-1).$$

(2) 因为总体 $X \sim N(0,1)$，所以 $X_1 - X_2 \sim N(0,2)$，即 $\frac{X_1 - X_2}{\sqrt{2}} \sim N(0,1)$.

又 $X_3^2 + X_4^2 \sim \chi^2(2)$，由 t 分布的构造
$$\frac{X_1 - X_2}{\sqrt{X_3^2 + X_4^2}} = \frac{(X_1 - X_2)/\sqrt{2}}{\sqrt{(X_3^2 + X_4^2)/2}} \sim t(2).$$

(3)因为总体 $X \sim N(0,1)$，所以 $X_1 - X_2 \sim N(0,2)$，即 $\frac{X_1 - X_2}{\sqrt{2}} \sim N(0,1)$，有 $\frac{(X_1 - X_2)^2}{2} \sim \chi^2(1)$. 同理 $\frac{(X_3 + X_4)^2}{2} \sim \chi^2(1)$. 由 F 分布的构造
$$\left(\frac{X_1 - X_2}{X_3 + X_4}\right)^2 = \frac{\frac{(X_1 - X_2)^2}{2}/1}{\frac{(X_3 + X_4)^2}{2}/1} \sim F(1,1).$$

(4)因为总体 $X \sim N(0,1)$，$X_1, X_2, \cdots, X_n$ 为一简单随机样本，所以
$$\sum_{i=1}^{n} X_i^2 \sim \chi^2(3), \quad \sum_{i=4}^{n} X_i^2 \sim \chi^2(n-3).$$

由 F 分布的构造有
$$\left(\frac{n}{3} - 1\right)\frac{\sum_{i=1}^{n} X_i^2}{\sum_{i=4}^{n} X_i^2} = \frac{\sum_{i=1}^{n} X_i^2/3}{\sum_{i=4}^{n} X_i^2/(n-3)} \sim F(3, n-3).$$

例 7.15 设总体 $X \sim N(\mu, 16)$，$X_1, X_2, \cdots, X_{10}$ 为 $n = 10$ 的简单随机样本，S^2 为样本方差，已知 $P(S^2 > a) = 0.1$，求 a 的值.

分析 本题考查分位数的概念. 如果知道 S^2 的分布，那么 a 就是这个分布的 $\alpha = 0.1$ 的分位数. 但是 S^2 的分布未知，所以要先"凑"出一个分布已知的统计量.

解 因为总体 $X \sim N(\mu, 16)$，$n = 10$，所以 $\frac{(10-1)S^2}{4^2} \sim \chi^2(9)$.

故
$$P(S^2 > a) = P\left(\frac{9S^2}{4^2} > \frac{9}{4^2}a\right) = P\left(\chi^2(9) > \frac{9}{4^2}a\right).$$

由 $P(S^2 > a) = 0.1$ 得 $P\left(\chi^2(9) > \frac{9}{4^2}a\right) = 0.1$. 查表得 $\frac{9}{4^2}a = 14.684$，得 $a = 26.105$.

注 注意这里查表是知道概率根据自由度反查分位点.

例 7.16 设总体 $X \sim N(\mu_1, \sigma^2)$，$Y \sim N(\mu_2, \sigma^2)$，且 X, Y 相互独立. 从 X, Y 中分别抽取 $n_1 = 10$，$n_2 = 15$ 的简单随机样本，它们的样本方差分别为 S_1^2, S_2^2，试求 $P(S_1^2 - 4S_2^2 > 0)$.

分析 一般涉及样本方差比较时要考虑到 F 分布.

解 因为总体 $X \sim N(\mu_1, \sigma^2)$，$Y \sim N(\mu_2, \sigma^2)$ 且相互独立，$n_1 = 10$，$n_2 = 15$，

所以，
$$\frac{9S_1^2}{\sigma^2} \sim \chi^2(9), \quad \frac{14S_2^2}{\sigma^2} \sim \chi^2(14).$$

故由 F 分布的构造

$$P(S_1^2-4S_2^2>0)=P\left(\frac{S_1^2}{S_2^2}>4\right)=P\left[\frac{\frac{9S_1^2}{\sigma^2}/9}{\frac{14S_2^2}{\sigma^2}/14}>4\right]=P(F(9,14)>4).$$

查表得 $P(S_1^2-4S_2^2>0)=0.01$.

例 7.17 设 X_1,X_2,X_3,X_4 是来自正态总体 $N(0,4)$ 的一个简单随机样本，而

$$X=a(X_1-2X_2)^2+b(3X_3-4X_4)^2,$$

试确定 a,b，使 X 服从分布 $\chi^2(k)$，并确定 k 为多少？

分析 因为样本和总体同分布且相互独立，再根据正态分布的可加性及 χ^2 分布的构造和可加性.

解 因为 X_1,X_2,X_3,X_4 是来自正态总体 $N(0,4)$ 的一个简单随机样本，所以

$$X_1-2X_2\sim N(0,20),\quad 3X_3-4X_4\sim N(0,100).$$

则
$$\frac{X_1-2X_2}{\sqrt{20}}\sim(0,1),\quad \frac{3X_3-4X_4}{10}\sim N(0,1).$$

从而有 $\left(\frac{X_1-2X_2}{\sqrt{20}}\right)\sim\chi^2(1)$，$\left(\frac{3X_3-4X_4}{10}\right)^2\sim\chi^2(1)$，且相互独立.

又 $X=a(X_1-2X_2)^2+b(3X_3-4X_4)^2=a\cdot 20\left(\frac{X_1-2X_2}{\sqrt{20}}\right)^2+b\cdot 100\left(\frac{3X_3-4X_4}{10}\right)^2$，

所以当 $a=1/20,b=1/100$ 时，$X\sim\chi^2(2)$，且 $k=2$.

例 7.18 设随机变量 X 服从标准正态分布 $N(0,1)$，对给定的 $\alpha(0<\alpha<1)$，数 u_α 满足 $P(X>u_\alpha)=\alpha$. 若 $P(|X|\leqslant x)=\alpha$，则 x 等于（　　）.

(A) $u_{\alpha/2}$； (B) $u_{1-\frac{\alpha}{2}}$； (C) $u_{1-\alpha}$； (D) $u_{(1-\alpha)/2}$.

分析 本题考查标准正态分布分位点的概念. 讨论这类问题首先要求理解分位点的含义，这里还要充分灵活利用标准正态分布的对称性.

解 由 $P(|X|\leqslant x)=\alpha$ 得 $P(|X|\leqslant x)-P(|X|\leqslant -x)=\alpha$.

因为 $X\sim N(0,1)$，根据标准正态分布的对称性得

$P(X\leqslant x)-[1-P(X\leqslant x)]=\alpha$，即 $2P(X\leqslant x)-1=\alpha$，有 $P(X\leqslant x)=\frac{1}{2}(1+\alpha)$，

从而有
$$P(X>x)=1-\frac{1}{2}(1+\alpha)=\frac{1}{2}(1-\alpha)，所以 x=u_{(1-\alpha)/2}.$$

应选(D).

注 具有对称性的分布还有 t 分布. 而 χ^2 分布和 F 分布是不对称的.

7.4 同步练习

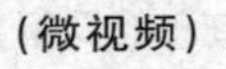

二维码 7-5 第 7 章 典型例题讲解（微视频）

1. 证明：对于容量为 2 的样本值 (x_1,x_2)，其样本方差为

$$S^2=\frac{1}{2}(x_1-x_2)^2.$$

2. 从某总体 X 中抽取 12 个样本，测得样本值如下：

15.8，24.2，14.5，17.4，13.2，20.8，17.9，19.1，21.0，18.5，16.4，22.6，试

求样本均值、样本方差、样本标准差的值.

3. 从某总体一次抽样的样本值的频数分布情况如下：

X	23.5	26.1	28.2	30.4
频数	2	3	4	1

试求样本均值、样本方差、样本标准差的值.

4. 设总体 X 服从泊松分布 $P(\lambda)$，其中 λ 未知，$X_1,X_2,\cdots,X_n$ 为取自 X 的一个样本.

(1)指出 $X_1+X_2,\max\{X_1,X_2,\cdots,X_n\},X_n+3\lambda,(X_n-X_1)^2$ 中哪些是统计量，哪些不是？

(2)当样本容量 $n=5$，且(0,1,0,1,1)为样本的一个样本值时，试计算样本均值和样本方差.

5. 在总体 $N(12,4)$ 中随机抽取一容量为 5 的样本 $X_1,X_2,\cdots,X_5$，

(1)求概率 $P(\max\{X_1,X_2,X_3,X_4,X_5\}>15)$；

(2)求概率 $P(\min\{X_1,X_2,X_3,X_4,X_5\}<10)$.

6. 设 $X_1,X_2,\cdots,X_{10}$ 为正态总体 $N(0,0.3^2)$ 的一个样本，试确定常数 c，使得 cY 服从 χ^2 分布，其中 $Y=(X_1+X_2+\cdots+X_5)^2+(X_6+X_7+\cdots+X_{10})^2$.

7. 设 $X_1,X_2,\cdots,X_{10}$ 为正态总体 $N(0,2^2)$ 的一个样本，记

$$Y=aX_1^2+b(X_2+X_3)^2+c(X_4+X_5+X_6)^2+d(X_7+X_8+X_9+X_{10})^2,$$

试确定 a,b,c,d，使 Y 服从 $\chi^2(k)$ 分布，并确定 k 的值.

8. 设总体 $X\sim N(\mu,\sigma^2)$，从总体中抽取样本容量 $n=24$ 的样本，已知样本方差 $S^2=12$，求总体标准差 σ 大于 3 的概率.

9. 设 $X_1,X_2,\cdots,X_n$ 是取自正态总体 $X\sim N(\mu,\sigma^2)$ 的一个样本，$\overline{X}$ 和 S^2 分别为样本均值和样本方差，若 $n=17$，求 $P(\overline{X}>\mu+kS)=0.95$ 中的 k 值.

10. 设总体 X 服从正态分布 $N(\mu,\sigma^2)$，$X_1,X_2,\cdots,X_n$ 为一样本容量为 n 的样本，$\overline{X}$ 与 S^2 分别为样本均值和样本方差. 又设 $X_1,X_2,\cdots,X_n,X_{n+1}$ 为一样本容量为 $n+1$ 的样本，求统计量

$$T=\frac{X_{n+1}-\overline{X}}{S}\sqrt{\frac{n}{n+1}}$$

的分布.

11. 设 $X_1,X_2,\cdots,X_m,Y_1,Y_2,\cdots,Y_n$ 相互独立，且都服从 $N(0,1)$ 分布，试证明：

$$\frac{n(X_1^2+X_2^2+\cdots+X_m^2)}{m(Y_1^2+Y_2^2+\cdots+Y_n^2)}\sim F(m,n).$$

12. 设总体 $X\sim N(\mu_1,\sigma_1^2)$，$Y\sim N(\mu_2,\sigma_2^2)$，从两个总体中分别抽样，得到如下结果：样本容量分别为 $n_1=8,n_2=10$，样本方差分别为 $S_1^2=8.75,S_2^2=2.66$，求概率 $P\{\sigma_1^2>\sigma_2^2\}$.

二维码 7-6　第 7 章自测题及解析

13. 设总体 X 服从正态分布 $N(\mu,\sigma^2)$，从该总体中抽取简单随机样本 $X_1,X_2,\cdots,X_{2n}$，其样本均值为 $\overline{X}=\frac{1}{2n}\sum_{i=1}^{2n}X_i$. 求统计量

$$Y=\sum_{i=1}^{n}(X_i+X_{n+i}-2\overline{X})^2$$

的数学期望.

□ 同步练习答案与提示

1. 证明 因为 $\bar{x}=\dfrac{x_1+x_2}{2}$,所以

$$S^2=[(x_1-\bar{x})^2+(x_2-\bar{x})^2]=\left[\left(x_1-\frac{x_1+x_2}{2}\right)^2+\left(x_2-\frac{x_1+x_2}{2}\right)^2\right]=1/2(x_1-x_2)^2.$$

2. 解 样本均值为18.45;样本方差为10.78;样本标准差为3.28.

3. 解 样本均值为26.85;样本方差为4.89;样本标准差为2.21.

4. 解 (1) $X_1+X_2,\max\{X_1,X_2,\cdots,X_n\},(X_n-X_1)^2$ 是统计量,$X_n+3\lambda$ 不是统计量.

(2) 样本均值为0.6,样本方差为0.3.

5. 解 (1) 因为总体 $X\sim N(12,4)$,且样本是相互独立的.所以

$$\begin{aligned}&P(\max\{X_1,X_2,X_3,X_4,X_5\}>15)\\&=1-P(\max\{X_1,X_2,X_3,X_4,X_5\}\leqslant 15)\\&=1-P(X_1\leqslant 15,X_2\leqslant 15,X_3\leqslant 15,X_4\leqslant 15,X_5\leqslant 15)\\&=1-\prod_{i=1}^{5}P(X_i\leqslant 15)=1-\prod_{i=1}^{5}F(15)\\&=1-\Phi^5\left(\frac{15-12}{2}\right)=1-0.933\,19^5=0.292\,3.\end{aligned}$$

(2)同理

$$\begin{aligned}&P(\min\{X_1,X_2,X_3,X_4,X_5\}<10)\\&=1-P(\min\{X_1,X_2,X_3,X_4,X_5\}\geqslant 10)\\&=1-P(X_1\geqslant 10,X_2\geqslant 10,X_3\geqslant 10,X_4\geqslant 10,X_5\geqslant 10)\\&=1-(1-F(10))^5=1-\left(1-\Phi\left(\frac{10-12}{2}\right)\right)^5\\&=1-(1-\Phi(-1))^5=1-\Phi^5(1)=0.578\,5.\end{aligned}$$

6. 解 因为 $X_1,X_2,\cdots,X_{10}$ 为正态总体 $N(0,0.3^2)$ 的一个样本,所以有 $(X_1+X_2+\cdots+X_5)\sim N(0,5\cdot 0.3^2)$,$(X_6+X_7+\cdots+X_{10})\sim N(0,5\cdot 0.3^2)$.
且它们之间相互独立.则

$$\left(\frac{X_1+X_2+\cdots+X_5}{0.3\sqrt{5}}\right)\sim\chi^2(1),\quad \left(\frac{X_6+X_7+\cdots+X_{10}}{0.3\sqrt{5}}\right)\sim\chi^2(1).$$

所以

$$\begin{aligned}cY&=c[(X_1+X_2+\cdots+X_5)^2+(X_6+X_7+\cdots+X_{10})^2]\\&=c\left[\left(\frac{X_1+X_2+\cdots+X_5}{0.3\sqrt{5}}\right)\cdot 0.3^2\cdot 5+\left(\frac{X_6+X_7+\cdots+X_{10}}{0.3\sqrt{5}}\right)^2\cdot 0.3^2\cdot 5\right]\\&=c\cdot 0.3^2\cdot 5\left[\left(\frac{X_1+X_2+\cdots+X_5}{0.3\sqrt{5}}\right)^2+\left(\frac{X_6+X_7+\cdots+X_{10}}{0.3\sqrt{5}}\right)^2\right].\end{aligned}$$

由 χ^2 分布的可加性,知当 $c\cdot 0.3^2\cdot 5=1$ 时,即 $c=20/9$ 时,$cY\sim\chi^2(2)$.

7. 解 因为 $X_1,X_2,\cdots,X_{10}$ 为正态总体 $N(0,2^2)$ 的一个样本，所以

$$X_1 \sim N(0,2^2),\quad x_2+X_3 \sim N(0,8),$$
$$X_4+X_5+X_6 \sim N(0,12),\quad X_7+X_8+X_9+X_{10} \sim N(0,16).$$

则有
$$\left(\frac{X_1}{2}^2\right)\sim \chi^2(1),\quad \left(\frac{X_2+X_3}{\sqrt{8}}\right)^2 \sim \chi^2(1),$$
$$\left(\frac{X_4+X_5+X_6}{\sqrt{12}}\right)^2 \sim \chi^2(1),\quad \left(\frac{X_7+X_8+X_9+X_{10}}{4}\right)^2 \sim \chi^2(1).$$

所以
$$\begin{aligned} Y &= aX_1^2+b(X_2+X_3)^2+c(X_4+X_5+X_6)^2+d(X_7+X_8+X_9+X_{10})^2 \\ &= a\cdot 2^2\cdot\left(\frac{X_1}{2}\right)^2+b\cdot 8\left(\frac{X_2+X_3}{\sqrt{8}}\right)^2+c\cdot 12\left(\frac{X_4+X_5+X_6}{\sqrt{12}}\right)^2 \\ &\quad +d\cdot 16\left(\frac{X_7+X_8+X_9+X_{10}}{4}\right)^2. \end{aligned}$$

由 χ^2 分布的可加性

当 $a\cdot 2^2=1$，即 $a=1/4$；$b\cdot 8=1$，即 $b=1/8$；$c\cdot 12=1$，即 $c=1/12$；$d\cdot 16=1$，即 $d=1/16$ 时，$Y\sim\chi^2(4)$，且 $k=4$.

8. 解 因为 $X\sim N(\mu,\sigma^2)$，所以 $\frac{(n-1)S^2}{\sigma^2}\sim\chi^2(x-1)$. 则

$$P(\sigma>3)=P(\sigma^2>9)=P\left(\frac{(n-1)S^2}{\sigma^2}<\frac{(n-1)S^2}{9}\right)=P\left(\chi^2(n-1)<\frac{(n-1)S^2}{9}\right).$$

把 $n=24$，$S^2=12$ 代入上式得

$$P(\sigma>3)=P\left(\chi^2(23)<\frac{23\cdot 12}{9}\right)=1-P(\chi^2(23)\geqslant 30.67)=0.85.$$

9. 解 因为 $X_1,X_2,\cdots,X_n$ 是取自正态总体 $X\sim N(\mu,\sigma^2)$ 的一个样本，所以有 $\frac{\overline{X}-\mu}{S/\sqrt{n}}\sim t(n-1)$. 由 $P(\overline{X}>\mu+kS)=0.95$ 得 $P\left[\frac{\overline{X}-\mu}{S/\sqrt{n}}>k\sqrt{n}\right]=0.92$，即 $P(t(n-1)>k\sqrt{n})=0.95$，也即 $P(t(n-1)>-k\sqrt{n})=0.05$. 又 $n=17$，查表得 $-k\sqrt{17}=1.745\,9$，所以 $k=-0.423$.

10. 解 因为 $X\sim N(\mu,\sigma^2)$，所以 $\overline{X}\sim N\left(\mu,\frac{\sigma^2}{n}\right)$，$X_{n+1}\sim N(\mu,\sigma^2)$，

且 X_{n+1} 与 $\overline{X}$ 相互独立. 则

$$X_{n+1}-\overline{X}\sim N\left(0,\frac{n+1}{n}\sigma^2\right)\text{得}\frac{X_{n+1}-\overline{X}}{\sqrt{\frac{n+1}{n}\sigma^2}}=\frac{X_{n+1}-\overline{X}}{\sqrt{\frac{n+1}{n}}\sigma}\sim N(0,1).$$

又 $\frac{(n-1)S^2}{\sigma^2}\sim\chi^2(n-1)$，且 $X_{n+1}-\overline{X}$ 与 S^2 相互独立，所以由 t 分布的构造

$$\frac{\dfrac{X_{n+1}-\overline{X}}{\sqrt{\frac{n+1}{n}\sigma^2}}}{\sqrt{\dfrac{(n-1)S^2}{\sigma^2}\Big/ n-1}}=\frac{X_{n+1}-\overline{X}}{S}\sqrt{\frac{n}{n+1}}=T\sim t(n-1).$$

11. 证明 因为 $X_1, X_2, \cdots, X_m, Y_1, Y_2, \cdots, Y_n$ 相互独立,且都服从 $N(0,1)$ 分布,

所以 $X_1^2+X_2^2+\cdots+X_m^2 \sim \chi^2(m)$, $Y_1^2+Y_2^2+\cdots+Y_n^2 \sim \chi^2(n)$,

且 $X_1^2+X_2^2+\cdots+X_m^2$ 与 $Y_1^2+Y_2^2+\cdots+Y_n^2$ 相互独立.

由 F 分布的构造,

$$\frac{n(X_1^2+X_2^2+\cdots+X_m^2)}{m(Y_1^2+Y_2^2+\cdots+Y_n^2)}=\frac{(X_1^2+X_2^2+\cdots+X_m^2)/m}{(Y_1^2+Y_2^2+\cdots+Y_n^2)/n}\sim F(m,n).$$

12. 解 因为总体 $X\sim N(\mu_1,\sigma_1^2)$, $Y\sim N(\mu_2,\sigma_2^2)$,所以

$$\frac{S_1^2/\sigma_1^2}{S_2^2/\sigma_2^2}\sim F(7,9).$$

从而

$$\begin{aligned}P(\sigma_1^2>\sigma_2^2)&=P\left(\frac{\sigma_2^2}{\sigma_1^2}<1\right)=P\left(\frac{S_1^2/\sigma_1^2}{S_2^2/\sigma_2^2}<\frac{S_1^2}{S_2^2}\right)=P\left(F(7,9)<\frac{8.75}{2.66}\right)\\&=P(F(7,9)<3.289)=1-P(F(7,9)\geqslant 3.289)=1-0.05\\&=0.95.\end{aligned}$$

13. 解

方法1 考虑 $X_1+X_{n+1}, X_2+X_{n+2}, \cdots, X_n+X_{2n}$,将其视为取自总体 $N(2\mu, 2\sigma^2)$ 的简单随机样本,则其样本均值为

$$\frac{1}{n}\sum_{i=1}^{n}(X_i+X_{n+i})=\frac{1}{n}\sum_{i=1}^{2n}X_i=2\overline{X},$$

样本方差为

$$\frac{1}{n-1}\sum_{i=1}^{n}(X_i+X_{n+i}-2\overline{X})^2=\frac{1}{n-1}Y.$$

由于 $E\left(\frac{1}{n-1}Y\right)=2\sigma^2$,所以 $E(Y)=2(n-1)\sigma^2$.

方法2 记 $\overline{X}_1=\frac{1}{n}\sum_{i=1}^{n}X_i$, $\overline{X}_2=\frac{1}{n}\sum_{i=1}^{n}X_{n+i}$,显然有 $2\overline{X}=\overline{X}_1+\overline{X}_2$.

因此

$$\begin{aligned}E(Y)&=E\left(\sum_{i=1}^{n}(X_i+X_{n+i}-2\overline{X})^2\right)=E\left\{\sum_{i=1}^{n}[(X_i-\overline{X_1})+(X_{n+i}-\overline{X_2})]^2\right\}\\&=E\left\{\sum_{i=1}^{n}[(X_i-\overline{X_1})^2+2(X_i-\overline{X_1})(X_{n+i}-\overline{X_2})+(X_{n+i}-\overline{X_2})^2]\right\}\\&=E\left[\sum_{i=1}^{n}(X_i-\overline{X_1})^2\right]+2\sum_{i=1}^{n}E[(X_i-\overline{X_1})(X_{n+i}-\overline{X_2})]+E\left[\sum_{i=1}^{n}(X_{n+i}-\overline{X_2})^2\right]\\&=E\left[\sum_{i=1}^{n}(X_i-\overline{X_1})^2\right]+0+E\left[\sum_{i=1}^{n}(X_{n+i}-\overline{X_2})^2\right]\\&=(n-1)\sigma^2+(n-1)\sigma^2=2(n-1)\sigma^2.\end{aligned}$$

Chapter 8 第8章 参数估计

Parameters Estimation

8.1 教学基本要求

1. 理解点估计的概念，掌握矩估计法和最大似然估计法；
2. 了解无偏性等估计量的评判标准；
3. 理解区间估计的概念，会求单个正态总体均值与方差的置信区间；
4. 了解两个正态总体均值差与方差比的置信区间.

8.2 知识要点

8.2.1 点估计

1. 点估计的概念

设总体 X 具有**分布族** $\{F(x;\theta),\theta\in\Theta\}$，且 F 的函数形式已知，$X_1,X_2,\cdots,X_n$ 是它的一个样本. 由样本构造一个统计量 $\hat{\theta}(X_1,X_2,\cdots,X_n)$ 作为参数 θ 的估计（$\hat{\theta}$ 的维数与 θ 的维数相同）. 则称 $\hat{\theta}$ 为 θ 的**估计量**. 如果 $x_1,x_2,\cdots,x_n$ 是样本的一组观察值，代入统计量 $\hat{\theta}$ 就得到 $\hat{\theta}$ 的具体数值，这个数值称为 θ 的**估计值**. 分布 F 的未知参数 θ 的全部可容许值构成的集合称为**参数空间**，记为 Θ.

2. 矩估计

设 $\{F(x;\theta),\theta\in\Theta\}$ 是总体 X 的可能分布族，$\theta=(\theta_1,\theta_2,\cdots,\theta_k)$ 是待估计的未知参数，$X_1,X_2,\cdots,X_n$ 是来自总体 X 的一个样本. 以 m_r 记总体的 r 阶原点矩，A_r 记由 $X_1,X_2,\cdots,X_n$ 得到的 r 阶样本原点矩，即

$$m_r=E(X^r),\quad A_r=\frac{1}{n}\sum_{i=1}^{n}X_i^r.$$

由辛钦大数定律，可用样本矩作为总体矩的估计，即令

$$m_r(\theta_1,\theta_2,\cdots,\theta_k)=A_r=\frac{1}{n}\sum_{i=1}^{n}X_i^r,\quad r=1,2,\cdots,k,$$

上式确定了包含 k 个未知参数 $\theta=(\theta_1,\theta_2,\cdots,\theta_k)$ 的 k 个方程式. 解此方程组就可以得到 $\theta=(\theta_1,\theta_2,\cdots,\theta_k)$ 的一组解 $=(\hat{\theta}_1,\hat{\theta}_2,\cdots,\hat{\theta}_k)$. 因为 A_r 是随机变量,故解得的 $\hat{\theta}$ 也是随机变量. 现将 $\hat{\theta}_1,\hat{\theta}_2,\cdots,\hat{\theta}_k$ 分别作为 $\theta_1,\theta_2,\cdots,\theta_k$ 的估计,称为**矩估计**. 这种求参数估计量的方法称为**矩方法(矩法)**.

由矩法可知,如果某参数 θ 可以表示为总体前 k 阶矩的函数,即

$$\theta=g(m_1,m_2,\cdots,m_k),$$

则可用

$$\hat{\theta}=g(A_1,A_2,\cdots,A_k)$$

估计 θ,这时的 $\hat{\theta}$ 即为 θ 的矩估计量.

矩估计可能不唯一,这是矩估计的一个缺点. 在矩估计不唯一时,一般选择涉及的矩的阶数尽可能小(从而对总体的要求也尽可能少)的矩估计,常用的矩估计一般只涉及一、二阶矩.

3. 最大似然估计

设连续型总体 X 具有分布密度族 $\{f(x;\theta),\theta\in\Theta\}$(当 X 是离散型时,$f(x;\theta)$ 就取为概率分布律),其中 $\theta=(\theta_1,\theta_2,\cdots,\theta_k)$ 是一个未知的 k 维参数向量,待估计. 又设 $(x_1,x_2,\cdots,x_n)$ 是样本 $(X_1,X_2,\cdots,X_n)$ 的一组观察值,那么样本 $(X_1,X_2,\cdots,X_n)$ 落在点 $(x_1,x_2,\cdots,x_n)$ 的邻域里的概率为 $\prod_{i=1}^{n}f(x_i;\theta)\mathrm{d}x_i$,它是 θ 的函数. 最大似然就是选取使样本落在观察值 $(x_1,x_2,\cdots,x_n)$ 邻域里的概率 $\prod_{i=1}^{n}f(x_i;\theta)\mathrm{d}x_i$ 达到最大的参数值 $\hat{\theta}$ 作为 θ 的估计值. 即对固定的 $(x_1,x_2,\cdots,x_n)$,选取 $\hat{\theta}$ 使得

$$\prod_{i=1}^{n}f(x_i;\hat{\theta})=\max_{\theta\in\Theta}\prod_{i=1}^{n}f(x_i;\theta).$$

其原理是,既然在一次试验中得到了观察值 $(x_1,x_2,\cdots,x_n)$,那么可以认为样本落在该观察值 $(x_1,x_2,\cdots,x_n)$ 的邻域里这一事件较容易发生,具有较大的概率. 所以就应该选取使这一概率达到最大的参数值作为参数真值的估计. 记

$$L(x;\theta)=\prod_{i=1}^{n}f(x_i;\theta),$$

它看作是 θ 的函数,称为 θ 的**似然函数**.

如果选取使

$$L(x_1,x_2,\cdots,x_n;\hat{\theta})=\max_{\theta\in\Theta}L(x_1,x_2,\cdots,x_n;\theta)$$

成立的 $\hat{\theta}=(\hat{\theta}_1,\hat{\theta}_2,\cdots,\hat{\theta}_k)$ 作为 θ 的估计,则称 $\hat{\theta}$ 为 θ 的**最大似然估计**(maximum likelihood estimate),简记为 **MLE**.

由于密度函数大多具有指数函数形式,若采用似然函数的对数,通常更为简便,称

$$l(x;\theta)=\ln L(x;\theta)$$

为 θ 的**对数似然函数**. 由于对数变换严格单调递增,故 $l(x;\theta)$ 与 $\ln L(x;\theta)$ 在寻求极大值时

是等价的.

在 **MLE** 存在时，寻找 MLE 最常用的方法是求导数. 如果 Θ 是开集，且 $f(x;\theta)$ 关于 θ 可微，则解下列**似然方程**：

$$\frac{\partial l(x;\theta)}{\partial \theta_i}=0,\quad i=1,2,\cdots,k,$$

可得 θ 的**最大似然估计值** $\hat{\theta}(x_1,x_2,\cdots,x_n)$，相应的 $\hat{\theta}(X_1,X_2,\cdots,X_n)$ 为 θ 的**最大似然估计量**.

MLE 有一个非常好的性质：若 $\hat{\theta}$ 是 θ 的 **MLE**，g 具有单值反函数，则 $g(\hat{\theta})$ 也是 $g(\theta)$ 的 **MLE**. 该性质称为 **MLE** 的不变性，它使 **MLE** 在用于参数函数的估计时十分简便.

比较参数点估计的两种方法：参数的最大似然估计量一般比矩估计量具有更优良的性质. 这是因为矩估计只涉及总体的一些数字特征，并未用到总体的分布. 而最大似然估计需要用到总体的分布，更多地集中了总体的信息，从而在体现总体分布的特征上往往具有比较好的性质. 然而，正是因为最大似然估计需要用到总体的分布，所以它在应用上又没有矩法简单.

二维码 8-1　第 8 章知识要点讲解 1（微视频）

同一参数的矩估计量和最大似然估计量可能相同也可能不同.

4. 估计的优良性

对于同一个未知参数，可以有多种方法进行估计，即使同一种方法，也可以得到多个估计量. 因此，需要有一些评价估计优劣的标准.

无偏性　设 $X_1,X_2,\cdots,X_n$ 是来自总体 X 的样本，$\theta\in\Theta$ 为总体的未知参数，$\hat{\theta}$ 为 θ 的一个估计量. 若

$$E(\hat{\theta})=\theta,\quad \theta\in\Theta$$

则称 $\hat{\theta}$ 为 θ 的一个**无偏估计量**，否则称为是有偏的.

设 $\hat{\theta}_n$ 是未知参数 θ 的一个估计量，n 为样本容量，如果有

$$\lim_{n\to\infty}E(\hat{\theta}_n)=\theta,$$

则称 $\hat{\theta}_n$ 是 θ 的**渐近无偏估计量**.

注意：　①无偏估计不一定存在；②对可估参数，无偏估计一般不唯一.

8.2.2　区间估计

1. 区间估计的概念

设 $X_1,X_2,\cdots,X_n$ 是来自总体 X 的一个样本，θ 是总体的未知参数，若由样本确定的两个统计量 $\hat{\theta}_L$ 和 $\hat{\theta}_U$，对于给定的 $\alpha(0<\alpha<1)$，满足

$$P(\hat{\theta}_L\leqslant\theta\leqslant\hat{\theta}_U)=1-\alpha,\quad \forall\theta\in\Theta,$$

则称随机区间 $[\hat{\theta}_L,\hat{\theta}_U]$ 为参数 θ 的**置信水平**为 $1-\alpha$ 的**置信区间**，$\hat{\theta}_L$ 和 $\hat{\theta}_U$ 分别称为**置信下限**和**置信上限**，$1-\alpha$ 也称为该区间的**置信度**.

常用的区间估计的精确度标准：①区间 $[\hat{\theta}_L,\hat{\theta}_U]$ 的平均长度 $E(\hat{\theta}_U,\hat{\theta}_L)$ 要短；②设参数真

值为 θ,在 $\theta'\neq\theta$ 时,希望区间$[\hat{\theta}_L,\hat{\theta}_U]$包含 θ' 的概率 $P(\hat{\theta}_L\leqslant\theta'\leqslant\hat{\theta}_U)$要小.

在样本容量 n 给定后,可靠度与精确度是一对矛盾,相互制约.一般做法是在使得置信系数达到一定要求的前提下,寻找精确度尽可能高的区间估计,也就是寻找区间平均长度尽可能短,或者区间包含非真值的概率尽可能小的区间估计(但是,一般说来,区间平均长度尽可能短与区间包含非真值的概率尽可能小,这两个要求可能同时达到,也可能不同时达到).

单侧置信限 设 $\hat{\theta}_L$ 为一统计量,如果对给定的 $\alpha(0<\alpha<1)$,有

$$P(\theta\geqslant\hat{\theta}_L)=1-\alpha,\quad \forall\theta\in\Theta,$$

则称 $\hat{\theta}_L$ 为 θ 的置信水平为 $1-\alpha$ 的**单侧置信下限**.

类似地,若统计量 $\hat{\theta}_U$ 满足

$$P(\theta\leqslant\hat{\theta}_U)=1-\alpha,\quad \forall\theta\in\Theta,$$

则称 $\hat{\theta}_U$ 为 θ 的置信水平为 $1-\alpha$ 的**单侧置信上限**.

枢轴量 若随机变量 U 满足:

(1)U 是样本和未知参数 μ 的函数,且不含其他未知参数;

(2)U 的分布已知,且与未知参数 μ 无关.

把满足上述两条性质的量 U 称为**枢轴量**.

构造置信区间的步骤:

(1)构造一个与问题有关的枢轴量 $U(X_1,X_2,\cdots,X_n;\theta)$,它的分布与 θ 无关;

(2)对于给定的 $\alpha(0<\alpha<1)$,选取两个常数 c 和 $d(c<d)$,使得

$$P(c\leqslant U\leqslant d)=1-\alpha,\quad \forall\theta\in\Theta,$$

通常可取 c,d 为枢轴量 U 分布的双侧 α 分位点;

(3)若不等式 $c\leqslant U\leqslant d$ 可等价变换为 $\hat{\theta}_L\leqslant\theta\leqslant\hat{\theta}_U$,那么

$$P(\hat{\theta}_L\leqslant\theta\leqslant\hat{\theta}_U)=1-\alpha,$$

则$[\hat{\theta}_L,\hat{\theta}_U]$为 θ 的一个置信水平为 $1-\alpha$ 的置信区间.在 U 是 θ 的连续、严格单调函数时,这两个不等式的等价变换总是可以做到的.

类似地,选取常数 c(或 d),使得

$$P(c\leqslant U)=1-\alpha(\text{或 } P(d\geqslant U)=1-\alpha),$$

则可以构造出 θ 的单侧置信限.

2.单个正态总体均值与方差的区间估计

设 $X_1,X_2,\cdots,X_n$ 是来自正态总体 $N(\mu,\sigma^2)$的简单随机样本,$\overline{X}$ 是样本均值,S^2 是样本方差.

(1)均值 μ 的置信区间

当 σ^2 已知,均值 μ 的置信水平为 $1-\alpha$ 的置信区间为

$$\left[\overline{X}-\frac{\sigma}{\sqrt{n}}u_{\frac{\alpha}{2}},\quad \overline{X}+\frac{\sigma}{\sqrt{n}}u_{\frac{\alpha}{2}}\right].$$

当 σ^2 未知,均值 μ 的置信水平为 $1-\alpha$ 的置信区间为

$$\left[\overline{X}-\frac{S}{\sqrt{n}}t_{\frac{\alpha}{2}}(n-1),\quad \overline{X}+\frac{S}{\sqrt{n}}t_{\frac{\alpha}{2}}(n-1)\right].$$

(2)方差 σ^2 的置信区间

当 μ 未知,方差 σ^2 的置信水平为 $1-\alpha$ 的置信区间为

$$\left[\frac{(n-1)S^2}{\chi^2_{\frac{\alpha}{2}}(n-1)},\quad \frac{(n-1)S^2}{\chi^2_{1-\frac{\alpha}{2}}(n-1)}\right].$$

标准差 σ 的置信水平为 $1-\alpha$ 的置信区间为

$$\left[\sqrt{\frac{(n-1)S^2}{\chi^2_{\frac{\alpha}{2}}(n-1)}},\sqrt{\frac{(n-1)S^2}{\chi^2_{1-\frac{\alpha}{2}}(n-1)}}\right].$$

3. 两个正态总体均值差的区间估计

设 $X_1,X_2,\cdots,X_{n_1}$ 是来自正态总体 $N(\mu_1,\sigma_1^2)$ 的简单随机样本,$Y_1,Y_2,\cdots,Y_{n_2}$ 是来自正态总体 $N(\mu_2,\sigma_2^2)$ 的简单随机样本,且这两个总体相互独立,记

$$\overline{X}=\frac{1}{n_1}\sum_{i=1}^{n_1}X_i,\quad \overline{Y}=\frac{1}{n_2}\sum_{j=1}^{n_2}Y_j,$$

$$S_1^2=\frac{1}{n_1-1}\sum_{i=1}^{n_1}(X_i-\overline{X})^2,\quad S_2^2=\frac{1}{n_2-1}\sum_{j=1}^{n_2}(Y_j-\overline{Y})^2.$$

(1)当 σ_1^2,σ_2^2 已知,$\mu_1-\mu_2$ 的置信水平为 $1-\alpha$ 的置信区间为

$$\left[\overline{X}-\overline{Y}-u_{\frac{\alpha}{2}}\sqrt{\frac{\sigma_1^2}{n_1}+\frac{\sigma_2^2}{n_2}},\overline{X}-\overline{Y}+u_{\frac{\alpha}{2}}\sqrt{\frac{\sigma_1^2}{n_1}+\frac{\sigma_2^2}{n_2}}\right];$$

(2)当 σ_1^2,σ_2^2 未知,但 $\sigma_1^2=\sigma_2^2$ 时,$\mu_1-\mu_2$ 的置信水平为 $1-\alpha$ 的置信区间为

$$\left[\overline{X}-\overline{Y}-t_{\frac{\alpha}{2}}(n_1+n_2-2)S_w\sqrt{\frac{1}{n_1}+\frac{1}{n_2}},\overline{X}-\overline{Y}+t_{\frac{\alpha}{2}}(n_1+n_2-2)S_w\sqrt{\frac{1}{n_1}+\frac{1}{n_2}}\right],$$

其中

$$S_w^2=\frac{(n_1-1)S_1^2+(n_2-1)S_2^2}{n_1+n_2-2}.$$

(3)当 σ_1^2,σ_2^2 未知,且不知 σ_1^2 和 σ_2^2 是否相等,但 $n_1=n_2=n$ 时,$\mu_1-\mu_2$ 的置信水平为 $1-\alpha$ 的置信区间为

$$\left[\overline{Z}-t_{\frac{\alpha}{2}}(n-1)\frac{S_z}{\sqrt{n}},\overline{Z}+t_{\frac{\alpha}{2}}(n-1)\frac{S_z}{\sqrt{n}}\right];$$

其中

$$\overline{Z}=\overline{X}-\overline{Y},\quad S_Z^2=\frac{1}{n-1}\sum_{i=1}^{n}[(X_i-Y_i)-(\overline{X}-\overline{Y})]^2.$$

二维码 8-2　第 8 章基本要求与知识要点

4. 两个正态总体方差比的区间估计

设 $X_1,X_2,\cdots,X_{n_1}$ 是来自正态总体 $N(\mu_1,\sigma_1^2)$ 的简单随机样本,$Y_1,Y_2,\cdots,Y_{n_2}$ 是来自正态总体 $N(\mu_2,\sigma_2^2)$ 的简单随机样本,且这两个总体相互独立,记

$$\overline{X}=\frac{1}{n_1}\sum_{i=1}^{n_1}X_i,\quad \overline{Y}=\frac{1}{n_2}\sum_{j=1}^{n_2}Y_i,$$

$$S_1^2=\frac{1}{n_1-1}\sum_{i=1}^{n_1}(X_i-\overline{X})^2,\quad S_2^2=\frac{1}{n_2-1}\sum_{j=1}^{n_2}(Y_j-\overline{Y})^2.$$

二维码 8-3 第 8 章
知识要点讲解 2
(微视频)

μ_1,μ_2 未知时,方差比$\frac{\sigma_1^2}{\sigma_2^2}$的置信水平为 $1-\alpha$ 的置信区间为

$$\left[\frac{S_1^2}{S_2^2}\frac{1}{F_{\frac{\alpha}{2}}(n_1-1,n_2-1)},\frac{S_1^2}{S_2^2}\frac{1}{F_{1-\frac{\alpha}{2}}(n_1-1,n_2-1)}\right].$$

5. 单侧置信限

单侧置信限的求法和双侧置信限的求法类似,只需注意要用单侧分位点即可.

8.3 例题解析

例 8.1 电话总机在某一段时间内接到的呼唤次数 X 服从泊松分布 $P(\lambda)$,观察一分钟内接到的呼唤次数,获得数据如下:

每分钟接到的呼唤次数	0	1	2	3	4	5	6
观察次数	5	10	12	8	3	2	0

求未知参数 λ 的矩估计值.

分析 本题是求未知参数的矩估计值,一般做法是先求出该未知参数的矩估计量,再把观测值代入求出估计值.

解 因为 $X\sim P(\lambda)$,则 $E(X)=\lambda$,所以 λ 的矩估计量为 $\hat{\lambda}=\overline{X}$.

把试验数据代入得 λ 的矩估计值为

$$\hat{\lambda}=\bar{x}=\frac{0\times5+1\times10+2\times12+3\times8+4\times3+5\times2+6\times0}{5+10+12+8+3+2+0}=2.$$

例 8.2 甲、乙两台机床同时生产一种零件,在 10 天中,两台机床每天出的次品数分别为

甲	0	1	0	2	2	0	3	1	2	4
乙	2	3	1	1	0	2	1	1	0	1

试由这些数据判断哪台机床的性能好.

分析 比较两台机床的性能可以通过比较其次品数的均值,次品数均值低的性能好.而次品数均值可以用样本均值来估计.

解 甲机床次品数的样本均值为

$$\bar{x}=\frac{1}{10}(0+1+0+2+2+0+3+1+2+4)=1.5,$$

乙机床次品数的样本均值为

$$\bar{y}=\frac{1}{10}(2+3+1+1+0+2+1+1+0+1)=1.2.$$

由于 $\bar{x}>\bar{y}$,故乙机床的性能较甲机床的好.

例 8.3 设总体 X 服从拉普拉斯分布，其密度函数为

$$f(x)=\frac{1}{2\lambda}e^{-\frac{|x|}{\lambda}},\quad -\infty<x<+\infty,\quad 其中\ \lambda>0.$$

(1)求 λ 的矩估计量；(2)求 λ 的最大似然估计量；(3)讨论估计量的无偏性.

分析 本题主要考查矩估计和最大似然估计的一般方法以及无偏性的判断. 但需注意的是，在总体的一阶矩与所估计的参数无关时，应继续用总体的二阶矩，依次类推.

解 (1)因为 $E(X)=\int_{-\infty}^{+\infty}x\frac{1}{2\lambda}e^{-\frac{|x|}{\lambda}}dx=0$ 不含 λ，不能由此解出 λ，需继续求总体的二阶原点矩. 而

$$E(X^2)=\int_{-\infty}^{+\infty}x^2\frac{1}{2\lambda}e^{-\frac{|x|}{\lambda}}dx=2\lambda^2,$$

所以，由 $E(X^2)=2\lambda^2=\frac{1}{n}\sum_{i=1}^{n}X_i^2$ 得 λ 的矩估计量为 $\hat{\lambda}=\sqrt{\frac{1}{2n}\sum_{i=1}^{n}X_i^2}$.

另，因为 $E(|X|)=\int_{-\infty}^{+\infty}|x|\frac{1}{2\lambda}e^{-\frac{|x|}{\lambda}}dx=\lambda$，所以由 $E(|X|)=\frac{1}{n}\sum_{i=1}^{n}|X_i|$，得到 λ 的另一矩估计量为 $\hat{\lambda}=\frac{1}{n}\sum_{i=1}^{n}|X_i|$.

(2)设 $x_1,x_2,\cdots,x_n$ 为样本观测值，则 λ 的似然函数为

$$L(x;\lambda)=\prod_{i=1}^{n}f(x_i)=\prod_{i=1}^{n}\frac{1}{2\lambda}e^{-\frac{|x_i|}{\lambda}}=\left(\frac{1}{2\lambda}\right)\exp\left(-\frac{1}{\lambda}\sum_{i=1}^{n}|x_i|\right),$$

则 λ 的对数似然函数为

$$\ln L(x;\lambda)=-n\ln 2\lambda-\frac{1}{\lambda}\sum_{i=1}^{n}|x_i|.$$

令
$$\frac{d\ln L(x;\lambda)}{d\lambda}=-\frac{n}{\lambda}+\frac{1}{\lambda^2}\sum_{i=1}^{n}|x_i|=0,\quad 得\ \lambda=\frac{1}{n}\sum_{i=1}^{n}|x_i|.$$

所以 λ 的最大似然估计量为 $\hat{\lambda}=\frac{1}{n}\sum_{i=1}^{n}|X_i|$.

(3)因为样本 $X_1,X_2,\cdots,X_n$ 独立同分布，所以 $E(|X_i|)=E(|X|)(i=1,2,\cdots,n)$.

则
$$E(\hat{\lambda})=E\left(\frac{1}{n}\sum_{i=1}^{n}|X_i|\right)=E(|X_i|)=E(|X|).$$

而
$$E(|X|)=\int_{-\infty}^{+\infty}|x|f(x)dx=\int_{-\infty}^{+\infty}|x|\frac{1}{2\lambda}e^{-\frac{|x|}{\lambda}}dx=2\int_{0}^{+\infty}x\frac{1}{2\lambda}e^{-\frac{x}{\lambda}}dx=\lambda.$$

所以，λ 的矩估计量和最大似然估计量 $\hat{\lambda}=\frac{1}{n}\sum_{i=1}^{n}|X_i|$ 都是 λ 的无偏估计量.

注 由(1)知道参数的矩估计量可能是不唯一的，这是矩估计的一个缺点. 同时本题也告诉我们，参数的矩估计量和最大似然估计量有可能不一样.

例 8.4 设 $X_1,X_2,\cdots,X_n$ 来自服从二项分布 $B(n,p)$ 总体(其中 n 为已知)的简单随机样本，试求总体参数 p 的矩估计量和最大似然估计量.

分析 本题考查离散型总体的参数估计，问题的关键是给出总体分布律的解析式.

解 设总体为 X，则 $X\sim B(n,p)$，有 $E(X)=np$. 由矩估计得

$$E(X) = \overline{X}, \quad 即 \quad np = \overline{X},$$

所以得 p 的矩估计量为 $$\hat{p} = \frac{\overline{X}}{n}.$$

又因为 $X \sim B(n,p)$，所以 $P(X = x) = C_n^x p^x (1-p)^{n-x}$.
因此，参数 p 的似然函数为

$$L(x;p) = \prod_{i=1}^{n} C_n^{x_i} p^{x_i} (1-p)^{n-x_i},$$

则对数似然函数为

$$l(x;p) = \ln L(x;p) = \sum_{i=1}^{n} (\ln C_n^{x_i} + \ln p^{x_i} + \ln(1-p)^{n-x_i}).$$

整理得

$$l(x;p) = \sum_{i=1}^{n} \ln C_n^{x_i} + \ln p \sum_{i=1}^{n} x_i + \ln(1-p) \sum_{i=1}^{n} (n - x_i).$$

令 $\frac{dl(x;p)}{dp} = 0$，得 p 的最大似然估计值为 $\hat{p} = \frac{\sum_{i=1}^{n} x_i}{n^2} = \frac{\bar{x}}{n}$.

所以，p 的最大似然估计量为 $\hat{p} = \frac{\overline{X}}{n}$.

注 由本题可知，参数的矩估计量和最大似然估计量也有可能一样.

例 8.5 设 $\hat{\theta}$ 是参数 θ 的无偏估计量，且 $D(\hat{\theta}) > 0$. 证明：$\hat{\theta}^2$ 不是 θ^2 的无偏估计量.

分析 本题考查参数估计无偏性的概念.

证明 因为 $\hat{\theta}$ 是参数 θ 的无偏估计量，即 $E(\hat{\theta}) = \theta$. 又已知 $D(\hat{\theta}) > 0$，所以

$$E(\hat{\theta}^2) = D(\hat{\theta}) + E^2(\hat{\theta}) = D(\hat{\theta}) + \theta^2 > \theta^2,$$

因此，$\hat{\theta}^2$ 不是 θ^2 的无偏估计量.

注 本题说明无偏性不具有最大似然估计那样的性质，即若 $\hat{\theta}$ 是参数 θ 的无偏估计量，函数 g 具有单值反函数，但 $g(\hat{\theta})$ 不一定是 $g(\theta)$ 的无偏估计. 请看下例.

例 8.6 设总体 X 服从参数为 λ 的泊松分布，$X_1, X_2, \cdots, X_n$ 为取自总体 X 的样本，试求 λ^2 的无偏估计量.

分析 本题更深入地考查矩估计的原理和方法.

解 由于 $E(X) = \lambda$，$E(X^2) = D(X) + E^2(X) = \lambda + \lambda^2$，从而 $E(X^2 - X) = \lambda^2$.

因此，若 $X_1, X_2, \cdots, X_n$ 为取自总体 X 的样本，则 $\frac{1}{n}\sum_{i=1}^{n}(x_i^2 - x_i)$ 为 λ^2 的一个无偏估计量.

注 本题中样本均值 $\overline{X}$ 是参数 λ 的无偏估计，读者可以验证 $\overline{X}^2$ 不是 λ^2 的无偏估计.

例 8.7 设 $X_1, X_2, \cdots, X_n$ 为总体 $N(\mu, \sigma^2)$ 的一个样本，试适当选择常数 C，使得 $\hat{\sigma}^2 = C\sum_{i=1}^{n-1}(X_{i+1} - X_i)^2$ 为 σ^2 的无偏估计.

分析 本题换个角度考查参数估计无偏性的概念.

解 **解法 1**

因为
$$
\begin{aligned}
E(\hat{\sigma}^2) &= E\left[C\sum_{i=1}^{n-1}(X_{i+1}-X_i)^2\right] = CE\left[\sum_{i=1}^{n-1}(X_{i+1}^2-2X_{i+1}X_i+X_i^2)\right] \\
&= C\sum_{i=1}^{n-1}\left[E(X_{i+1}^2)-2E(X_{i+1}X_i)+E(X_i^2)\right] \\
&= C\sum_{i=1}^{n-1}\left[E^2(X_{i+1})+D(X_{i+1})-2E(X_{i+1})E(X_i)+E^2(X_i)+D(X_i)\right] \\
&= C\sum_{i=1}^{n-1}\left[D(X_{i+1})+D(X_i)\right] = 2C(n-1)\sigma^2.
\end{aligned}
$$

要使 $\hat{\sigma}^2 = C\sum_{i=1}^{n-1}(X_{i+1}-X_i)^2$ 为 σ^2 的无偏估计,即 $E(\hat{\sigma}^2)=\sigma^2$,

也即 $2C(n-1)\sigma^2=\sigma^2$,得 $C=\dfrac{1}{2(n-1)}$.

解法 2

令 $Y=X_{i+1}-X_i$,则 $Y\sim N(0,2\sigma^2)$. 由

$$
\begin{aligned}
E[\hat{\sigma}^2] &= E\left[C\sum_{i=1}^{n-1}(X_{i+1}-X_i)^2\right] = CE\left(\sum_{i=1}^{n-1}Y^2\right) = C(n-1)E(Y^2) \\
&= C(n-1)[D(Y)+E^2(Y)] = C(n-1)2\sigma^2 = \sigma^2,
\end{aligned}
$$

得
$$C=\frac{1}{2(n-1)}.$$

注 解法 1 根据无偏性的定义,利用样本的独立性和数学期望的性质. 而解法 2 更具有一定的技巧.

例 8.8 甲、乙两个校对员彼此独立地对同一本书的样稿进行校对. 校完后,甲发现 a 个错字,乙发现 b 个错字,其中共同发现的错字有 c 个,试用矩估计该书样稿的总错字个数.

分析 本题难点在于总体的分布未知. 因此需要先给出总体的分布再根据矩估计的原理估计.

解 设 d 为总错字个数. 记

$$X=\begin{cases}1, & \text{若错字被甲发现}\\ 0, & \text{否则}\end{cases},\quad Y=\begin{cases}1, & \text{若错字被乙发现}\\ 0, & \text{否则}\end{cases}.$$

则
$$Z=XY=\begin{cases}1, & \text{若错字同时被甲、乙发现}\\ 0, & \text{否则}\end{cases}.$$

由于 X,Y 相互独立,故 $E(XY)=E(X)E(Y)$. 根据矩估计,有

$$\frac{c}{d}=\frac{a}{d}\cdot\frac{b}{d},$$

得 d 的矩估计为值 $\hat{d}=\dfrac{ab}{c}$.

例 8.9 设总体 X 服从区间 $[\theta,\theta+1]$ 上的均匀分布,$X_1,X_2,\cdots,X_n$ 为取自总体 X 的样本,试求 θ 的最大似然估计量,并说明 θ 的最大似然估计量是否唯一.

分析 最大似然估计法的一般步骤是先求出似然函数再求解似然方程. 但本例的似然方程无法求解,因此需要根据最大似然估计法的原理进行讨论.

解 参数 θ 的似然函数为

$$L(x;\theta)=\begin{cases}1, & \theta\leqslant x_i\leqslant\theta+1\\0, & 其他\end{cases}\quad(i=1,2,\cdots,n).$$

由 $\theta\leqslant x_i\leqslant\theta+1$，得 $x_i-1\leqslant\theta\leqslant x_i(i=1,2,\cdots,n)$. 所以，在区间

$$[\max\{x_1,x_2,\cdots,x_n\}-1,\quad \min\{x_1,x_2,\cdots,x_n\}]$$

上的任一值都可作为 θ 的最大似然估计值. 因此，对于任意的 $\lambda\in[0,1]$，

$$\hat{\sigma}=\lambda\min\{X_1,X_2,\cdots,X_n\}+(1-\lambda)[\max\{X_1,X_2,\cdots,X_n\}-1]$$

都是 θ 的最大似然估计量，从而 θ 的最大似然估计量不唯一.

注 由本例知道参数的最大似然估计量也可能不唯一，甚至可能有无穷多个.

例 8.10 设总体 $X\sim B(1,p)$，未知参数 $p\in\Theta=[1/4,3/4]$. 由容量为 1 的样本求 p 的最大似然估计量.

分析 本例似然方程的解不符合题设要求，需用最大似然估计法的原理讨论.

解 因 X 的分布律为 $P(X=x)=p^x(1-p)^{1-x}(x=0,1)$，所以容量为 1 的样本的似然函数为

$$L(x;p)=p^x(1-p)^{1-x}(x=0,1).$$

$L(x;p)$ 关于 p 在$[1/4,3/4]$上连续可微，令$\dfrac{\mathrm{d}\ln L(x;p)}{\mathrm{d}p}=0$，得唯一解 $p=x$.

由于 x 只取 0 或 1，$x\notin[1/4,3/4]$，因而 x 不能作为 p 的最大似然估计值.

下面用最大似然估计法的原理求 p 的最大似然估计量. 因

$$L(x;p)=\begin{cases}p, & x=1\\1-p, & x=0\end{cases},$$

当 $x=0$ 时，$L(x;p)=1-p$，这是 p 的单调递减函数. 因 $p\in[1/4,3/4]$，故 $p=1/4$ 时，有

$$L(0;1/4)=\max_{p\in[1/4,3/4]}L(0;p),$$

所以，当 $x=0$ 时，$\hat{p}=1/4$ 为 p 的最大似然估计值.

类似地，当 $x=1$ 时，$\hat{p}=3/4$ 为 p 的最大似然估计值. 如果令

$$\hat{p}(x)=(2x+1)/4,\quad x=0,1,$$

则 $\hat{p}(x)$为 p 的最大似然估计量.

注 本例说明似然方程的解并不一定是最大似然估计量.

例 8.11 设总体 X 在$[a,b]$上服从均匀分布，试求 $a,b,E(X)$及 $D(X)$的最大似然估计量.

分析 本例考查最大似然估计的原理、方法以及性质.

解 因为 a,b 的似然函数为

$$L(x;a,b)=\begin{cases}\dfrac{1}{(b-a)^n}, & a\leqslant x_i\leqslant b\\0, & 其他\end{cases}(i=1,2,\cdots,n),$$

所以，a,b 的最大似然估计值分别为

$$\hat{a}=\min\{x_1,x_2,\cdots,x_n\},\quad \hat{b}=\max\{x_1,x_2,\cdots,x_n\}.$$

则 a,b 的最大似然估计量分别为

$$\hat{a}=\min\{X_1,X_2,\cdots,X_n\},\quad \hat{b}=\max\{X_1,X_2,\cdots,X_n\}.$$

又因 $E(X)=\frac{a+b}{2}, D(X)=\frac{(b-a)^2}{12}$，所以由最大似然估计法的性质得 $E(X)$、$D(X)$ 的最大似然估计量为

$$E(\hat{X})=\frac{\hat{a}+\hat{b}}{2}=\frac{\min\{X_1,X_2,\cdots,X_n\}+\max\{X_1,X_2,\cdots,X_n\}}{2},$$

$$D(\hat{X})=\frac{(\hat{b}-\hat{a})^2}{12}=\frac{(\max\{X_1,X_2,\cdots,X_n\}-\min\{X_1,X_2,\cdots,X_n\})^2}{12}.$$

例 8.12 设总体 X 的分布律为

X	0	1	2	3
$P(X=x_i)$	θ^2	$2\theta(1-\theta)$	θ^2	$1-2\theta$

其中 θ 为未知参数($0<\theta<1/2$). 现有一组样本值为 1,3,0,3,1,3,2,3，试求 θ 的矩估计值和最大似然估计值.

分析 本例是离散型总体的参数估计问题，关键是由总体的分布律和样本观测值建立似然函数.

解 因为

$$E(X)=0\times\theta^2+1\times2\theta(1-\theta)+2\theta^2+3(1-2\theta)=3-4\theta,$$

$$\bar{x}=\frac{1}{8}(1+3+0+3+1+3+2+3)=2,$$

所以，令 $E(X)=\bar{x}$，即 $3-4\theta=2$，得 $\theta=1/4$. 则 θ 的矩估计值为 $\hat{\theta}=1/4$. 由于样本值中，0 出现 1 次，1 重复出现 2 次，2 出现 1 次，3 重复出现 4 次，
所以，θ 的似然函数为

$$L(x;\theta)=\theta^2[2\theta(1-\theta)]^2\theta^2(1-2\theta)^4,$$

对数似然函数为

$$\ln L(x;\theta)=\ln 4+6\ln\theta+2\ln(1-\theta)+4\ln(1-2\theta).$$

令
$$\frac{\mathrm{d}\ln L(x;\theta)}{\mathrm{d}\theta}=\frac{6}{\theta}-\frac{2}{1-\theta}-\frac{8}{1-2\theta}=0,$$

得
$$\theta=\frac{7\pm\sqrt{13}}{12}.$$

由于 $0<\theta<1/2$，所以取 $\theta=\frac{7-\sqrt{13}}{12}$. 即 θ 的最大似然估计值为 $\hat{\theta}=\frac{7-\sqrt{13}}{12}$.

例 8.13 一个罐子里装有黑球和白球，有放回地抽取一个容量为 n 的样本，其中有 k 个白球，求罐子里黑球和白球之比的最大似然估计值.

分析 本例是一实际问题，关键在于给出总体的分布和建立似然函数.

解 设罐子里黑球数和白球数之比为 R，黑球数占总球数的比率为 p，则

$$p=\frac{\text{黑球数}}{\text{黑球数}+\text{白球数}}=\frac{R}{1+R}.$$

记随机变量
$$X=\begin{cases}1, & \text{取到黑球}\\ 0, & \text{取到白球}\end{cases},$$

则 $X\sim B\left(1,\frac{R}{1+R}\right)$. 所以，参数 R 的似然函数为

$$L(x;R)=\left(\frac{R}{1+R}\right)^{n-k}\left(1-\frac{R}{1+R}\right)^{k}=\left(\frac{1}{1+R}\right)^{n}R^{n-k},$$

其对数似然函数为

$$\ln L(x;R)=(n-k)\ln R-n\ln(1+R).$$

令
$$\frac{\mathrm{d}\ln L(x;R)}{\mathrm{d}R}=\frac{n-k}{R}-\frac{n}{1+R}=0,$$

得 R 的最大似然估计值为 $\hat{R}=\frac{n-k}{k}$.

例 8.14　设分别自总体 $N(\mu_1,\sigma^2)$ 和 $N(\mu_2,\sigma^2)$ 中抽取容量为 n_1,n_2 的两个独立样本，其样本修正方差分别为 S_1^2,S_2^2. 试证，对于任意常数 $a,b(a+b=1)$，$Z=aS_1^2+bS_2^2$ 都是 σ^2 的无偏估计，并确定常数 a,b 使 $D(Z)$ 达到最小.

分析　本例考查参数估计的无偏性与有效性的概念.

证明　因为 S_1^2,S_2^2 分别为两样本的样本修正方差，所以有

$$E(S_1^2)=E(S_2^2)=\sigma^2.$$

从而
$$E(Z)=E(aS_1^2+bS_2^2)=aE(S_1^2)+bE(S_2^2)=(a+b)\sigma^2=\sigma^2,$$

即对于任意常数 $a,b(a+b=1)$，$Z=aS_1^2+bS_2^2$ 都是 σ^2 的无偏估计. 又 $D(S^2)=\frac{2\sigma^4}{n-1}$，则

$$\begin{aligned}D(Z)&=D(aS_1^2+bS_2^2)=a^2D(S_1^2)+b^2D(S_2^2)\\&=a^2\frac{2\sigma^4}{n_1-1}+b^2\frac{2\sigma^4}{n_2-1}=a^2\frac{2\sigma^4}{n_1-1}+(1-a)^2\frac{2\sigma^4}{n_2-1}.\end{aligned}$$

令
$$\frac{\mathrm{d}[D(Z)]}{\mathrm{d}a}=2a\frac{2\sigma^4}{n_1-1}-2(1-a)\frac{2\sigma^4}{n_2-1}=0,$$

得
$$a=\frac{n_1-1}{n_1+n_2-2},\quad b=\frac{n_2-1}{n_1+n_2-2}.$$

所以，当 $a=\frac{n_1-1}{n_1+n_2-2}$，$b=\frac{n_2-1}{n_1+n_2-2}$ 时 $D(Z)$ 达到最小.

例 8.15　设样本 $X_1,X_2,\cdots,X_n$ 来自对数正态总体，即 $\ln X\sim N(\mu,\sigma^2)$，其中 $\mu,\sigma^2>0$ 未知，试求 μ,σ^2 及 $E(X)$ 的最大似然估计量.

分析　本例通过代换转化成正态分布参数的最大似然估计，还考查了最大似然估计法的性质.

解　记 $Z=\ln X$，样本 $X_1,X_2,\cdots,X_n$ 对应着 Z 的样本为 $\ln X_1,\ln X_2,\cdots,\ln X_n$. 则

$$Z\sim N(\mu,\sigma^2),\quad f(z;\mu,\sigma^2)=\frac{1}{\sqrt{2\pi}\sigma}\mathrm{e}^{-\frac{1}{2\sigma}(z-\mu)^2}.$$

由于 μ 和 σ^2 的最大似然估计量分别为

$$\hat{\mu}=\overline{Z}=\frac{1}{n}\sum_{i=1}^{n}Z_i,\quad \hat{\sigma}^2=\frac{1}{n}\sum_{i=1}^{n}(Z_i-\overline{Z})^2.$$

转化成样本 $X_1,X_2,\cdots,X_n$ 的函数，即有 μ,σ^2 的最大似然估计量为

$$\hat{\mu}=\frac{1}{n}\sum_{i=1}^{n}\ln X_i,\quad \hat{\sigma}^2=\frac{1}{n}\sum_{i=1}^{n}\left(\ln X_i-\frac{1}{n}\sum_{i=1}^{n}\ln X_i\right)^2.$$

由于 $Z=\ln X$，则有 $X=\mathrm{e}^Z$，所以

$$E(X)=E(\mathrm{e}^Z)=\int_{-\infty}^{+\infty}\mathrm{e}^z\frac{1}{\sqrt{2\pi\sigma}}\mathrm{e}^{-\frac{1}{2\sigma}(z-\mu)^2}\mathrm{d}z=\mathrm{e}^{\mu+\frac{\sigma^2}{2}}.$$

故由最大似然估计法的性质得 $E(X)$ 的最大似然估计量为

$$\hat{E(X)}=\mathrm{e}^{-\hat{\mu}+\frac{\hat{\sigma}^2}{2}}.$$

其中 $\hat{\mu},\hat{\sigma}^2$ 分别为 μ,σ^2 的最大似然估计量.

例 8.16 设 $X_1,X_2,\cdots,X_n$ 是取自下列指数分布的一个样本,

$$f(x;\theta)=\begin{cases}\frac{1}{\theta}\mathrm{e}^{-\frac{x}{\theta}}, & x\geqslant 0,\\ 0, & \text{其他}\end{cases}\quad(\theta>0)$$

证明:$\overline{X}=\frac{1}{n}\sum_{i=1}^{n}X_i$ 是 θ 的无偏估计量.

分析 本例考查参数点估计的无偏性的概念.

证明 设总体为 X,则 $X\sim E\left(\frac{1}{\theta}\right)$,有 $E(X)=\theta,D(X)=\theta^2$.

因为 $E(\overline{X})=E(X)=\theta$,所以 $\overline{X}$ 是 θ 的无偏估计量.

例 8.17 设某异常区磁场强度服从正态分布 $X\sim N(\mu,\sigma^2)$,现对该区进行磁测,按仪器规定其方差不得超过 0.01. 今抽测 16 个点,算得样本均值 $\overline{X}=12.7$,样本修正方差为 $S^2=0.0025$,问此仪器工作是否稳定($\alpha=0.05$)?

分析 本例实际上是在总体均值未知情况下求出总体方差的区间估计,然后通过比较,从而判断仪器工作是否稳定.

解 因为 $n=16,\alpha=0.05,\chi^2_{0.025}(15)=27.5,\chi^2_{0.975}(15)=6.26$,且总体均值未知,所以,$\sigma^2$ 的置信水平为 $1-\alpha$ 的置信区间为

$$\left[\frac{(n-1)S^2}{\chi^2_{\frac{\alpha}{2}}(n-1)},\frac{(n-1)S^2}{\chi^2_{1-\frac{\alpha}{2}}(n-1)}\right]=\left[\frac{15\times 0.0025}{6.26},\frac{15\times 0.0025}{27.5}\right]=[0.00136,0.00599].$$

由于方差 σ^2 不超过 0.01,故此仪器工作稳定.

例 8.18 设总体 X 服从指数分布,其密度函数为

$$f(x)=\begin{cases}\frac{1}{\theta}\mathrm{e}^{-x/\theta}, & x>0\\ 0, & \text{其他}\end{cases},\quad \theta>0\text{ 未知}.$$

从总体中抽取容量为 n 的样本 $X_1,X_2,\cdots,X_n$,

(1)证明:$\frac{2n\overline{X}}{\theta}\sim\chi^2(2n)$;

(2)求 θ 的置信水平为 $1-\alpha$ 的单侧置信下限;

(3)某种元件的寿命(以小时计)服从上述指数分布,现从中抽得一容量为 $n=16$ 的样本,测得样本均值为 5 010 h,试求元件的平均寿命的置信水平为 0.90 的单侧置信下限.

分析 本例第(1)问考查随机变量函数的分布及 χ^2 分布的可加性;第(2)(3)问分别求参数的单侧置信下限估计量和估计值.

证明(1) 因为 $\overline{X}=\frac{\sum_{i=1}^{n}X_i}{n}$,所以 $\frac{2n\overline{X}}{\theta}=\frac{2X_1}{\theta}+\frac{2X_2}{\theta}+\cdots+\frac{2X_n}{\theta}$.

先求 $Z=\frac{2X}{\theta}$ 的分布，由分布函数定义得

$$F_Z(z)=P\{Z\leqslant z\}=P\left(\frac{2X}{\theta}\leqslant z\right)=P\left(X\leqslant\frac{\theta z}{2}\right)=\int_{-\infty}^{\frac{\theta z}{2}}f(x)\mathrm{d}x=\int_0^{\frac{\theta z}{2}}\frac{1}{\theta}\mathrm{e}^{-x/\theta}\mathrm{d}x,$$

则
$$f_Z(z)=F'_z(z)=\frac{1}{2}\mathrm{e}^{-\frac{z}{2}},\quad 恰好\ Z=\frac{2X}{\theta}\sim\chi^2(2).$$

又 $X_1,X_2,\cdots,X_n$ 是取自总体 X 的一个样本，是独立同分布的，从而 $\frac{2X_i}{\theta}\sim\chi^2(2)(i=1,2,\cdots,n)$，由 χ^2 分布的可加性有

$$\frac{2n\overline{X}}{\theta}=\frac{2X_i}{\theta}+\frac{2X_2}{\theta}+\cdots+\frac{2X_n}{\theta}\sim\chi^2(2n).$$

(2)由 $P\left(\frac{2n\overline{X}}{\theta}\leqslant\chi_\alpha^2(2n)\right)=1-\alpha$，得 $P\left(\theta\geqslant\frac{2n\overline{X}}{\chi_\alpha^2(2n)}\right)=1-\alpha$，即 θ 的置信水平为 $1-\alpha$ 的单侧置信下限为 $\underline{\theta}=\frac{2n\overline{X}}{\chi_\alpha^2(2n)}$.

(3)把 $n=16,\overline{X}=5\,010,\chi_{0.1}^2(32)=42.585$ 代入 $\theta=\frac{2n\overline{X}}{\chi_\alpha^2(2n)}$ 得 $\theta=3\,764.7$.

例 8.19 设总体 X 的密度函数为

$$f(x)\begin{cases}\frac{2}{\theta^2}(\theta-x), & 0<x<\theta\\ 0, & 其他\end{cases},$$

其中 θ 为未知参数. 假定 X_1 是 X 的一个容量为1的样本，试求 θ 的置信水平为0.90的置信区间.

分析 本例考查在总体不是正态分布情况下参数的区间估计，这就需要根据参数区间估计的原理和方法，关键是枢轴量的构造.

解 令 $Y=\frac{X_1}{\theta}$，则易知 Y 的密度函数为

$$f_Y(y)=\begin{cases}2(1-y), & 0<y<1\\ 0, & 其他\end{cases}.$$

分布函数为
$$F_Y(y)=\begin{cases}0, & y<0\\ 1-(1-y)^2, & 0\leqslant y<1.\\ 1, & y\geqslant 1\end{cases}$$

它们与 θ 无关，故可用 Y 作为枢轴量.

取 λ_1,λ_2 适合 $P(Y<\lambda_1)=0.05,P(Y>\lambda_2)=0.05$，即 $\lambda_1=1-\sqrt{0.95},\lambda_2=1-\sqrt{0.05}$.

则
$$P(\lambda_1\leqslant Y\leqslant\lambda_2)=0.90,$$

即
$$P\left(\frac{X_1}{\lambda_2}\leqslant\theta\leqslant\frac{X_1}{\lambda_1}\right)=0.90,$$

所以，θ 的置信水平为0.90的置信区间为 $\left[\frac{X_1}{1-\sqrt{0.05}},\frac{X_1}{1-\sqrt{0.95}}\right]$.

例 8.20 已知总体 $X\sim N(\mu,8^2)$，抽取 $n=100$ 的简单随机样本. 现已确定 μ 的估计区

间为[43.88,46.52],试问这个估计区间的置信水平是多少?

分析 本例是已知估计区间反求置信水平.

解 总体方差已知时,总体均值区间估计的置信区间长度为$\frac{2\sigma}{\sqrt{n}}u_{\alpha/2}$,

把 $n=100,\sigma=0$ 代入$\frac{2\sigma}{\sqrt{n}}u_{\alpha/2}$,有 $8/5u_{\alpha/2}=46.52-43.88$,得 $u_{\alpha/2}=1.65$.

查表得 $\alpha/2=0.05$,所以 $\alpha=0.1$,从而置信水平为 $1-\alpha=0.90$.

例 8.21 设 0.50,1.25,0.80,2.00 是来自总体 X 的简单随机样本值.已知 $Y=\ln X$ 服从正态分布 $N(\mu,1)$.

(1)求 X 的数学期望 $E(X)$(记 $b=E(X)$);

(2)求 μ 的置信水平为 0.95 的置信区间;

(3)利用上述结果求 b 的置信水平为 0.95 的置信区间.

分析 本例主要是求在总体方差已知时总体均值的区间估计,由 X,Y 之间的关系可得总体 Y 的样本值.

解 (1)由 $Y=\ln X$ 得 $X=e^Y$,而 $Y\sim N(\mu,1)$,所以

$$b=E(X)=E(e^Y)=e^{\mu+\frac{1}{2}}.$$

(2)因为 $Y\sim N(\mu,1)$,所以 μ 的置信水平为 0.95 的置信区间为

$$\left[\overline{Y}-\frac{\sigma}{\sqrt{n}}u_{\frac{\alpha}{2}},\overline{Y}+\frac{\sigma}{\sqrt{n}}u_{\frac{\alpha}{2}}\right].$$

由 X 的样本值算得 $\overline{Y}=\frac{1}{4}(\ln 0.5+\ln 0.8+\ln 1.25+\ln 2)=0$.

把 $n=4,\overline{Y}=0,\sigma=1,u_{\alpha/2}=1.96(\alpha=0.05)$代入上式,得 μ 的置信水平为 0.95 的置信区间为$[-0.98,0.98]$.

(3)由(2)得

$$P(-0.98\leqslant\mu\leqslant0.98)=0.95,$$

所以

$$P(-0.48\leqslant\mu+1/2\leqslant1.48)=0.95,$$

得

$$P(e^{-0.48}\leqslant e^{\mu+1/2}\leqslant e^{1.48})=0.95.$$

因此 b 的置信水平为 0.95 的置信区间为$[e^{-0.48},e^{1.48}]$.

例 8.22 随机地从一批钉子中抽取 16 枚,测得的长度(单位:cm)分别为

2.14 2.10 2.13 2.15 2.13 2.12 2.13 2.10

2.14 2.12 2.14 2.10 2.13 2.11 2.14 2.11,

设钉长服从正态分布,试求总体均值 μ 的 90%的置信区间:

(1)若 $\sigma=0.01$;(2)若 σ 未知.

分析 本例是在总体方差已知和未知时分别求总体均值的区间估计.

解 (1)若 $\sigma=0.01$,即总体方差已知,则总体均值 μ 的 90%的置信区间为

$$\left[\bar{x}-\frac{\sigma}{\sqrt{n}}u_{\alpha/2},\bar{x}+\frac{\sigma}{\sqrt{n}}u_{\alpha/2}\right](\sigma=0.01,n=16,\alpha=0.1).$$

由样本值算得样本均值的观测值为 $\bar{x}=2.125$,查表得 $u_{\alpha/2}=1.645$,代入上式得所求置信区间为[2.121,2.129].

(2) 若 σ 未知，则总体均值 μ 的 90% 的置信区间为

$$\left[\bar{x}-\frac{S}{\sqrt{n}}t_{\alpha/2}(n-1),\bar{x}+\frac{S}{\sqrt{n}}t_{\alpha/2}(n-1)\right](n=16,\alpha=0.1).$$

其中 $\bar{x}$，S 分别为样本均值和样本标准差的观测值. 由样本观测值算得 $\bar{x}=2.125$，$S=0.0171$，查表得 $t_{\alpha/2}(n-1)=1.7531$，代入上式得所求的置信区间为[2.117 5, 2.132 5].

例 8.23 今有一批钢材，其屈服点(单位：t/cm^2)服从正态分布 $N(\mu,\sigma^2)$，其中 μ 和 σ^2 未知. 今随机地抽取 20 个样品，经试验测得屈服点为 $x_1,x_2,\cdots,x_{20}$，且计算得 $\bar{x}=\frac{1}{20}\sum_{i=1}^{20}x_i=5.21$，$S^2=\frac{1}{20-1}\sum_{i=1}^{20}(x_i-\bar{x})^2=0.2203^2$.

(1)试求屈服点总体均值 μ 的 95% 的置信区间；

(2)试求总体标准差 σ 的 95% 的置信区间.

分析 本例是在总体方差和总体均值未知时，分别求总体均值和总体标准差的区间估计.

解 (1)因为总体方差未知，所以总体均值 μ 的置信区间为

$$\left[\overline{X}-\frac{S}{\sqrt{n}}t_{\alpha/2}(n-1),\overline{X}+\frac{S}{\sqrt{n}}t_{\alpha/2}(n-1)\right].$$

把 $n=20$，$\bar{x}=5.21$，$s^2=0.2203^2$，$t_{\alpha/2}(19)=2.093(\alpha=0.05)$ 代入上式得屈服点总体均值 μ 的 95% 的置信区间为[5.106 8, 5.313 1].

(2)因为总体均值未知，所以总体方差 σ^2 的置信区间为

$$\left[\frac{(n-1)S^2}{\chi^2_{\alpha/2}(n-1)},\frac{(n-1)S^2}{\chi^2_{1-\frac{\alpha}{2}}(n-1)}\right].$$

把 $n=20$，$S^2=0.2203^2$，$\chi^2_{\alpha/2}(19)=32.852$，$\chi^2_{1-\frac{\alpha}{2}}(19)=8.907(\alpha=0.05)$ 代入上式得总体方差 σ^2 的 95% 的置信区间为[0.028 07, 0.103 53]，所以总体标准差 σ 的 95% 的置信区间为[0.167 5, 0.321 8].

例 8.24 随机地从 A 种导线中抽取 4 根，从 B 种导线中抽取 5 根，测得其电阻值(Ω)如下：

A种导线	0.143	0.142	0.143	0.137	
B种导线	0.140	0.142	0.136	0.140	0.138

设测试数据分别服从正态分布 $N(\mu_1,\sigma^2)$，$N(\mu_2,\sigma^2)$，并且两样本相互独立，μ_1,μ_2,σ^2 均未知，试求均值差 $\mu_1-\mu_2$ 的 95% 的置信区间.

分析 本例当两正态总体方差相等时求其均值差的区间估计.

解 因为两个总体相互独立且方差相等，所以 $\mu_1-\mu_2$ 的置信区间为

$$\left[\overline{X}-\overline{Y}-t_{\frac{\alpha}{2}}(n_1+n_2-2)S_w\sqrt{\frac{1}{n_1}+\frac{1}{n_2}},\overline{X}-\overline{Y}+t_{\frac{\alpha}{2}}(n_1+n_2-2)S_w\sqrt{\frac{1}{n_1}+\frac{1}{n_2}}\right].①$$

其中，$\overline{X}$，$\overline{Y}$ 分别为两总体样本的样本均值；S_1^2，S_2^2 分别为两总体样本的样本修正方差，n_1，n_2 分别为两总体样本的样本容量，$S_w^2=\frac{(n_1-1)S_1^2+(n_2-1)S_2^2}{n_1+n_2-2}$.

已知 $n_1=4$，$n_2=5$，$\alpha=0.05$. 由两样本观测值算得

$$\bar{x}=0.141\,25,\quad S_1^2=8.25\times10^{-6},\quad \bar{y}=0.139\,2,\quad S_2^2=5.2\times10^{-6},$$
$$S_w^2=6.507\times10^{-6},\quad S_w=2.55\times10^{-3},\quad \text{查表得 } t_{0.025}(7)=2.364\,6,$$

把算得的结果代入式①得均值差 $\mu_1-\mu_2$ 的 95%的置信区间为[$-0.02,0.006\,09$].

例 8.25 有两位化验员 A、B,他们独立地对某种聚合物的含氯量用相同的方法各作了 10 次测定,其测定值的样本修正方差依次为 $S_A^2=0.541\,9$,$S_B^2=0.606\,5$. 设 σ_A^2,σ_B^2 分别为 A,B 所测定的测定值总体的方差,且设总体均服从正态分布,求方差比$\frac{\sigma_A^2}{\sigma_B^2}$的置信水平为 0.95 的置信区间.

二维码 8-4 第 8 章 典型例题讲解 1 (微视频)

分析 本例是在总体均值未知情况下求两正态总体方差比的区间估计.

解 设两位化验员的测定值分别为 X,Y,则 $X\sim N(\mu_A,\sigma_A^2)$,$Y\sim N(\mu_B,\sigma_B^2)$,其中 μ_A,μ_B 未知,则方差比$\frac{\sigma_A^2}{\sigma_B^2}$的置信区间为

$$\left[\frac{S_A^2}{S_B^2}\frac{1}{F_{\frac{\alpha}{2}}(n_1-1,n_2-1)},\frac{S_A^2}{S_B^2}\frac{1}{F_{1-\frac{\alpha}{2}}(n_1-1,n_2-1)}\right].$$

二维码 8-5 第 8 章 典型例题讲解 2 (微视频)

把 $n_1=n_2=10$,$S_A^2=0.541\,9$,$S_B^2=0.606\,5$,$F_{\frac{\alpha}{2}}(9,9)=4.03$,$F_{1-\frac{\alpha}{2}}(9,9)=\frac{1}{4.03}$($\alpha=0.05$)代入上式,得方差比$\frac{\sigma_A^2}{\sigma_B^2}$的置信水平为 0.95 的置信区间为[0.222,3.601].

8.4 同步练习

1. 设 $X_1,X_2,\cdots,X_n$ 是来自区间$[0,\theta]$上均匀分布的样本,试求 θ 的矩估计量.

2. 设 X 的密度函数为

$$f(x;\alpha)=\begin{cases}\frac{2}{\alpha^2}(\alpha-x), & 0<x<\alpha\\ 0, & \text{其他}\end{cases},$$

$X_1,X_2,\cdots,X_n$ 是总体 X 的一个简单随机样本,求参数 α 的矩估计量.

3. 设 $X_1,X_2,\cdots,X_n$ 是来自总体 X 的一个简单随机样本,X 的密度函数为 $f(x;\theta)$,试求参数 θ 的矩估计量和最大似然估计量. 其中

(1) $f(x;\theta)=\begin{cases}\sqrt{\theta}x^{\sqrt{\theta}-1}, & 0<x<1\\ 0, & \text{其他}\end{cases}(\theta>0)$;

(2) $f(x;\theta)=(\theta+1)x^\theta,0<x<1$.

4. 设总体 X 的密度函数为

$$f(x;\theta)=\begin{cases}1, & \theta-1/2\leqslant x\leqslant\theta+1/2\\ 0, & \text{其他}\end{cases},$$

求未知参数 θ 的最大似然估计值.

5. 设某种电子元件的使用寿命 X 的密度函数为

$$f(x;\theta)=\begin{cases}2\mathrm{e}^{-2(x-\theta)}, & x>\theta\\ 0, & x\leqslant\theta\end{cases},$$

其中 $\theta>0$ 为未知参数. 又设 $x_1,x_2,\cdots,x_n$ 是来自总体 X 的一组样本观测值，求参数 θ 的最大似然估计值.

6. 设总体 X 服从区间 $[\theta_1,\theta_1+\theta_2]$ 上的均匀分布，$\theta_1,\theta_2(\theta_2>0)$ 为参数，试求 θ_1,θ_2 的最大似然估计量.

7. 设总体 X 的密度函数为

$$f(x;\lambda)=\begin{cases}\lambda(x-10)\mathrm{e}^{-\frac{\lambda}{2}(x-10)^2}, & x>10\\ 0, & x\leqslant 10\end{cases},$$

$\lambda>0$ 为未知参数. X_1,X_2,X_3,X_4 为 $n=4$ 的简单随机样本，27,25,35,29 为一组样本值.

(1)求 λ 的最大似然估计量；

(2)由样本值求 λ 的最大似然估计值；

(3)据(2)中的 λ 估计值，求 $P(X\leqslant 30)$.

8.(2013 年考研数学一)设总体 X 的密度函数为

$$f(x;\theta)=\begin{cases}\dfrac{\theta^2}{x^3}\mathrm{e}^{-\frac{\theta}{x}}, & x>0\\ 0, & x\leqslant 0\end{cases},$$

其中 θ 为未知参数且大于 0，$X_1,X_2,\cdots,X_n$ 是来自总体 X 的简单随机样本，

(1)求参数 θ 的矩估计量；

(2)求参数 θ 的最大似然估计量.

9.(2015 年考研数学一)设总体 X 的密度函数为

$$f(x;\theta)=\begin{cases}\dfrac{1}{1-\theta}, & 0\leqslant x\leqslant 1\\ 0, & \text{其他}\end{cases},$$

其中 θ 为未知参数，$X_1,X_2,\cdots,X_n$ 是来自总体 X 的简单随机样本，

(1)求参数 θ 的矩估计量；

(2)求参数 θ 的最大似然估计量.

10.(2011 年考研数学一)$X_1,X_2,\cdots,X_n$ 为来自正态总体 $N(\mu_0,\sigma^2)$ 的简单随机样本，其中 μ_0 已知，σ^2 未知，$\overline{X}$ 和 S^2 分别表示样本均值和样本方差.

(1)求参数 σ^2 的最大似然估计量 $\hat{\sigma}^2$；

(2)计算 $E(\hat{\sigma}^2)$ 和 $D(\hat{\sigma}^2)$.

11.(2017 年考研数学一)某工程师为了解一台天平的精度，用该天平对一物体的质量做 n 次测量，该物体的质量 μ 是已知的. 设 n 次测量结果 $X_1,X_2,\cdots,X_n$ 相互独立且均服从正态总体 $N(\mu,\sigma^2)$. 该工程师记录的是 n 次测量的绝对误差 $Z_i=|X_i-\mu|(i=1,2,\cdots,n)$，利用 $Z_1,Z_2,\cdots,Z_n$ 估计 σ.

(1)求 Z_i 的密度函数；

(2)利用一阶矩求 σ 的矩估计量.

(3)求 σ 的最大似然估计量.

12. 已知某种白炽灯泡寿命服从正态分布. 在某星期所生产的该种灯泡中随机抽取 10 只,测得其寿命(h)为

$$1\,067 \quad 919 \quad 1\,196 \quad 785 \quad 1\,126 \quad 936 \quad 918 \quad 1\,156 \quad 920 \quad 948.$$

设总体参数都未知,试用最大似然估计法估计该星期中生产的灯泡能使用 1 300 h 以上的概率.

13. 设 $X_1, X_2, \cdots, X_m$ 和 $Y_1, Y_2, \cdots, Y_n$ 为取自总体 X 的两个样本,试适当选择 k,使

$$\hat{\sigma}^2 = k\left[\sum_{i=1}^{m}(X_i - \overline{X})^2 + \sum_{i=1}^{n}(Y_i - \overline{Y})^2\right]$$

为总体方差 σ^2 的无偏估计量.

14. 设 $X_1, X_2, \cdots, X_n$ 为服从泊松分布 $P(\lambda)$ 总体的一个样本,试验证:样本均值 $\overline{X}$ 和样本修正方差 $S^2 = \dfrac{1}{n-1}\sum_{i=1}^{n}(X_i - \overline{X})^2$ 均是参数 λ 的无偏估计量,并且对任一值 $\alpha(0 \leqslant \alpha \leqslant 1)$,$\alpha\overline{X} + (1-\alpha)S^2$ 也是 λ 的无偏估计量.

15. 设总体 $X \sim N(\mu, \sigma^2)$,X_1, X_2, X_3 是 X 一个样本,试验证

$$\hat{\mu}_1 = \frac{1}{5}X_1 + \frac{3}{10}X_2 + \frac{1}{2}X_3, \quad \hat{\mu}_2 = \frac{1}{3}X_1 + \frac{1}{4}X_2 + \frac{5}{12}X_3,$$

$$\hat{\mu}_3 = \frac{1}{3}X_1 + \frac{1}{6}X_2 + \frac{1}{2}X_3$$

都是 μ 的无偏估计量,并分析哪一个最好.

16. 设从均值为 μ,方差为 $\sigma^2 > 0$ 的总体中,分别抽取容量为 n_1, n_2 的两个独立样本. $\overline{X}_1$ 和 $\overline{X}_2$ 分别是两样本的样本均值. 试证,对于任意常数 $a, b(a+b=1)$,$Y = a\overline{X}_1 + b\overline{X}_2$ 都是 μ 的无偏估计,并确定常数 a, b 使 $D(Y)$ 达到最小.

17. 设总体 X 服从$[0, \theta]$上的均匀分布,$\theta > 0$ 为未知参数,$X_1, X_2, \cdots, X_n$ 为来自总体 X 的简单随机样本,试证:统计量

$$\hat{\theta}_1 = (n+1)\min\{X_1, X_2, \cdots, X_n\},$$

$$\hat{\theta}_2 = \frac{n+1}{n}\max\{X_1, X_2, \cdots, X_n\},$$

都是未知参数 θ 的无偏估计量,并问哪一个更有效?

18. 设 $\hat{\theta}_1, \hat{\theta}_2$ 是参数 θ 的两个相互独立的无偏估计量,且 $D(\hat{\theta}_1) = 2D(\hat{\theta}_2)$. 试确定常数 k_1 和 k_2,使 $k_1\hat{\theta}_1 + k_2\hat{\theta}_2$ 也是 θ 的无偏估计量,并且使它在所有这样形状的估计量中方差最小.

19. (2009 年考研数学一)设 $X_1, X_2, \cdots, X_n$ 为来自二项分布总体 $B(n, p)$ 的简单随机样本,$\overline{X}$ 和 S^2 分别表示样本均值和样本方差,若 $\overline{X} + kS^2$ 为 np^2 的无偏估计量,求常数 k.

20. (2014 年考研数学一)设总体 X 的密度函数为

$$f(x;\theta) = \begin{cases} \dfrac{2x}{3\theta^2}, & \theta < x < 2\theta \\ 0, & \text{其他} \end{cases},$$

其中 θ 是未知参数,$X_1, X_2, \cdots, X_n$ 为来自总体 X 的简单随机样本,若 $c\sum_{i=1}^{n}X_i^2$ 是 θ 的无偏估计,求常数 c.

21.(2008年考研数学一)设 $X_1,X_2,\cdots,X_n$ 是总体为 $N(\mu,\sigma^2)$ 的简单随机样本,记

$$\overline{X}=\frac{1}{n}\sum_{i=1}^{n}X_i,\quad S^2=\frac{1}{n-1}\sum_{i=1}^{n}(X_i-\overline{X})^2,\quad T=\overline{X}^2-\frac{1}{n}S^2.$$

(1)证明:T 是 μ^2 的无偏估计量;

(2)若 $\mu=0,\sigma=1$,求 $D(T)$.

22.(2010年考研数学一)设总体 X 的概率分布为

X	1	2	3
$P(X=i)$	$1-\theta$	$\theta-\theta^2$	θ^2

其中 $\theta\in(0,1)$ 未知,以 N_i 表示来自总体 X 的简单随机样本(样本容量为 n)中等于 i 的个数($i=1,2,3$).试求常数 a_1,a_2,a_3 使 $T=\sum\limits_{i=1}^{3}a_iN_i$ 为 θ 的无偏估计量,并求 T 的方差.

23.(2012年考研数学一)设随机变量 X 与 Y 相互独立且分别服从正态分布 $N(\mu,\sigma^2)$ 与 $N(\mu,2\sigma^2)$,其中 σ 是未知参数且 $\sigma>0$,设 $Z=X-Y$.

(1)求 Z 的密度函数;

(2)设 $Z_1,Z_2,\cdots,Z_n$ 为来自总体 Z 的简单随机样本,求 σ^2 的最大似然估计量 $\hat{\sigma}^2$;

(3)证明 $\hat{\sigma}^2$ 是 σ^2 的无偏估计量.

24.设 $X_1,X_2,\cdots,X_n$ 为总体 $X\sim N(\mu,\sigma^2)$ 的样本,其中 μ 和 σ^2 为未知参数.设随机变量 L 是关于 μ 的置信水平为 $1-\alpha$ 的置信区间的长度,求 $E(L^2)$.

25.设 $X_1,X_2,\cdots,X_n$ 为取自均匀分布总体 $U[0,\theta]$ 的样本,试求参数 θ 的置信水平为 $1-\alpha$ 的置信区间.

26.某工厂生产的一批滚珠,其直径服从正态分布,并且 $\sigma^2=0.05$.今从中抽取8个,测得其直径(单位:mm)分别为

14.7　15.1　14.8　14.9　15.2　14.2　14.6　15.1,

求其直径均值的95%的置信区间.

27.对于正态总体 $X\sim N(\mu,\sigma^2)$,大样本($n>30$)的样本标准差 S 近似服从正态分布 $N\left(\sigma,\frac{\sigma^2}{2n}\right)$,验证:$\sigma$ 的 $1-\alpha$ 的置信区间为

$$\left(\frac{S}{1+\mu_{\frac{\alpha}{2}}/\sqrt{2n}},\frac{S}{1-\mu_{\frac{\alpha}{2}}/\sqrt{2n}}\right).$$

28.设总体 X 服从正态分布 $N(\mu,\sigma^2)$,其中参数 μ 未知,σ^2 已知.从 X 得到容量为 n 的样本 $X_1,X_2,\cdots,X_n$,问 n 为多大时,才能使总体均值 μ 的置信水平为 $1-\alpha$ 的置信区间长度不大于 L?

29.已知某种果树产量服从正态分布,随机抽取6根,测得其产量(单位:kg)分别为

221　191　202　205　256　236,

试求该种果树平均产量的95%的置信区间.

30.冷抽铜丝的折断力服从正态分布.从一批铜丝中任取9根,试验折断力,所得数据分别为

578　572　570　568　572　570　569　584　572,

试求方差 σ^2 的95%的置信区间.

31. 随机地抽取某种炮弹 9 发做实验，得炮口速度的样本修正标准差为 11 m/s. 设炮口速度服从正态分布，求这种炮弹的炮口速度标准差 σ 的 95% 的置信区间.

32. 研究两种固体燃料火箭推进器的燃烧率. 设两者均服从正态分布，且已知两种燃烧率的标准差均近似地为 0.05 cm/s. 取样本容量为 $n_1 = n_2 = 20$，得燃烧率的样本均值分别为 $\overline{X}=18$，$\overline{Y}=24$，求两燃烧率总体均值差 $\mu_1-\mu_2$ 的 99% 的置信区间.

二维码 8-6　第 8 章自测题及解析

33. 设某种清漆的干燥时间(单位：h)服从正态分布 $N(\mu,\sigma^2)$. 现测得其 9 个样品的干燥时间为

5.8　5.7　6.0　6.5　7.0　6.3　5.6　6.1　5.0，

若 $\sigma=0.6$ h，求 μ 的 95% 的单侧置信上限.

同步练习答案与提示

1. 解　设总体为 X，已知 $X\sim U[0,\theta]$，则 $E(X)=\theta/2$. 由矩估计

$$E(X)=\overline{X} \quad 即 \quad \theta/2=\overline{X},$$

所以，θ 的矩估计量为 $\hat{\theta}=2\overline{X}$.

2. 解　因为 $E(X)=\int_0^{\alpha} x\cdot\frac{2}{\alpha^2}(\alpha-x)\mathrm{d}x=\frac{\alpha}{3}$，由矩估计得

$$E(X)=\overline{X}, \quad 即 \quad \alpha/3=\overline{X},$$

所以，α 的矩估计量为 $\hat{\alpha}=3\overline{X}$.

3. 解　(1)因为 $E(X)=\int_0^1 x\cdot\sqrt{\theta}x^{\sqrt{\theta}-1}\mathrm{d}x=\frac{\sqrt{\theta}}{\sqrt{\theta}+1}$，由矩估计得

$$E(X)=\overline{X}, \quad 即 \quad \frac{\sqrt{\theta}}{\sqrt{\theta}+1}=\overline{X},$$

所以，θ 的矩估计量为 $\hat{\theta}=\left(\frac{\overline{X}}{1-\overline{X}}\right)^2$.

又 θ 的似然函数为

$$L(x;\theta)=\prod_{i=1}^{n} f(x_i;\theta)=\begin{cases}\prod_{i=1}^{n}\sqrt{\theta}x_i^{\sqrt{\theta}-1}, & 0<x_i<1\\ 0, & 其他\end{cases}$$

$$=\begin{cases}\sqrt{\theta^n}(x_1x_2\cdots x_n)^{\sqrt{\theta}-1}, 0<x_i<1\\ 0, \quad 其他\end{cases}.$$

则当 $0<x_i<1(i=1,2,\cdots,n)$ 时，$L(x;\theta)>0$，对数似然函数为

$$l(x;\theta)=\ln L(x;\theta)，即\ l(x;\theta)=\frac{n}{2}\ln\theta+(\sqrt{\theta}-1)\sum_{i=1}^{n}\ln x_i.$$

令 $\frac{\mathrm{d}l(x;\theta)}{\mathrm{d}\theta}=0$，得 θ 的最大似然估计值为 $\hat{\theta}=\left(\frac{n}{\sum_{i=1}^{n}\ln x_i}\right)^2$.

所以，θ 的最大似然估计量为 $\hat{\theta}=\left(\dfrac{n}{\sum\limits_{i=1}^{n}\ln X_i}\right)^2$.

(2)因为 $E(X)=\int_0^1 x\cdot(\theta+1)x^{\theta}\mathrm{d}x=\dfrac{\theta+1}{\theta+2}$，由矩估计得

$$E(X)=\overline{X},\quad 即\quad \frac{\theta+1}{\theta+2}=\overline{X},$$

所以，θ 的矩估计量为 $\hat{\theta}=\dfrac{2\overline{X}-1}{1-\overline{X}}$.

又 θ 的似然函数为

$$L(x;\theta)=\prod_{i=1}^{n}f(x_i;\theta)=\prod_{i=1}^{n}(\theta+1)x_i^{\theta}=(\theta+1)^n(x_1,x_2,\cdots,x_n)^{\theta},0<x_i<1,$$

则 θ 的对数似然函数为

$l(x;\theta)=\ln L(x;\theta)$，即 $l(x;\theta)=n\ln(\theta+1)+\theta\sum\limits_{i=1}^{n}\ln x_i$.

令 $\dfrac{\mathrm{d}l(x;\theta)}{\mathrm{d}\theta}=0$，得 θ 的最大似然估计值为 $\hat{\theta}=\dfrac{-n}{\sum\limits_{i=1}^{n}\ln x_i}-1$.

所以，θ 的最大似然估计量为 $\hat{\theta}=\dfrac{-n}{\sum\limits_{i=1}^{n}\ln X_i}-1$.

4. 解 参数 θ 的似然函数为

$$L(x;\theta)=\begin{cases}1, & \theta-\dfrac{1}{2}\leqslant x_i\leqslant\theta+\dfrac{1}{2}(i=1,2,\cdots,n).\\0, & 其他\end{cases}$$

由 $\theta-\dfrac{1}{2}\leqslant x_i\leqslant\theta+\dfrac{1}{2}$，得 $x_i-\dfrac{1}{2}\leqslant\theta\leqslant x_i+\dfrac{1}{2}(i=1,2,\cdots,n)$.

所以，在区间$[\max\{x_1,x_2,\cdots,x_n\}-\dfrac{1}{2},\min\{x_1,x_2,\cdots,x_n\}+\dfrac{1}{2}]$上的任一值都可作为 θ 的最大似然估计值. 特别 $\hat{\theta}=\dfrac{\max\{x_1,x_2,\cdots,x_n\}+\min\{x_1,x_2,\cdots,x_n\}}{2}$也是. 因此最大似然估计值不唯一.

5. 解 参数 θ 的似然函数为

$$L(x;\theta)=\begin{cases}2^n\mathrm{e}^{-2\sum\limits_{i=1}^{n}(x_i-\theta)}, & x_i>\theta(i=1,2,\cdots,n)\\0, & 其他\end{cases},$$

当 $x_i>\theta(i=1,2,\cdots,n)$ 时，$L(x;\theta)>0$. 取对数得对数似然函数为

$$l(x;\theta)=\ln L(x;\theta)=n\ln 2-2\sum_{i=1}^{n}(x_i-\theta).$$

因为 $\dfrac{\mathrm{d}\ln L(x;\theta)}{\mathrm{d}\theta}=2n>0$，所以 $L(x;\theta)$ 单调递增.

由于 θ 必须满足 $x_i>\theta(i=1,2,\cdots,n)$，因此当 θ 取 $x_1,x_2,\cdots,x_n$ 中的最小值时，$L(x;\theta)$ 取最大值，所以 θ 的最大似然估计值为

$$\hat{\theta} = \min\{x_1, x_2, \cdots, x_n\}.$$

6. 解 参数 θ_1, θ_2 的似然函数为

$$L(x;\theta_1,\theta_2) = \prod_{i=1}^{n} f(x_1;\theta_1,\theta_2) = \frac{1}{\theta_2^n} \quad (\theta_1 \leqslant x_i \leqslant \theta_1 + \theta_2, i = 1,2,\cdots,n).$$

由 $\theta_1 \leqslant x_i \leqslant \theta_1 + \theta_2, i=1,2,\cdots,n$，得

$\theta_1 \leqslant \min\{x_1, x_2, \cdots, x_n\}$ 且 $\theta_1 + \theta_2 \geqslant \max\{x_1, x_2, \cdots, x_n\}$，即

$$\theta_2 \geqslant \max\{x_1, x_2, \cdots, x_n\} - \theta_1.$$

要使 $L(x;\theta_1,\theta_2)$ 最大则要 θ_2 最小，所以要 θ_1 最大.

因此，当 $\theta_1 = \min\{x_1, x_2, \cdots, x_n\}, \theta_2 = \max\{x_1, x_2, \cdots, x_n\} - \theta_1$ 时 $L(x;\theta_1,\theta_2)$ 最大.

所以，θ_1, θ_2 的最大似然估计量分别为

$$\hat{\theta}_1 = \min\{X_1, X_2, \cdots, X_n\}, \hat{\theta}_2 = \max\{X_1, X_2, \cdots, X_n\} - \hat{\theta}_1.$$

7. 解 (1)λ 的似然函数为

$$L(x;\lambda) = \prod_{i=1}^{4} f(x_i;\lambda) = \prod_{i=1}^{4} \lambda(x_i - 10)\mathrm{e}^{-\frac{\lambda}{2}(x_i-10)^2} = \lambda^4 \prod_{i=1}^{4}(x_i - 10)\mathrm{e}^{-\frac{\lambda}{2}(x_i-10)^2}, x_i > 10,$$

对数似然函数为

$$l(x;\lambda) = \ln L(x;\lambda) = 4\ln\lambda + \ln\prod_{i=1}^{4}(x_i - 10) - \frac{\lambda}{2}\sum_{i=1}^{4}(x_i - 10)^2.$$

令
$$\frac{\mathrm{d}l(x;\lambda)}{\mathrm{d}\lambda} = \frac{4}{\lambda} - \frac{1}{2}\sum_{i=1}^{4}(x_i - 10)^2 = 0,$$

得
$$\lambda = \frac{8}{\sum_{i=1}^{4}(x_i - 10)^2}.$$

所以，λ 的最大似然估计量为 $\hat{\lambda} = \dfrac{8}{\sum_{i=1}^{4}(X_i - 10)^2}$.

(2)据样本值 27,25,35,29，得 λ 的最大似然估计值为

$$\hat{\lambda} = \frac{8}{17^2 + 15^2 + 25^2 + 19^2} \approx 0.005\ 333.$$

(3)$P(X \leqslant 30) = \int_{10}^{30} 0.005\ 333(x - 10)\mathrm{e}^{-\frac{0.005\ 333}{2}(x-10)^2}\mathrm{d}x \approx 0.655\ 8.$

8. 解 (1) $E(X) = \int_0^{+\infty} x\frac{\theta^2}{x^3}\mathrm{e}^{-\frac{\theta}{x}}\mathrm{d}x = \int_0^{+\infty}\frac{\theta^2}{x^2}\mathrm{e}^{-\frac{\theta}{x}}\mathrm{d}x = \theta\int_0^{+\infty}\mathrm{e}^{-\frac{\theta}{x}}\mathrm{d}\left(-\frac{\theta}{x}\right) = -\theta,$

令 $\overline{X} = E(X)$，则 $\overline{X} = -\theta$，则参数 θ 的矩估计量为 $\hat{\theta} = -\overline{X}$.

(2)令 $x_1, x_2, \cdots, x_n$ 为样本观测值，则似然函数为

$$\ln L = 2n\ln\theta - \sum_{i=1}^{n}\ln x_i^3 - \sum_{i=1}^{n}\frac{\theta}{x_i},$$

令 $\dfrac{\mathrm{d}\ln L}{\mathrm{d}\theta} = 0$，则 $\dfrac{2n}{\theta} - \sum_{i=1}^{n}\dfrac{1}{x_i} = 0$，解得 $\theta = \dfrac{2n}{\sum_{i=1}^{n}\dfrac{1}{x_i}}$

θ 的最大似然估计量为 $\hat{\theta} = \dfrac{2n}{\sum\limits_{i=1}^{n} \dfrac{1}{X_i}}$.

9. 解 (1) $E(X) = \int_{-\infty}^{+\infty} xf(x;\theta)\mathrm{d}x = \int_{0}^{1} x \cdot \dfrac{1}{1-\theta}\mathrm{d}x = \dfrac{1+\theta}{2}$,

令 $E(X) = \overline{X}$，即 $\dfrac{1+\theta}{2} = \overline{X}$，解得 $\hat{\theta} = 2\overline{X} - 1$，$\overline{X} = \dfrac{1}{n}\sum\limits_{i=1}^{n} X_i$ 为 θ 的矩估计量；

(2)令 $x_1, x_2, \cdots, x_n$ 为样本观测值，$\theta \leqslant x_i \leqslant 1 (i = 1,2,\cdots,n)$，似然函数 $L(\theta) = \prod\limits_{i=1}^{n} f(x_i;\theta) = \left(\dfrac{1}{1-\theta}\right)^n$，则对数似然函数为 $\ln L(\theta) = -n\ln(1-\theta)$. 从而 $\dfrac{\mathrm{d}\ln L(\theta)}{\mathrm{d}\theta} = \dfrac{n}{1-\theta}$ 关于 θ 单调增加，所以 θ 的最大似然估计量为

$$\hat{\theta} = \min\{X_1, X_2, \cdots, X_n\}.$$

10. 解 (1)令 $x_1, x_2, \cdots, x_n$ 为样本观测值，似然函数为

$$L(\sigma) = \prod_{i=1}^{n} f(x_i;\sigma) = \frac{1}{(\sqrt{2\pi})^n \sigma^n} \exp\left[-\frac{1}{2\sigma^2}\sum_{i=1}^{n}(x_i - \mu_0)^2\right],$$

对数似然函数为 $\ln L = -n\ln\sqrt{2\pi} - \dfrac{n}{2}\ln\sigma^2 - \dfrac{1}{2\sigma^2}\sum\limits_{i=1}^{n}(x_i - \mu_0)^2$.

令 $\dfrac{\mathrm{d}\ln L}{\mathrm{d}\sigma^2} = 0$，则 $-\dfrac{n}{2\sigma^2} + \dfrac{1}{2\sigma^4}\sum\limits_{i=1}^{n}(x_i - \mu_0)^2 = 0$,

解得 σ^2 的最大似然估计量为 $\hat{\sigma}^2 = \dfrac{1}{n}\sum\limits_{i=1}^{n}(x_i - \mu_0)^2$.

11. 解 (1) Z_1 的分布函数为 $F_{Z_1}(z) = P(Z_1 \leqslant z) = P(|X_1 - \mu| \leqslant z) = P\left(\left|\dfrac{X_1 - \mu}{\sigma}\right| \leqslant \dfrac{z}{\sigma}\right)$,

当 $z \leqslant 0$ 时，$F_{Z_1}(z) = 0$；当 $z > 0$ 时，$F_{Z_1}(z) = 2\Phi(z/\sigma) - 1$.
所以 Z_i 的密度函数均为

$$f_Z(z) = F'_Z(z) = \begin{cases} \dfrac{2}{\sqrt{2\pi}\sigma}\mathrm{e}^{-\frac{z^2}{2\sigma^2}}, & z > 0 \\ 0, & z \leqslant 0 \end{cases}.$$

(2) $E(Z_1) = \int_{0}^{+\infty} z \dfrac{2}{\sqrt{2\pi}\sigma}\mathrm{e}^{-\frac{z^2}{2\sigma^2}}\mathrm{d}z \overset{令 t=z/\sigma}{=} \dfrac{2\sigma}{\sqrt{2\pi}}\int_{0}^{+\infty} t\mathrm{e}^{-\frac{t^2}{2}}\mathrm{d}t = \dfrac{2\sigma}{\sqrt{2\pi}}$,

令 $E(Z_1) = \overline{Z}$，即 $\dfrac{2\sigma}{\sqrt{2\pi}} = \overline{Z}$，得 σ 的矩估计量为 $\hat{\sigma} = \dfrac{\sqrt{2\pi}}{2}\overline{Z}$，其中 $\overline{Z} = \dfrac{1}{n}\sum\limits_{i=1}^{n} Z_i$.

(3)记 $Z_1, Z_2, \cdots, Z_n$ 的观测值为 $z_1, z_2, \cdots, z_n$，当 $z_i > 0 (i=1,2,\cdots,n)$ 时，似然函数为

$$L(\sigma) = \prod_{i=1}^{n} f(z_i;\sigma) = \prod_{i=1}^{n} \frac{2}{\sqrt{2\pi}\sigma}\mathrm{e}^{-\frac{z_i^2}{2\sigma^2}} = 2^n (2\pi)^{-\frac{n}{2}}\sigma^{-n}\mathrm{e}^{-\frac{1}{2\sigma^2}\sum\limits_{i=1}^{n} z_i^2},$$

所以样本似然函数为

$$\ln L(\sigma) = n\ln 2 - \frac{n}{2}\ln(2\pi) - n\ln\sigma - \frac{1}{2\sigma^2}\sum_{i=1}^{n} z_i^2,$$

令 $\dfrac{\mathrm{d}\ln L(\sigma)}{\mathrm{d}\sigma}=-\dfrac{n}{\sigma}+\dfrac{1}{\sigma^3}\sum\limits_{i=1}^{n}z_i^2=0$，解得 $\sigma=\sqrt{\dfrac{1}{n}\sum\limits_{i=1}^{n}z_i^2}$.

所以 σ 的最大似然估计量为 $\hat{\sigma}=\sqrt{\dfrac{1}{n}\sum\limits_{i=1}^{n}z_i^2}$.

12. 解 设该种白炽灯泡寿命为 X，则 $X\sim N(\mu,\sigma^2)$（μ,σ^2 未知）.

由已知结论，μ,σ^2 的最大似然估计量分别为 $\hat{\mu}=\overline{X},\hat{\sigma}^2=S_n^2$.

把样本值代入得 μ,σ^2 的最大似然估计值分别为 $\hat{\mu}=997.1,\hat{\sigma}^2=15\ 574.29$.

所以，$P(X>1\ 300)=P\left(\dfrac{X-997.1}{\sqrt{15\ 574.29}}>\dfrac{1\ 300-997.1}{124.8}\right)=1-\Phi(2.427)\approx 0.008$.

即该星期中生产的灯泡能使用 1 300 h 以上的概率为 0.008.

13. 解 因为

$$E\left[\sum_{i=1}^{m}(X_i-\overline{X})^2\right]=(m-1)\sigma^2,\quad E\left[\sum_{i=1}^{n}(Y_i-\overline{Y})^2\right]=(n-1)\sigma^2,$$

因此，$E(\hat{\sigma}^2)=kE\left[\sum\limits_{i=1}^{m}(X_i-\overline{X})^2+\sum\limits_{i=1}^{n}(Y_i-\overline{Y})^2\right]=k(m+n-2)\sigma^2$，

所以，当 $k=\dfrac{1}{m+n-2}$ 时，$\hat{\sigma}^2$ 为总体方差 σ^2 的无偏估计量.

14. 解 设总体为 X，则 $X\sim P(\lambda)$，有 $E(X)=D(X)=\lambda$.

因为 $$E(\overline{X})=E(X)=\lambda,\quad E(S^2)=D(X)=\lambda,$$

所以，样本均值 $\overline{X}$ 和样本方差 S^2 均是参数 λ 的无偏估计量.

又 $E[\alpha\overline{X}+(1-\alpha)S^2]=E(\alpha\overline{X})+E[(1-\alpha)S^2]=\alpha E(\overline{X})+(1-\alpha)E(S^2)=\lambda$，

所以，对任一值 $\alpha(0\leqslant\alpha\leqslant 1)$，$\alpha\overline{X}+(1-\alpha)S^2$ 也是 λ 的无偏估计量.

15. 解 由于 X_1,X_2,X_3 相互独立且与总体 X 同分布，则

$$E(\hat{\mu}_1)=E\left(\frac{1}{5}X_1+\frac{3}{10}X_2+\frac{1}{2}X_3\right)=\frac{1}{5}\mu+\frac{3}{10}\mu+\frac{1}{2}\mu=\mu;$$

$$E(\hat{\mu}_2)=E\left(\frac{1}{3}X_1+\frac{1}{4}X_2+\frac{5}{12}X_3\right)=\frac{1}{3}\mu+\frac{1}{4}\mu+\frac{5}{12}\mu=\mu;$$

$$E(\hat{\mu}_3)=E\left(\frac{1}{3}X_1+\frac{1}{6}X_2+\frac{1}{2}X_3\right)=\frac{1}{3}\mu+\frac{1}{6}\mu+\frac{1}{2}\mu=\mu,$$

所以，$\hat{\mu}_1,\hat{\mu}_2,\hat{\mu}_3$ 都是 μ 的无偏估计量.

又因为 $D(\hat{\mu}_1)=D\left(\dfrac{1}{5}X_1+\dfrac{3}{10}X_2+\dfrac{1}{2}X_3\right)=\dfrac{1}{25}\sigma^2+\dfrac{9}{100}\sigma^2+\dfrac{1}{4}\sigma^2=\dfrac{38}{100}\sigma^2$；

$$D(\hat{\mu}_2)=D\left(\frac{1}{3}X_1+\frac{1}{4}X_2+\frac{5}{12}X_3\right)=\frac{1}{9}\sigma^2+\frac{1}{16}\sigma^2+\frac{25}{144}\sigma^2=\frac{50}{144}\sigma^2;$$

$$D(\hat{\mu}_3)=D\left(\frac{1}{3}X_1+\frac{1}{6}X_2+\frac{1}{2}X_3\right)=\frac{1}{9}\sigma^2+\frac{1}{36}\sigma^2+\frac{1}{4}\sigma^2=\frac{14}{36}\sigma^2,$$

经比较 $D(\hat{\mu}_2)<D(\hat{\mu}_1)<D(\hat{\mu}_3)$，所以 $\hat{\mu}_2$ 最好（最有效）.

16. 证明 因为 $E(Y)=E(a\overline{X}_1+b\overline{X}_2)=aE(\overline{X}_1)+bE(\overline{X}_2)=a\mu+b\mu=\mu$，

故对于任意常数 $a,b(a+b=1)$，$Y=a\overline{X}_1+b\overline{X}_2$ 都是 μ 的无偏估计. 又

$$D(Y)=D(a\overline{X}_1+b\overline{X}_2)=a^2D(\overline{X}_1)+b^2D(\overline{X}_2)=a^2\frac{\sigma^2}{n_1}+b^2\frac{\sigma^2}{n_2}=a^2\frac{\sigma^2}{n_1}+(1-a)^2\frac{\sigma^2}{n_2},$$

令 $\dfrac{\mathrm{d}[D(Y)]}{\mathrm{d}a}=2a\dfrac{\sigma^2}{n_1}-2(1-a)\dfrac{\sigma^2}{n_2}=0$ 得 $a=\dfrac{n_1}{n_1+n_2}$，$b=\dfrac{n_2}{n_1+n_2}$.

所以，当 $a=\dfrac{n_1}{n_1+n_2}$，$b=\dfrac{n_2}{n_1+n_2}$ 时 $D(Y)$ 达到最小.

17. 解 因为总体 X 服从 $[0,\theta]$ 上的均匀分布，故 X 的密度函数和分布函数分别为

$$f_X(x)=\begin{cases}\dfrac{1}{\theta}, & 0\leqslant x\leqslant\theta\\ 0, & \text{其他}\end{cases},\quad F_X(x)=\begin{cases}0, & x<0\\ \dfrac{x}{\theta}, & 0\leqslant x<\theta.\\ 1, & x\geqslant\theta\end{cases}$$

记 $Y=\min\{X_1,X_2,\cdots,X_n\}$，$Z=\max\{X_1,X_2,\cdots,X_n\}$，
则 Y,Z 的分布函数和密度函数分别为

$$F_Y(y)=1-(1-F_X(y))^n=\begin{cases}0, & y<0\\ 1-\left(1-\dfrac{y}{\theta}\right)^n, & 0\leqslant y<\theta,\\ 1, & y\geqslant\theta\end{cases}$$

$$f_Y(y)=\begin{cases}0, & \text{其他}\\ \dfrac{n}{\theta}\left(1-\dfrac{y}{\theta}\right)^{n-1}, & 0\leqslant y<\theta\end{cases},$$

$$F_Z(z)=F_X^n(z)=\begin{cases}0, & z<0\\ \left(\dfrac{z}{\theta}\right)^n, & 0\leqslant z<\theta,\\ 1, & z\geqslant\theta\end{cases}\quad f_Z(z)=\begin{cases}0, & \text{其他}\\ \dfrac{n}{\theta}\left(\dfrac{z}{\theta}\right)^{n-1}, & 0\leqslant z<\theta\end{cases},$$

则 $E(\hat{\theta}_1)=E[(n+1)\min\{X_1,X_2,\cdots,X_n\}]=(n+1)\displaystyle\int_0^\theta y\frac{n}{\theta}\left(1-\frac{y}{\theta}\right)^{n-1}\mathrm{d}y$

$$=\frac{n(n+1)}{\theta^n}\int_0^\theta y(\theta-y)^{n-1}\mathrm{d}y=\theta.$$

所以，$\hat{\theta}_1=(n+1)\min\{X_1,X_2,\cdots,X_n\}$ 是未知参数 θ 的无偏估计量.

同样 $E(\hat{\theta}_2)=E\left[\dfrac{n+1}{n}\max\{X_1,X_2,\cdots,X_n\}\right]=\dfrac{n+1}{n}\displaystyle\int_0^\theta z\frac{n}{\theta}\left(\frac{z}{\theta}\right)^{n-1}\mathrm{d}z$

$$=\frac{n+1}{\theta^n}\int_0^\theta z^n\mathrm{d}z=\theta.$$

所以，$\hat{\theta}_2=\dfrac{n+1}{n}\max\{X_1,X_2,\cdots,X_n\}$ 是未知参数 θ 的无偏估计量.

又 $D(\hat{\theta}_1)=E(\hat{\theta}_1^2)-E^2(\hat{\theta}_1)=(n+1)^2\displaystyle\int_0^\theta y^2\frac{n}{\theta}\left(1-\frac{y}{\theta}\right)^{n-1}\mathrm{d}y-E^2(\hat{\theta}_1)$

$$=\frac{2(n+1)\theta^2}{n+2}-\theta^2=\frac{n}{n+2}\theta^2;$$

$D(\hat{\theta}_2)=E(\hat{\theta}_2^2)-E^2(\hat{\theta}_2)=\dfrac{(n+1)^2}{n^2}\displaystyle\int_0^\theta z^2\frac{n}{\theta}\left(\frac{z}{\theta}\right)^{n-1}\mathrm{d}z-\theta^2$

$$=\frac{(n+1)^2}{n(n+2)}\theta^2-\theta^2=\frac{\theta^2}{n(n+2)};$$

所以 $D(\hat{\theta}_1)>D(\hat{\theta}_2)$，则 $\hat{\theta}_2$ 较 $\hat{\theta}_1$ 更为有效.

18. 解 因为 $\hat{\theta}_1,\hat{\theta}_2$ 是参数 θ 的两个相互独立的无偏估计量，所以

$$E(k_1\hat{\theta}_1+k_2\hat{\theta}_2)=k_1E(\hat{\theta}_1)+k_2E(\hat{\theta}_2)=(k_1+k_2)\theta.$$

则当 $k_1+k_2=1$ 时，$k_1\hat{\theta}_1+k_2\hat{\theta}_2$ 也是 θ 的无偏估计量.

又 $$D(k_1\hat{\theta}_1+k_2\hat{\theta}_2)=k_1^2D(\hat{\theta}_1)+k_2^2D(\hat{\theta}_2)=(2k_1^2+k_2^2)D(\hat{\theta}_2),$$

所以，在条件 $k_1+k_2=1$ 下，求 $2k_1^2+k_2^2$ 的最小值，得 $k_1=1/3,k_2=2/3$.

即当 $k_1=1/3,k_2=2/3$ 时，$k_1\hat{\theta}_1+k_2\hat{\theta}_2$ 是 θ 的无偏估计量，并且使它在所有这样形状的估计量中方差最小.

19. 解 -1.

20. 解 $c=\dfrac{2}{5n}$.

21. 解 (1)首先 T 是统计量，其次

$$E(T)=E(\overline{X}^2)-\frac{1}{n}E(S^2)=D(\overline{X}^2)+(E(\overline{X}))^2-\frac{1}{n}E(S^2)=\frac{1}{n}\sigma^2+\mu^2-\frac{1}{n}\sigma^2=\mu^2.$$

所以 T 是 μ^2 的无偏估计量.

(2)根据题意，有 $\sqrt{n}\,\overline{X}\sim N(0,1)$，$n\overline{X}^2\sim\chi^2(1)$，$(n-1)S^2\sim\chi^2(n-1)$，于是

$$D(n\overline{X}^2)=2,D((n-1)S^2)=2(n-1),\text{所以}$$

$$D(T)=D\left(\overline{X}^2-\frac{1}{n}S^2\right)=\frac{1}{n^2}D(n\overline{X}^2)+\frac{1}{n^2(n-1)^2}D((n-1)S^2)=\frac{2}{n^2(n-1)}.$$

22. 解 N_1,N_2,N_3 分别服从二项分布 $B(n,1-\theta),B(n,\theta-\theta^2),B(n,\theta^2)$，则有

$$E(N_1)=n(1-\theta),E(N_2)=n(\theta-\theta^2),E(N_3)=n\theta^2,$$

$$E(T)=E\left(\sum_{i=1}^{3}a_iN_i\right)=\sum_{i=1}^{3}a_iE(N_i)=a_1n(1-\theta)+a_2n(\theta-\theta^2)+a_3n\theta^2=\theta,$$

解得

$$a_1=0,a_2=\frac{1}{n}a_3=\frac{1}{n}.\text{即 } T=\sum_{i=1}^{3}a_iN_i=\frac{N_2+N_3}{n}=\frac{n-N_1}{n}=1-\frac{N_1}{n},$$

$$D(T)=D\left(1-\frac{N_1}{n}\right)=\frac{1}{n^2}D(N_1)=\frac{1}{n^2}\times n(1-\theta)\theta=\frac{(1-\theta)\theta}{n^2}.$$

23. 解 (1)因为 $X\sim N(\mu,\sigma^2)$，$Y\sim N(\mu,2\sigma^2)$，且 X 与 Y 相互独立，故 $Z=X-Y$ 服从 $N(0.5\sigma^2)$，所以 Z 的密度函数为 $f(z)=\dfrac{1}{\sqrt{10\pi\sigma^2}}\mathrm{e}^{-\frac{z^2}{10\sigma^2}}(-\infty<z<+\infty)$.

(2) 令 $x_1,x_2,\cdots,x_n$ 为样本观测值，则似然函数为

$$L(\sigma^2)=\prod_{i=1}^{n}f(z_i)=\prod_{i=1}^{n}\frac{1}{\sqrt{10\pi\sigma^2}}\mathrm{e}^{-\frac{z^2}{10\sigma^2}},$$

对数似然函数为 $\ln L=-\dfrac{n}{2}\ln(10\pi)-\dfrac{n}{2}\ln(\sigma^2)-\dfrac{1}{10\sigma^2}\sum\limits_{i=1}^{n}z_i^2$.

令 $\dfrac{\mathrm{d}\ln L}{\mathrm{d}\sigma^2}=-\dfrac{n}{2\sigma^2}+\dfrac{1}{10\sigma^4}\sum\limits_{i=1}^{n}z_i^2=0$，解得 σ^2 的最大似然估计值为 $\hat{\sigma}^2=\dfrac{1}{5n}\sum\limits_{i=1}^{n}z_i^2$，最大似然估计量为 $\hat{\sigma}^2=\dfrac{1}{5n}\sum\limits_{i=1}^{n}Z_i^2$.

(3)$$E(\hat{\sigma}^2)=E\left(\frac{1}{5n}\sum_{i=1}^{n}Z_i^2\right)=\frac{1}{5n}\sum_{i=1}^{n}E(Z_i^2)=\frac{1}{5n}\sum_{i=1}^{n}[(E(Z_i))^2+D(Z_i)]=\frac{1}{5n}\sum_{i=1}^{n}5\sigma^2=\sigma^2,$$

故 $\hat{\sigma}^2$ 是 σ^2 的无偏估计量.

24. 解 当 σ^2 未知时,μ 的置信水平为 $1-\alpha$ 的置信区间为

$$\left[\overline{X}-\frac{S}{\sqrt{n}}t_{\frac{\alpha}{2}}(n-1),\overline{X}+\frac{S}{\sqrt{n}}t_{\frac{\alpha}{2}}(n-1)\right],$$

区间长度为

$$L=\frac{2S}{\sqrt{n}}t_{\frac{\alpha}{2}}(n-1).$$

所以

$$L^2=\frac{4S^2}{n}t_{\frac{\alpha}{2}}^2(n-1).$$

故 $E(L^2)=E\left[\frac{4S^2}{n}t_{\frac{\alpha}{2}}^2(n-1)\right]=\frac{4t_{\frac{\alpha}{2}}^2(n-1)}{n}E(S^2)=\frac{4t_{\frac{\alpha}{2}}^2(n-1)}{n}\sigma^2.$

25. 解 参数 θ 的最大似然估计量为 $\hat{\theta}=X_{(n)}=\max\{X_1,X_2,\cdots,X_n\}$.

考虑 $Y=\frac{X_{(n)}}{\theta}=\max\limits_{1\leqslant i\leqslant n}\left\{\frac{X_i}{\theta}\right\}$,它是样本的函数,且含有参数 θ.

由于 $X_i\sim U[0,\theta]$,因而 $\frac{X_i}{\theta}\sim U[0,1]$,故 Y 的密度函数为

$$f_Y(y)=ny^{n-1},\quad 0\leqslant y\leqslant 1,$$

分布函数为

$$F(y)=y^n,\quad 0<y\leqslant 1.$$

它与参数 θ 无关.取 c,d,使之适合

$$P(Y<c)=\frac{\alpha}{2},P(Y>d)=\frac{\alpha}{2},\text{即 }P(c\leqslant Y\leqslant d)=1-\alpha.$$

解得 $c=\sqrt[n]{\frac{\alpha}{2}},d=\sqrt[n]{1-\frac{\alpha}{2}}$.所以,$P\left(\sqrt[n]{\frac{\alpha}{2}}\leqslant Y\leqslant\sqrt[n]{1-\frac{\alpha}{2}}\right)=1-\alpha$.

则

$$P\left(\frac{X_{(n)}}{\sqrt[n]{1-\frac{\alpha}{2}}}\leqslant\theta\leqslant\frac{X_{(n)}}{\sqrt[n]{\frac{\alpha}{2}}}\right)=1-\alpha,$$

因此,参数 θ 的置信水平为 $1-\alpha$ 的置信区间为 $\left[\frac{X_{(n)}}{\sqrt[n]{1-\frac{\alpha}{2}}},\frac{X_{(n)}}{\sqrt[n]{\frac{\alpha}{2}}}\right]$.

26. 解 因为方差已知,所以直径均值的95%的置信区间为

$$\left[\bar{x}-\frac{\sigma}{\sqrt{n}}u_{\alpha/2},\bar{x}+\frac{\sigma}{\sqrt{n}}u_{\alpha/2}\right](\sigma^2=0.05,n=8,\alpha=0.05).$$

由样本值算得样本均值的观测值为 $\bar{x}=14.825$,查表得 $u_{\alpha/2}=1.96$,代入上式得所求均值的95% 的置信区间为[14.67,14.98].

27. 解 因为 S 近似服从正态分布 $N\left(\sigma,\frac{\sigma^2}{2n}\right)$,所以 $\frac{S-\sigma}{\sigma/\sqrt{2n}}\sim N(0,1)$.

对给定的 α,有 $P\left(\left|\frac{S-\sigma}{\sigma/\sqrt{2n}}\right|<u_{\alpha/2}\right)=1-\alpha$,即

$$P\left(\frac{S}{1+u_{\frac{\alpha}{2}}/\sqrt{2n}}\leqslant\sigma\leqslant\frac{S}{1-u_{\frac{\alpha}{2}}/\sqrt{2n}}\right)=1-\alpha.$$

所以，σ 的 $1-\alpha$ 的置信区间为 $\left[\dfrac{S}{1+u_{\frac{\alpha}{2}}/\sqrt{2n}},\dfrac{S}{1-u_{\frac{\alpha}{2}}/\sqrt{2n}}\right]$.

28. 解 因为 σ^2 已知时，总体均值 μ 的置信水平为 $1-\alpha$ 的置信区间长度为 $\dfrac{2\sigma}{\sqrt{n}}u_{\alpha/2}$，所以由

$$\frac{2\sigma}{\sqrt{n}}u_{\alpha/2}\leqslant L \quad 得 \quad n\geqslant\frac{4\sigma^2 u_{\alpha/2}^2}{L^2}.$$

即 $n\geqslant\dfrac{4\sigma^2 u_{\alpha/2}^2}{L^2}$ 时，总体均值 μ 置信水平为 $1-\alpha$ 的置信区间长度才不大于 L.

29. 解 因为总体方差未知，所以该种果树平均产量的95%的置信区间为

$$\left[\bar{x}-\frac{S}{\sqrt{n}}t_{\alpha/2}(n-1),\bar{x}+\frac{S}{\sqrt{n}}t_{\alpha/2}(n-1)\right](n=6,\alpha=0.05).$$

其中 $\bar{x}$，S 分别为样本均值和样本修正标准差的观测值.

由样本观测值算得 $\bar{x}=218.5$，$S=24.21$，查表得 $t_{\alpha/2}(n-1)=2.5706$，代入上式得所求的置信区间为[193.1,243.9].

30. 解 因为总体均值未知，所以总体方差 σ^2 的置信区间为

$$\left[\frac{(n-1)S^2}{\chi_{\alpha/2}^2(n-1)},\frac{(n-1)S^2}{\chi_{1-\frac{\alpha}{2}}^2(n-1)}\right].$$

由样本观测值算得 $S^2=26.04$.

把 $n=9$，$S^2=26.04$，$\chi_{\alpha/2}^2(n-1)=17.535$，$\chi_{1-\frac{\alpha}{2}}^2(n-1)=2.18(\alpha=0.05)$ 代入上式得 σ^2 的95%的置信区间为[11.88,95.56].

31. 解 因为总体均值未知，所以总体方差 σ^2 的置信区间为

$$\left[\frac{(n-1)S^2}{\chi_{\alpha/2}^2(n-1)},\frac{(n-1)S^2}{\chi_{1-\frac{\alpha}{2}}^2(n-1)}\right].$$

把 $n=9$，$S=11$，$\chi_{\alpha/2}^2(n-1)=17.535$，$\chi_{1-\frac{\alpha}{2}}^2(n-1)=2.18(\alpha=0.05)$ 代入上式得 σ^2 的置信区间为[55.20,444.04].所以这种炮弹的炮口速度标准差 σ 的95%的置信区间为[7.43,21.07].

32. 解 设两总体分别为 $X\sim N(\mu_1,\sigma_1^2)$，$Y\sim N(\mu_2,\sigma_2^2)$，因为已知 $\sigma_1^2=\sigma_1^2=0.05^2$，所以两燃烧率总体均值差 $\mu_1-\mu_2$ 的置信区间为

$$\left[\overline{X}-\overline{Y}-u_{\frac{\alpha}{2}}\sqrt{\frac{\sigma_1^2}{n_1}+\frac{\sigma_2^2}{n_2}},\overline{X}-\overline{Y}+u_{\frac{\alpha}{2}}\sqrt{\frac{\sigma_1^2}{n_1}+\frac{\sigma_2^2}{n_2}}\right].$$

把 $\overline{X}=18$，$\overline{Y}=24$，$n_1=n_2=20$，$u_{\frac{\alpha}{2}}=2.58(\alpha=0.01)$ 代入上式，得两燃烧率总体均值差 $\mu_1-\mu_2$ 的99%的置信区间为[−6.04,−5.96].

33. 解 设该种清漆的干燥时间为 X，则 $X\sim N(\mu,\sigma^2)$，样本均值 $\overline{X}\sim N\left(\mu,\dfrac{\sigma^2}{n}\right)$.

所以，$P\left[\dfrac{\overline{X}-\mu}{\sigma/\sqrt{n}}\geqslant-u_\alpha\right]=1-\alpha$，即 $P\left(\overline{X}+\dfrac{\sigma}{\sqrt{n}}u_\alpha\geqslant\mu\right)=\alpha$.

即 μ 的单侧置信上限为 $\bar{X}+\dfrac{\sigma}{\sqrt{n}}u_\alpha$.

已知 $\sigma=0.6$，$n=9$，由样本观测值算得的样本均值的观测值为 $\bar{x}=6$.对给定的 $\alpha=0.05$，查表得 $u_{0.05}=1.645$，把这些值代入 $\overline{X}+\dfrac{\sigma}{\sqrt{n}}u_\alpha$ 得 μ 的95%的单侧置信上限为6.329.

Chapter 9 第9章

假设检验

Tests of Hypotheses

9.1 教学基本要求

1. 掌握显著性检验的基本思想,掌握假设检验的基本步骤,了解假设检验可能产生的两类错误;

2. 掌握单个正态总体的均值和方差的假设检验;

3. 了解两个正态总体的均值差和方差比的假设检验.

9.2 知识要点

9.2.1 假设检验的基本概念

1. 假设检验

先对总体分布函数的类型或分布函数中的参数提出假设,然后通过抽样并根据样本提供的信息对假设的正确性进行推断,做出接受或拒绝的决策,把判断统计假设是否正确的方法称为**假设检验**.

2. 零假设与备择假设

通常把需要检验真伪的假设称为**零假设**或**原假设**,记为 H_0;当原假设 H_0 被拒绝时而接受的假设,称为**备择假设**(又称**对立假设**),记为 H_1. 将一个假设检验问题简记为(H_0,H_1).

注 原假设与备择假设并不对称或可以交换,它们在假设检验中的地位是不同的. 原假设与备择假设的建立主要根据具体问题来决定. 常把没有把握、不能轻易肯定的命题作为备择假设,而把没有充分理由不能轻易否定的命题作为原假设.

3. 假设检验的原理和方法

假设检验依据小概率事件实际不发生原理,类同于数学中反证法的思想. 即先假定原假设成立,然后去寻找矛盾. 这里寻找矛盾的方法是用一个样本来和所依据的基本原理产生冲突.

注 小概率事件在一次试验中几乎是不会发生的，并不意味着"小概率事件在一次试验中绝对不会发生". 因此，在假设检验中得到的接受 H_0 或拒绝 H_0 的决策，并不等于我们证明了原假设 H_0 正确或错误，而只是根据样本信息以一定的可靠程度认为 H_0 正确或错误.

4. 拒绝域与接受域

在检验问题 (H_0, H_1) 中，所谓**检验法则**（简称为**检验法**或**检验**），即是将样本空间 Ω 划分成互不相交的两个部分

$$\Omega = W + \overline{W},$$

并做如下规定：

当样本观测值 $x = (x_1, x_2, \cdots, x_n) \in W$ 时，就拒绝原假设 H_0，认为备择假设 H_1 成立；当样本观测值 $x = (x_1, x_2, \cdots, x_n) \notin W$（即 $x \in \overline{W}$）时，就不拒绝（接受）原假设 H_0. 这里的 W 称为该检验法的**拒绝域**，而 $\overline{W}$ 就称为检验法的**接受域**.

5. 两类错误和检验水平

当原假设 H_0 成立时，样本观测值却落在拒绝域 W 中，从而拒绝了 H_0（"**弃真**"），这种错误称为**第一类错误**；当原假设 H_0 不成立时，样本观测值却没有落在拒绝域 W 中，从而没有拒绝原假设 H_0（"**纳伪**"），这种错误称为**第二类错误**.

由于犯两类错误的概率大小决定着相应的检验法则的优劣，而在样本容量固定的条件下，两者又不可能同时达到很小，于是一般采取控制犯第一类错误的概率尽可能减少犯第二类错误概率的方法. 即给定一个小概率 $\alpha(0 < \alpha < 1)$，构造一个检验的拒绝域，使得犯第一类错误的概率

$$P(\text{拒绝 } H_0 \mid H_0 \text{ 为真}) \leqslant \alpha.$$

这个临界概率在假设检验里是很重要的，通常称为检验的**显著性水平**或**检验水平**（简称**水平**）. 对于各种不同的问题，显著性水平 α 可以选取的不一样，但一般应为一个较小的数. 同时为查表方便通常取 α 为一些标准值，如 $\alpha=0.05$ 或 0.01 等.

6. 假设检验的步骤

假设检验问题的处理步骤是：

(1)根据实际问题合理地提出原假设 H_0 和备择假设 H_1；

(2)构造一个合适的**检验统计量 T**，并尽量使得在 H_0 为真时 T 的精确分布是确定和已知的（一般检验问题也按样本容量大小分为小样本和大样本两类问题. 小样本检验问题要求 T 的精确分布已知，至于大样本问题可利用 T 的极限分布作为近似分布）；

(3)规定一个显著性水平 α，并由 H_0（和 H_1）确定出拒绝域 W；

(4)根据样本观测值计算出检验统计量 T 的值，然后确定接受还是拒绝假设 H_0.

二维码 9-1 第 9 章 知识要点讲解 1 （微视频）

9.2.2 正态总体参数的检验

1. 单个正态总体均值的检验

设 $X_1, X_2, \cdots, X_n$ 是从正态总体 $N(\mu, \sigma^2)$ 中抽取的简单随机样本，检验假设 $H_0: \mu = \mu_0$.

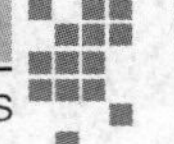

(1)σ^2 已知,检验假设 $H_0:\mu=\mu_0$

此时备择假设 H_1 可根据具体问题选择:

(Ⅰ)$\mu\neq\mu_0$(双侧检验);(Ⅱ)$\mu<\mu_0$(左侧检验);(Ⅲ)$\mu>\mu_0$(右侧检验)中的一种.在 $\mu=\mu_0$ 下,采用 U 检验统计量

$$U=\frac{\overline{X}-\mu_0}{\sigma/\sqrt{n}}\sim N(0,1).$$

对于检验问题(Ⅰ),拒绝域为

$$W=\left\{(x_1,x_2,\cdots,x_n)\mid\frac{|\overline{X}-\mu_0|}{\sigma/\sqrt{n}}>u_{\frac{\alpha}{2}}\right\}.$$

对于检验问题(Ⅱ),拒绝域为

$$W=\left\{(x_1,x_2,\cdots,x_n)\mid\frac{|\overline{X}-\mu_0|}{\sigma/\sqrt{n}}<u_\alpha\right\}.$$

对于检验问题(Ⅲ),拒绝域为

$$W=\left\{(x_1,x_2,\cdots,x_n)\mid\frac{|\overline{X}-\mu_0|}{\sigma/\sqrt{n}}>u_\alpha\right\}.$$

其中 $u_{\frac{\alpha}{2}}$、u_α 分别是(0,1)的双侧和上侧 α 分位点.

因为检验统计量 $U=\dfrac{\overline{X}-\mu_0}{\sigma/\sqrt{n}}\sim N(0,1)$,故上述检验方法称为 U 检验法.

(2)σ^2 未知,检验假设 $H_0:\mu=\mu_0$

设 $X_1,X_2,\cdots,X_n$ 是从正态总体 $N(\mu,\sigma^2)$中抽取的一个简单随机样本,检验假设$H_0:\mu=\mu_0$.

在 H_0 为真($\mu=\mu_0$)时,检验统计量

$$T=\frac{\overline{X}-\mu_0}{S/\sqrt{n}}\sim t(n-1).$$

若备择假设 $H_0:\mu\neq\mu_0$,则显著性水平为 α 的拒绝域是

$$W=\left\{(x_1,x_2,\cdots,x_n)\,\middle|\,|T|>t_{\frac{\alpha}{2}}(n-1)\right\},$$

其中 $t_{\frac{\alpha}{2}}(n-1)$是 t 分布的双侧 α 分位点.

因为检验统计量$\dfrac{\overline{X}-\mu_0}{S/\sqrt{n}}\sim t(n-1)$,故上述检验方法称为 **$T$ 检验法**.

2.单个正态总体方差的检验

设 $X_1,X_2,\cdots,X_n$ 是从正态总体 $N(\mu,\sigma^2)$中抽取的简单随机样本,检验假设 $H_0:\sigma^2=\sigma_0^2\leftrightarrow H_1:\sigma^2\neq\sigma_0^2$.

当 $H_0(\sigma^2=\sigma_0^2)$成立时,此时检验统计量

$$\chi^2=\frac{(n-1)S^2}{\sigma_0^2}\sim\chi^2(n-1).$$

对给定的显著性水平 α,为便于实际应用,通常取

$$C_{1\alpha}=\chi^2_{1-\frac{\alpha}{2}}(n-1),\quad C_{2\alpha}=\chi^2_{\frac{\alpha}{2}}(n-1).$$

因此，此时显著性水平为 α 的检验拒绝域为

$$W=\left\{(x_1,x_2,\cdots,x_n)\mid \frac{(n-1)S^2}{\sigma_0^2}>\chi^2_{\frac{\alpha}{2}}(n-1)\text{ 或}\frac{(n-1)S^2}{\sigma_0^2}<\chi^2_{1-\frac{\alpha}{2}}(n-1)\right\}.$$

由于该检验统计量服从 χ^2 分布，这种检验法称为 χ^2 检验法.

3. 两个正态总体均值差的检验

设总体 $X\sim N(\mu_1,\sigma_1^2)$，另一总体 $Y\sim N(\mu_2,\sigma_2^2)$，且两个总体相互独立. $X_1,X_2,\cdots,X_{n1}$ 和 $Y_1,Y_2,\cdots,Y_{n2}$ 分别是来自于总体 X 与 Y 的简单随机样本. 记

$$\overline{X}=\frac{1}{n_1}\sum_{i=1}^{n_1}X_i,\quad \overline{Y}=\frac{1}{n_2}\sum_{j=1}^{n_2}Y_j,$$

$$S_1^2=\frac{1}{n_1-1}\sum_{i=1}^{n_1}(X_i-\overline{X})^2,\quad S_2^2=\frac{1}{n_2-1}\sum_{j=1}^{n_2}(Y_j-\overline{Y})^2.$$

考虑假设检验 $H_0:\mu_1-\mu_2=\delta\leftrightarrow H_1:\mu_1-\mu_2\neq\delta$，$\delta$ 为已知常数（$\delta=0$ 时，即为 $H_0:\mu_1=\mu_2\leftrightarrow H_1:\mu_1\neq\mu_2$）.

(1) σ_1^2,σ_2^2 已知　当 σ_1^2,σ_2^2 已知，H_0 为真时，检验统计量

$$U=\frac{\overline{X}-\overline{Y}-\delta}{\sqrt{\frac{\sigma_1^2}{n_1}+\frac{\sigma_2^2}{n_2}}}\sim N(0,1).$$

对于给定的显著性水平 α，拒绝域为

$$W=\left\{(x_1,x_2,\cdots,x_{n_1};y_1,y_2,\cdots,y_{n_2})\,\Big|\,|U|>u_{\frac{\alpha}{2}}\right\}.$$

(2) σ_1^2,σ_2^2 未知，但 $\sigma_1^2=\sigma_2^2$　此时，若 H_0 为真，检验统计量

$$T=\frac{\overline{X}-\overline{Y}-\delta}{S_w\sqrt{\frac{1}{n_1}+\frac{1}{n_2}}}\sim t(n_1+n_2-2).$$

其中

$$S_w^2=\frac{(n_1-1)S_1^2+(n_2-1)S_2^2}{n_1+n_2-2}.$$

于是，可得显著性水平为 α 的检验拒绝域为

$$W=\left\{(x_1,x_2,\cdots,x_{n_1};y_1,y_2,\cdots,y_{n_2})\,\Big|\,|T|>t_{\frac{\alpha}{2}}(n_1+n_2-2)\right\}.$$

二维码 9-2　第 9 章知识要点讲解 2（微视频）

4. 两个正态总体方差比的检验

设总体 $X\sim N(\mu_1,\sigma_1^2)$，另一总体 $Y\sim N(\mu_2,\sigma_2^2)$，且两个总体相互独立. $X_1,X_2,\cdots,X_{n_1}$ 和 $Y_1,Y_2,\cdots,Y_{n_2}$ 分别是来自总体 X 与 Y 的简单随机样本.

检验假设

$$H_0:\sigma_1^2=\sigma_2^2\leftrightarrow H_1:\sigma_1^2\neq\sigma_2^2.$$

在 H_0 成立的条件下，检验统计量

$$F=\frac{S_1^2}{S_2^2}\sim F(n_1-1,n_2-1).$$

给定显著性水平 α，可得拒绝域为

$$W=\left\{(x_1,x_2,\cdots,x_{n_1};y_1,y_2,\cdots,y_{n_2})\,\middle|\,\frac{S_1^2}{S_2^2}>F_{\frac{\alpha}{2}}(n_1-1,n_2-1)\text{ 或}\frac{S_1^2}{S_2^2}<F_{1-\frac{\alpha}{2}}(n_1-1,n_2-1)\right\}$$

同样,该检验法称为 F **检验法**.

表 9.1 给出了正态总体参数的检验表.

表 9.1

名称	零假设 H_0	条件	检验统计量在 H_0 为真时的分布	备择假设	水平为 α 的拒绝域
U 检验	$\mu=\mu_0$	σ^2 已知	$U=\dfrac{\overline{X}-\mu_0}{\sigma/\sqrt{n}}\sim N(0,1)$	$\mu>\mu_0$ $\mu<\mu_0$ $\mu\neq\mu_0$	$U>u_\alpha$ $U<-u_\alpha$ $\lvert U\rvert>u_{\frac{\alpha}{2}}$
	$\mu_1-\mu_2=\delta$	σ_1^2,σ_2^2 均已知	$U=\dfrac{\overline{X}-\overline{Y}-\delta}{\sqrt{\dfrac{\sigma_1^2}{n_1}+\dfrac{\sigma_2^2}{n_2}}}\sim N(0,1)$	$\mu_1-\mu_2>\delta$ $\mu_1-\mu_2<\delta$ $\mu_1-\mu_2\neq\delta$	$U>u_\alpha$ $U<-u_\alpha$ $\lvert U\rvert>u_{\frac{\alpha}{2}}$
T 检验	$\mu=\mu_0$	σ^2 未知	$T=\dfrac{\overline{X}-\mu_0}{S/\sqrt{n}}\sim t(n-1)$	$\mu>\mu_0$ $\mu<\mu_0$ $\mu\neq\mu_0$	$T>t_\alpha(n-1)$ $T<-t_\alpha(n-1)$ $\lvert T\rvert>t_{\frac{\alpha}{2}}(n-1)$
	$\mu_1-\mu_2=\delta$	σ_1^2,σ_2^2 均未知但 $\sigma_1^2=\sigma_2^2$	$T=\dfrac{\overline{X}-\overline{Y}-\delta}{S_w\sqrt{\dfrac{1}{n_1}+\dfrac{1}{n_2}}}\sim t(n_1+n_2-2)$ $S_w^2=\dfrac{(n_1-1)S_1^2+(n_2-1)}{n_1+n_2-2}$	$\mu_1-\mu_2>\delta$ $\mu_1-\mu_2<\delta$ $\mu_1-\mu_2\neq\delta$	$T>t_\alpha(n_1+n_2-2)$ $T<-t_\alpha(n_1+n_2-2)$ $\lvert T\rvert>t_{\frac{\alpha}{2}}(n_1+n_2-2)$
	$\mu_1-\mu_2=\delta$	σ_1^2,σ_2^2 均未知但 $n_1=n_2=n$	$T=\dfrac{\overline{Z}-\delta}{S_Z/\sqrt{n}}\sim t(n-1)$ $Z_i=X_i-Y_i,i=1,\cdots,n$ $\overline{Z}=\overline{X}-\overline{Y}$ $S_Z^2=\dfrac{1}{n-1}\sum\limits_{i=1}^{n}(Z_i-\overline{Z})^2$	$\mu_1-\mu_2>\delta$ $\mu_1-\mu_2<\delta$ $\mu_1-\mu_2\neq\delta$	$T>t_\alpha(n-1)$ $T<-t_\alpha(n-1)$ $\lvert T\rvert>t_{\frac{\alpha}{2}}(n-1)$
χ^2 检验	$\sigma^2=\sigma_0^2$	μ 已知	$\chi^2=\dfrac{\sum\limits_{i=1}^{n}(X_i-\mu)^2}{\sigma_0^2}\sim\chi^2(n)$	$\sigma^2>\sigma_0^2$ $\sigma^2<\sigma_0^2$ $\sigma^2\neq\sigma_0^2$	$\chi^2>\chi_\alpha^2(n)$ $\chi^2<\chi_{1-\alpha}^2(n)$ $\chi^2>\chi_{\frac{\alpha}{2}}^2(n)$或 $\chi^2<\chi_{1-\frac{\alpha}{2}}^2(n)$
	$\sigma^2=\sigma_0^2$	μ 已知	$\chi^2=\dfrac{\sum\limits_{i=1}^{n}(X_i-\overline{X})^2}{\sigma_0^2}\sim\chi^2(n-1)$	$\sigma^2>\sigma_0^2$ $\sigma^2<\sigma_0^2$ $\sigma^2\neq\sigma_0^2$	$\chi^2>\chi_\alpha^2(n-1)$ $\chi^2<\chi_{1-\alpha}^2(n-1)$ $\chi^2>\chi_{\frac{\alpha}{2}}^2(n-1)$或 $\chi^2<\chi_{1-\frac{\alpha}{2}}^2(n-1)$

续表

名称	零假设 H_0	条件	检验统计量在 H_0 为真时的分布	备择假设	水平为 α 的拒绝域
F 检验	$\sigma_1^2=\sigma_2^2$	μ_1,μ_2 均未知	$F=\dfrac{S_1^2}{S_2^2}\sim F(n_1-1,n_2-1)$	$\sigma_1^2>\sigma_2^2$ $\sigma_1^2<\sigma_2^2$ $\sigma_1^2\neq\sigma_2^2$	$F>F_\alpha(n_1-1,n_2-1)$ $F<F_{1-\alpha}(n_1-1,n_2-1)$ $F>F_{\frac{\alpha}{2}}(n_1-1,n_2-1)$或 $F<F_{1-\frac{\alpha}{2}}(n_1-1,n_2-1)$
	$\sigma_1^2=\sigma_2^2$	μ_1,μ_2 均已知	$F=\dfrac{n_2\sum\limits_{i=1}^{n}(X_i-\mu_1)^2}{n_1\sum\limits_{j=1}^{n}(Y_j-\mu_2)^2}\sim F(n_1,n_2)$	$\sigma_1^2>\sigma_2^2$ $\sigma_1^2<\sigma_2^2$ $\sigma_1^2\neq\sigma_2^2$	$F>F_\alpha(n_1,n_2)$ $F<F_{1-\alpha}(n_1,n_2)$ $F>F_{\frac{\alpha}{2}}(n_1,n_2)$或 $F<F_{1-\frac{\alpha}{2}}(n_1,n_2)$

5. 区间估计和假设检验的关系

假设检验和区间估计这两个统计推断问题看似完全不同，但从枢轴量和检验统计量的比较可以看出实际上两者之间有着非常密切的联系.

由参数假设检验问题的水平为 α 的检验，可以得到该参数的置信水平为 $1-\alpha$ 的置信区间（置信限），反之亦然. 类似地，由单边假设检验问题就能得到相应参数的置信上限或置信区间，就可获得该参数的单边或双边检验问题的拒绝域.

二维码 9-3　第 9 章知识要点讲解 3（微视频）

9.3　例题解析

二维码 9-4　第 9 章基本要求与知识要点

例 9.1　设已知某炼铁厂铁水含碳量服从正态总体 $N(4.55, 0.108^2)$. 现在测定了 9 炉铁水，其平均含碳量为 4.484，如果铁水含碳量的方差没有变化，可以认为现在生产的铁水平均含碳量仍为 4.55（$\alpha=0.05$）？

分析　这是一个单个正态总体均值 μ 的双侧假设检验问题，应该选取 H_0 为铁水平均含碳量仍为 4.55，即 $H_0:\mu=\mu_0=4.55$，备择假设为 $H_1:\mu\neq\mu_0$. 注意到题设 $\sigma=0.108$ 已知，应该选取 U 检验法.

解　检验假设为 $H_0:\mu=\mu_0=4.55\leftrightarrow H_1:\mu\neq\mu_0$.
由于总体方差已知，故采用 U 检验，检验统计量为

$$U=\frac{\overline{X}-\mu_0}{\sigma/\sqrt{n}}\sim N(0,1).$$

当 $\alpha=0.05$ 时，查表知 $u_{\frac{\alpha}{2}}=\mu_{0.025}=1.96$，该检验的拒绝域为

$$W=\{|U|>u_{\frac{\alpha}{2}}\}=\{|U|>1.96\}.$$

若 H_0 成立，由已知条件，$\bar{x}=4.484$，$\sigma=0.108$，$n=9$，得

$$U=\frac{4.484-4.55}{0.108/\sqrt{9}}=-1.83\notin W,$$

所以接受原假设 H_0,即可以认为生产的铁水平均含碳量仍为 4.55.

例 9.2 设从正态总体 $N(\mu,9)$ 中抽取容量为 n 的样本 $X_1,X_2,\cdots,X_n$,问 n 不超过多少才能在 $\bar{x}=21$ 的条件下接受假设 $H_0:\mu=\mu_0=21.5(H_1:\mu\neq\mu_0)$,取显著性水平 $\alpha=0.05$.

分析 这是一个单个正态总体均值 μ 的双侧假设检验问题. 注意到题设 $\sigma=3$ 已知,应该选取 U 检验法. 利用接受域 $\overline{W}$ 来建立不等式,解出样本容量 n 的取值范围即可.

解 检验假设为 $H_0:\mu=\mu_0=21.5\leftrightarrow H_1:\mu\neq\mu_0$. 因为正态总体方差 $\sigma^2=9$ 已知,故取检验统计量

$$U=\frac{\overline{X}-\mu_0}{\sigma/\sqrt{n}}\sim N(0,1)$$

当显著性水平 $\alpha=0.05$ 时,查表得 $u_{\frac{\alpha}{2}}=u_{0.025}=1.96$,于是接受域为

$$\overline{W}=\left\{(x_1,x_2,\cdots,x_n)\left|\frac{|\overline{X}-\mu_0|}{\sigma/\sqrt{n}}<1.96\right.\right\}.$$

若 H_0 成立,将样本值代入上式得

$$\frac{|21-21.5|}{3/\sqrt{n}}<1.96,$$

解得

$$n<138.2976.$$

所以当 n 不超过 138 时,在 $\bar{x}=21$ 的条件下接受假设 $H_0:\mu=21.5$.

例 9.3 假设随机变量 $X\sim N(\mu,1)$,$(X_1,X_2,\cdots,X_{10})$ 是来自 X 的 10 个样本观测值,要在 $\alpha=0.05$ 下检验

$$H_0:\mu=\mu_0=0\leftrightarrow H_1:\mu\neq\mu_0,$$

取拒绝域为 $W=\{|\overline{X}|>k\}$.

(1)求 k 的值;

(2)若已知 $\bar{x}=1$,是否可以据此样本推断 $\mu=0(\alpha=0.05)$?

(3)如果 $W=\{|\overline{X}|\geqslant 0.8\}$ 作为该检验 $H_0:\mu=0$ 的拒绝域,试求检验的显著性水平 α.

分析 当 σ^2 已知时,检验 $H_0:\mu=\mu_0$ 的统计量 $U=\dfrac{\overline{X}-\mu_0}{\sigma/\sqrt{n}}$ 实际上是利用 $\overline{X}\sim N\left(\mu_0,\dfrac{\sigma^2}{n}\right)$ 得到的,由此利用 U 检验构造的拒绝域与利用 $\bar{X}\sim N\left(\mu_0,\dfrac{\sigma^2}{n}\right)$ 构造的拒绝域是等价的.

另外,根据显著性水平的概念,对于给定的检验假设,显著性水平 α 为

$$P(\text{拒绝 } H_0 \mid H_0 \text{ 为真})=P((x_1,\cdots,x_n)\in W \mid H_0 \text{ 为真}).$$

解 (1)设 $H_0:\mu=\mu_0=0\leftrightarrow H_1:\mu\neq\mu_0$.

该假设检验的检验统计量为

$$U=\frac{\overline{X}-\mu_0}{\sigma/\sqrt{n}}\sim N(0,1),$$

若 H_0 成立,其拒绝域为

$$W=\{|U|>u_{\frac{\alpha}{2}}\}=\left\{|\overline{X}|>u_{\frac{\alpha}{2}}\cdot\frac{\sigma}{\sqrt{n}}\right\},$$

即有

$$k=u_{\frac{\alpha}{2}}\cdot\frac{\sigma}{\sqrt{n}}=1.96\times\frac{1}{\sqrt{10}}=0.62;$$

(2)由于$|\overline{x}|=1>0.62=k$,故拒绝H_0,即认为不能推断$\mu=0$;

(3)显著性水平α即是当H_0为真时拒绝H_0的概率,故有

$$\begin{aligned}\alpha&=P(\text{拒绝 }H_0\mid H_0\text{ 为真})=P((x_1,\cdots,x_n)\in W\mid\mu=0)\\&=P(|\overline{X}|\geqslant0.8\mid\mu=0)\left(\text{此时 }\overline{X}\sim N\left(0,\frac{1}{10}\right)\right)\\&=P\left(\frac{|\overline{X}|}{\sqrt{1/10}}\geqslant\frac{0.8}{\sqrt{1/10}}\middle|\mu=0\right)\\&=2\left[1-\Phi\left(\frac{0.8}{\sqrt{1/10}}\right)\right]=2[1-\Phi(2.53)]=0.0114.\end{aligned}$$

注 本题说明:假设检验的拒绝域可有不同的等价形式,而显著性水平恰为犯第一类错误的最大允许值.

例 9.4 设正态总体的方差σ^2已知,均值μ只可能取μ_0或$\mu_1(\mu_1>\mu_0)$两值之一,$\overline{X}$为总体X的容量为n的样本均值.在给定的显著性水平α下,检验假设

$$H_0:\mu=\mu_0\leftrightarrow H_1:\mu=\mu_1>\mu_0$$

时,犯第二类错误的概率为β:

$$\beta=P(\overline{X}-\mu_0<k\mid\mu=\mu_1).$$

试验证:

$$\beta=\Phi\left(u_\alpha-\frac{\mu_1-\mu_0}{\alpha\sqrt{n}}\right).$$

并由此导出关系式

$$u_\alpha+u_\beta=\frac{\mu_1-\mu_0}{\sigma\sqrt{n}},$$

及

$$n=(u_\alpha+u_\beta)^2\frac{\sigma^2}{(\mu_1-\mu_0)^2}.$$

又问:(1)若n固定,当α减少时β的值如何变化?(2)若n固定,当β减少时α之值如何变化?(3)写出$\sigma=0.12,\mu_1-\mu_0=0.02$(标准差的1/6),$\alpha=0.05,\beta=0.025$时样本容量$n$至少等于多少?

分析 当零假设H_0不成立时,样本观测值却没有落在拒绝域W中,从而没有拒绝零假设H_0(**“纳伪”**),这种错误称为**第二类错误**.犯第二类错误的概率为β,即为

$$\beta=P(\text{接受 }H_0\mid H_0\text{ 不成立})=P(\overline{X}-\mu_0<k\mid\mu=\mu_1).$$

当备择假设H_1成立时,有$U=\dfrac{\overline{X}-\mu_1}{\sigma/\sqrt{n}}\sim N(0,1)$,利用它可以求出$\beta$.

解 由于 $\overline{X}\sim N\left(\mu,\dfrac{\sigma^2}{n}\right)$，此检验的拒绝域为 $W=P(\overline{X}\geqslant\mu_0+u_\alpha\sigma/\sqrt{n})$，故检验犯第二类错误的概率为

$$\beta=P(\overline{X}-\mu_1<\mu_0+u_\alpha\sigma/\sqrt{n}-\mu_1)=P\left(\frac{\overline{X}-\mu_0}{\sigma/\sqrt{n}}<u_\alpha-\frac{\mu_1-\mu_0}{\sigma/\sqrt{n}}\right)$$

$$=\Phi\left(u_\alpha-\frac{\mu_1-\mu_0}{\sigma/\sqrt{n}}\right).$$

又 $\Phi(-u_\beta)=\beta$，故可得 $u_\alpha+u_\beta=\dfrac{\mu_1-\mu_0}{\sigma/\sqrt{n}}$，进一步可得 $n=(u_\alpha+u_\beta)^2\dfrac{\sigma^2}{(\mu_1-\mu_0)^2}$.

(1)若 n 固定，当 α 减少时，u_α 就变大，由 $u_\alpha+u_\beta=\dfrac{\mu_1-\mu_0}{\sigma/\sqrt{n}}$ 为常量可知 u_β 就变小，从而导致 β 增大.

(2)同(1)的方法可知，若 n 固定，当 β 减少时，α 增大.

(3)由 $\alpha=0.05,\beta=0.025$，查表可得 $u_\alpha=1.645,u_\beta=1.96$，于是

$$n=(u_\alpha+u_\beta)^2\frac{\sigma^2}{(\mu_1-\mu_0)^2}=\frac{(1.645+1.96)^2\sigma^2}{(\mu_1-\mu_0)^2}.$$

将 $\sigma=0.12,\mu_1-\mu_0=0.02$ 代入，有

$$n=\frac{(1.645+1.96)^2\cdot 0.12^2}{0.02^2}=467.86$$

即 n 至少取 468.

注 (1)(2)问说明：在样本容量给定时，犯二类错误的概率一个变小另一个就会变大，不可能找到一个使得犯两类错误的概率都变小的检验方案.

例 9.5 某批矿砂的 5 个样品的镍含量经测定分别为 3.25%、3.27%、3.24%、3.26%、3.24%. 设测定值服从正态分布，问在 $\alpha=0.05$ 下能否接受假设 H_0：这批矿砂的镍含量为 3.25%.

分析 这是一个单个正态总体均值 μ 的双侧假设检验问题，H_0 可取这批矿砂的镍含量无变化仍为 3.25%，即 $H_0:\mu=3.25\%$，备择假设为 $H_1:\mu\neq 3.25\%$. 注意到题设总体方差未知，应该选取 T 检验法来进行.

解 该问题的检验假设为 $H_0:\mu=\mu_0=3.25\%\leftrightarrow H_1:\mu\neq\mu_0$. 因为正态总体方差未知，故取检验统计量

$$T=\frac{\overline{X}-\mu_0}{S/\sqrt{n}}\sim t(n-1).$$

当显著性水平 $\alpha=0.05$ 时，查表得 $t_{\frac{\alpha}{2}}(n-1)=t_{0.025}(4)=2.776\,4$，于是拒绝域为

$$W=\{|T|>2.776\,4\}.$$

若 H_0 成立，将样本值代入检验统计量中，得到检验统计量值为 $T=0.343\,0\notin W$，故接受 H_0，即在显著性水平 $\alpha=0.05$ 下认为这批矿砂的镍含量与 3.25% 无显著性差异.

例 9.6 某种导线，要求其电阻的均方差不得超过 0.005 Ω. 今在一批导线中取样 9 根，测得 $S=0.007$ Ω，设总体为正态分布，问在 $\alpha=0.05$ 下能否认为这批导线的均方差显著地偏大？

分析 这是一个单个正态总体方差 σ^2 的单侧假设检验问题. H_0 应选取电阻的均方差不超过 0.005 Ω,即 $H_0:\sigma\leqslant 0.005$,备择假设为 $H_1:\sigma>0.005$,利用 χ^2 检验法检验.

解 该问题的检验假设为 $H_0:\sigma\leqslant\sigma_0=0.005\leftrightarrow H_1:\sigma>\sigma_0$. 因为正态总体所有参数均未知,故取检验统计量

$$\chi^2=\frac{(n-1)S^2}{\sigma_0^2}\sim\chi^2(n-1).$$

在显著性水平 $\alpha=0.05$ 下,查表得 $\chi_\alpha^2=(n-1)=\chi_{0.05}^2(8)=15.057$,故拒绝域为

$$W=\{\chi^2>15.057\}.$$

当 $n=9, S=0.007$ 时,检验统计量的值为 $\chi^2=15.68\in W$,故拒绝 H_0,即在显著性水平 $\alpha=0.05$ 下认为这批导线的均方差显著地偏大.

例 9.7 无线电厂生产某型号的高频管,其中一项指标服从正态分布 $N(\mu,\sigma^2)$. 现从该厂生产的一批高频管中任取 9 个,测得该项指标的数据如下:

58 72 68 70 65 55 46 56 64,

(1)若已知 $\mu=60$,检验假设($\alpha=0.05$)$H_0:\sigma^2=\sigma_0^2=48\leftrightarrow H_1:\sigma^2\neq\sigma_0^2$;

(2)若 μ 未知,检验假设($\alpha=0.05$)$H_0:\sigma^2=\sigma_0^2=48\leftrightarrow H_1:\sigma^2\neq\sigma_0^2$;

分析 本题两个问题都是单个正态总体方差 σ^2 的双侧假设检验问题,均利用 χ^2 检验法. 由于总体均值分已知和未知,故分别采用自由度不同的 χ^2 检验统计量.

解 (1)因为总体均值 μ 已知,此时检验统计量可取为

$$\chi^2=\sum_{i=1}^{n}\frac{(X_i-\mu)^2}{\sigma_0^2}\sim\chi^2(n).$$

当显著性水平 $\alpha=0.05$ 时,查表得

$$\chi_{\frac{\alpha}{2}}^2(n)=\chi_{0.025}^2(9)=19.023,\quad \chi_{1-\frac{\alpha}{2}}^2(n)=\chi_{0.975}^2(9)=2.700,$$

故拒绝域为

$$W=\{\chi^2<\chi_{0.975}^2(9)\text{ 或 }\chi^2>\chi_{0.025}^2(9)\}.$$

计算得检验统计量的值为 $\chi^2=12.2917\in W$,故接受 H_0,即在显著性水平 $\alpha=0.05$ 下总体方差与 48 无显著性差异.

(2)因为总体均值 μ 未知,此时检验统计量可取为

$$\chi^2=\frac{(n-1)S^2}{\sigma_0^2}\sim\chi^2(n).$$

当显著性水平 $\alpha=0.05$ 时,查表得

$$\chi_{\frac{\alpha}{2}}^2(n-1)=\chi_{0.025}^2(8)=17.535,\chi_{1-\frac{\alpha}{2}}^2(n-1)=\chi_{0.975}^2(8)=2.180,$$

故拒绝域为

$$W=\{\chi^2<\chi_{0.975}^2(8)\text{ 或 }\chi^2>\chi_{0.025}^2(8)\}.$$

计算得检验统计量的值为 $\chi^2=11.8380\in W$,故接受 H_0,即认为在显著性水平 $\alpha=0.05$ 下总体方差与 48 无显著性差异.

例 9.8 某化工研究所要考虑温度对产品断裂力的影响,在 70℃、80℃两种条件下分别做了 8 次重复试验,测得的断裂力分别为(单位:kg)

70℃：20.9 19.8 18.8 20.5 21.5 19.5 21.0 21.2；

80℃：20.1 20.0 17.7 20.2 19.0 18.8 19.1 20.3.

由过去知识知断裂力服从正态分布.

(1)若已知两种温度下试验的方差相等，问在 $\alpha=0.05$ 时，两总体的均值是否可认为相等？

(2)若不知道两种温度试验的方差是否相等，则在水平 $\alpha=0.05$ 下，两总体的均值是否可认为相等？

分析 该题属于两个正态总体均值差的双侧假设检验问题. 假设样本1和样本2分别来自正态总体 $N(\mu_1,\sigma_1^2)$，$N(\mu_2,\sigma_2^2)$. μ_1，μ_2 分别为产品的平均断裂力. 因此第一个问题归结为在 $\sigma_1^2=\sigma_2^2$ 未知下，利用 T 检验法检验假设：

$$H_0:\mu_1=\mu_2 \leftrightarrow H_1:\mu_1\neq\mu_2.$$

而第二个问题方差是否相等未知，但两样本容量相等，故可采用配对方法构造 T 检验统计量，再进行检验.

解 (1)该问题的检验假设为 $H_0:\mu_1=\mu_2 \leftrightarrow H_1:\mu_1\neq\mu_2$. 两正态总体所有参数均未知，但方差相等，此时检验统计量为

$$T=\frac{\overline{X}-\overline{Y}-(\mu_1-\mu_2)}{S_w\sqrt{\frac{1}{n_1}+\frac{1}{n_2}}}\sim t(n_1+n_2-2).$$

当显著性水平 $\alpha=0.05$ 时，查表得 $t_{\frac{\alpha}{2}}(n_1+n_2-2)=t_{0.025}(14)=2.1448$，故拒绝域为

$$W=\{|T|>t_{0.025}(14)\}.$$

计算得检验统计量的值为 $T=2.1602\in W$，故拒绝 H_0，即认为在显著性水平 $\alpha=0.05$ 下两总体均值有显著性差异.

(2)该问题的检验假设为 $H_0:\mu_1=\mu_2 \leftrightarrow H_1:\mu_1\neq\mu_2$. 因不知道两种温度试验的方差是否相等，但两样本容量大小相等，令 $Z_i=X_i-Y_i$，$i=1,\cdots,8$，则取检验统计量为

$$T=\frac{\overline{Z}-(\mu_1-\mu_2)}{S_Z\sqrt{n}}\sim t(n-1).$$

其中 $\overline{Z}=\overline{X}-\overline{Y}$，$S_Z^2=\frac{1}{n-1}\sum_{i=1}^{n}(Z_i-\overline{Z})^2$.

当显著性水平 $\alpha=0.05$ 时，查表得 $t_{\frac{\alpha}{2}}(n-1)=t_{0.025}(7)=2.3646$，故拒绝域为

$$W=\{|T|>t_{0.025}(7)\}.$$

计算得检验统计量的值为 $T=3.3007\in W$，故拒绝 H_0，即认为在显著性水平 $\alpha=0.05$ 下两总体均值有显著性差异.

例 9.9 某厂使用两种不同的原料A、B生产同一类型产品，各在一星期的产品中取样进行分析比较. 取使用原料A生产的样品220件，测得平均重量为2.46 kg，标准差为0.57 kg；取使用原料B生产的样品205件，测得平均重量为2.55 kg，标准差为0.48 kg. 设这两个总体均服从正态分布，且方差相同. 问在 $\alpha=0.05$ 下能否认为使用原料B的产品平均重量要比使用原料A的大？

分析 该题属于两个正态总体均值差的单侧假设检验问题. 假设样本A和样本B分别来自正态总体 $N(\mu_1,\sigma_1^2)$，$N(\mu_2,\sigma_2^2)$. μ_1，μ_2 分别为产品的平均重量. H_0 应选取原料A的产

品平均重量要比使用原料B的小，即 $H_0:\mu_1\leqslant\mu_2$，备择假设为 $H_1:\mu_1>\mu_2$，利用两样本 T 检验法进行均值的比较检验.

解 该问题的检验假设为 $H_0:\mu_1\leqslant\mu_2\leftrightarrow H_1:\mu_1>\mu_2$，因为所有参数均未知，故在原假设 H_0 成立下，采用检验统计量为

$$T=\frac{\overline{X}-\overline{Y}}{S_w\sqrt{\frac{1}{n_1}+\frac{1}{n_2}}}\sim t(n_1+n_2-2).$$

当显著性水平 $\alpha=0.05$ 时，查表得 $t_\alpha=(n_1+n_2-2)=t_{0.05}(423)=1.6485$，故拒绝域为

$$W=\{T>t_{0.05}(423)\}.$$

由题目条件知 $\bar{x}=2.46,\bar{y}=2.55,S_1=0.57,S_2=0.48$，计算得检验统计量的值为 $T=1.7542\in W$，故拒绝 H_0. 即在显著性水平 $\alpha=0.05$ 下不能认为原料B的产品平均重量要比使用原料A的大.

例 9.10 某铁矿有10个样品，每一样品用两种方法各化验一次，测得含铁量(%)如下：

方法A：28.22 33.95 38.25 42.52 37.62 37.84 36.12 35.11 34.45 32.83；

方法B：28.27 33.99 38.20 42.42 37.64 37.85 36.21 35.20 34.40 32.86.

(1)设两组数据都来自正态分布的总体，问在 $\alpha=0.05$ 下，能否认为两种化验方法下测得值的方差相等；

(2)在 $\alpha=0.05$ 下，能否认为这两种方法对含铁量的测定有显著差异？

分析 该题第一个问题属于两个正态总体方差齐性的假设检验问题. 假设样本A和样本B分别来自正态总体 $N(\mu_1,\sigma_1^2)$，$N(\mu_2,\sigma_2^2)$. H_0 应选取方法A与方法B测得值的方差无差异，即 $H_0:\sigma_1^2=\sigma_2^2$，备择假设为 $H_1:\sigma_1^2\neq\sigma_2^2$，利用 F 检验法进行检验.

第二个问题需要第一个问题的检验结果，再确定相应的检验法，进行两个正态总体均值的比较检验.

解 (1)该问题的检验假设为 $H_0:\sigma_1^2=\sigma_2^2\leftrightarrow H_1:\sigma_1^2\neq\sigma_2^2$. 因为所有参数均未知，故在原假设 H_0 成立下，采用检验统计量

$$F=\frac{S_1^2}{S_2^2}\sim F(n_1-1,n_2-1)$$

当显著性水平 $\alpha=0.05$ 时，查表得 $F_{\frac{\alpha}{2}}(n_1-1,n_2-1)=F_{0.025}(9,9)=4.03$，$F_{1-\frac{\alpha}{2}}(n_1-1,n_2-1)=\dfrac{1}{F_{\frac{\alpha}{2}}(n_2-1,n_1-1)}=1/4.03$，故拒绝域为

$$W=\{F<F_{0.975}(9,9)\text{ 或 }F>F_{0.025}(9,9)\}.$$

由题目条件知，$S_A^2=14.5130$，$S_B^2=14.2432$，计算得检验统计量的值为 $F=1.0189\notin W$，故接受 H_0，即在显著性水平 $\alpha=0.05$ 下认为两种化验方法下测得值的方差无显著性差异.

(2)该问题的检验假设为 $H_0:\mu_1=\mu_2\leftrightarrow H_1:\mu_1\neq\mu_2$. 由(1)已知 $\sigma_1^2=\sigma_2^2$，且所有参数均未知，故在原假设 H_0 成立下，采用检验统计量

$$T=\frac{\overline{X}-\overline{Y}}{S_w\sqrt{\frac{1}{n_1}+\frac{1}{n_2}}}\sim t(n_1+n_2-2),$$

当显著性水平 $\alpha=0.05$ 时，查表得 $t_{\frac{\alpha}{2}}(n_1+n_2-2)=t_{0.025}(18)=2.1009$，故拒绝域为

$$W=\{|T|>t_{0.025}(18)\}.$$

由题目条件知，$\overline{X}=35.691$，$\overline{Y}=35.704$，计算得检验统计量的值为 $T=-0.0077\notin W$，故接受 H_0，即在显著性水平 $\alpha=0.05$ 下认为两种化验方法所测得的值无显著性差异.

二维码 9-5　第 9 章典型例题讲解（微视频）

9.4　同步练习

1. 某产品的指标服从正态分布，它的均方差 σ 已知为 150. 今抽取了一个容量为 26 的样本，计算得样本平均值为 1 637. 问在 5% 的显著性水平下，能否认为这批产品指标的期望值 μ 为 1 600？

2. 某纺织厂在正常的运转条件下，平均每台布机每小时经纱断头数为 0.973 根，各台布机断头数的标准差为 0.162 根. 该厂进行工艺改革，减少经纱上浆率，在 200 台布机上进行试验，结果平均每台每小时经纱断头数为 0.994 根，总体标准差不变. 问新工艺上浆率能否推广（$\alpha=0.05$）？

3. 某电器零件的平均电阻一直保持在 2.64 Ω，改变加工工艺后，测得 100 个零件的平均电阻为 2.62 Ω. 如改变工艺前后电阻的标准差 σ 保持在 0.06 Ω，问新工艺对零件的电阻有无显著影响（$\alpha=0.01$）？

4. 打包机装糖入包，每包标准重为 100 kg. 每天开工后，要检验所装糖包的总体期望是否合乎标准（100 kg）. 某日开工后，测得 9 包糖重量如下（单位：kg）：

99.3　98.7　100.5　101.2　98.3　99.7　99.5　102.1　100.5，

打包机装糖的包重量服从正态分布，问该天打包机工作是否正常（$\alpha=0.05$）？

5. 为防治某种害虫而将某种农药粉末施入土中，但规定经三年后土壤中如有 5 ppm 以上浓度时认为有残效. 现在施药区内分别抽取了 10 个土样（施药三年后）进行分析，它们的浓度（ppm）分别为

4.8　3.2　2.6　6.0　5.4　7.6　2.1　2.5　3.1　3.5，

试问该农场经三年后是否有残效（$\alpha=0.05$）？

6. 某厂生产的一种合金线，其抗拉强度的均值为 10 620. 改进工艺后重新生产了一批合金线，从中抽取 10 根，测得抗拉强度为

10 776　10 554　10 668　10 512　10 623
10 557　10 581　10 707　10 670　10 666，

若抗拉强度服从正态分布，问新生产的合金线的抗拉强度是否比过去的高（$\alpha=0.05$）？

7. 用过去的铸造方法，零件强度的标准差是 1.6. 为了降低成本，改变了铸造方法，测得用新方法铸出的零件强度如下：

51.9　53.0　52.7　54.1　53.2　52.3　52.5　51.1　54.7.

设零件强度服从正态分布，问改变方法后，零件强度的方差是否发生了变化（$\alpha=0.05$）？

8. 某种导线的电阻服从正态分布 $N(\mu,0.005^2)$. 今从新生产的一批导线中抽取 9 根，测得电阻，得 $S=0.008$ Ω. 能否认为这批导线电阻的标准差仍为 0.005（$\alpha=0.05$）？

9. 测定某种溶液中的水分，其 10 个测定值给出 $\bar{x}=0.452\%$，$S^2=\frac{1}{n-1}\sum_{i=1}^{n}(x_i-\bar{x})^2$，$s=0.037\%$. 设测定值总体服从正态分布，$\mu$ 为总体均值，σ^2 为总体方差，试在 5% 显著性水平下，分别检验假设：

(1)$H_0:\mu=0.5\%\leftrightarrow H_1:\mu\neq0.5\%$；(2)$H_0:\sigma=0.04\%\leftrightarrow H_1:\sigma\neq0.04\%$.

10. 一细纱车间纺出的某种细纱支数的标准差为 1.2. 某日从纺出的一批纱中，随机抽取 15 缕进行支数测量，测得样本标准差 $S=\sqrt{\frac{1}{n-1}\sum_{i=1}^{n}(x_i-\bar{x})^2}=2.1$，若总体为正态分布，问纱的均匀度有无显著变化($\alpha=0.05$)?

11. 在正常情况下，维尼纶纤度服从正态分布，方差不大于 0.048^2. 某日从生产的维尼纶中随机地抽取 5 根纤维，测得纤度如下：1.32，1.55，1.36，1.40，1.44，试判断该日生产的维尼纶纤度的方差是否正常($\alpha=0.01$)?

12. 下面给出两种型号的计算器充电以后所能使用的时间(单位：h)的观测值：

型号 A	5.5	5.6	6.3	4.6	5.3	5.0	6.2	5.8	5.1	5.2	5.9	
型号 B	3.8	4.3	4.2	4.0	4.9	4.5	5.2	4.8	4.5	3.9	3.7	4.6

设两种型号的计算器充电以后所能使用的时间均服从正态分布且相互独立，又设两总体方差相等，试问能否认为型号 A 的计算器平均使用时间明显比型号 B 要长($\alpha=0.01$)?

13. 比较甲、乙两种安眠药的疗效. 将 20 个患者分成两组，每组 10 人. 甲组病人服用甲种安眠药，乙组病人服用乙种安眠药. 设服药后延长的睡眠时间均服从正态分布，两组病人服药后的数据如下：

甲组：1.6　4.6　3.4　4.4　5.5　−0.1　1.1　0.1　0.8　1.9

乙组：−1.2　−0.1　−0.2　−1.6　0.7　3.4　3.7　0　0.2　0.8

问甲、乙两种安眠药的疗效有无显著差异?

14. 在漂白工艺中要改变温度对针织品断裂强力的影响，在两种不同温度下分别做了 8 次试验，测得断裂强力的数据如下(单位：kg)

70℃(A)：20.8　18.8　19.8　20.9　21.5　19.5　21.0　21.2

80℃(B)：17.7　20.3　20.0　18.8　19.0　20.1　20.1　19.1，

判断两种温度下的强力有无差别(断裂强力可认为服从正态分布，$\alpha=0.05$)?

15. 工厂的两个化验室，每天同时从工厂的冷却水中取样，测量水中含氯量(ppm)一次. 下面是 7 天的记录：

化验室 A：1.15　1.86　0.75　1.82　1.14　1.65　1.90

化验室 B：1.00　1.90　0.90　1.80　1.20　1.70　1.95，

问两化验室测定的结果之间有无显著的差异($\alpha=0.05$)?

16. 两位化验员 A、B 对一种矿砂的含铁量各独立地用统一方法做了 5 次分析，得到的样本方差分布为 0.432 2 与 0.500 6. 若 A、B 测定值的总体都是正态分布，其方差分布为 σ_1^2 与 σ_2^2，试在水平 0.05 下检验方差齐性假设 $H_0:\sigma_1^2=\sigma_2^2$.

二维码 9-6　第 9 章自测题及解析

同步练习答案与提示

1. 解 这是关于正态总体均值的双侧假设检验问题，检验假设为

$$H_0:\mu=\mu_0=1\ 600 \leftrightarrow H_1:\mu\neq\mu_0.$$

由于总体均方差 $\sigma=150$ 已知，故采用 U 检验，检验统计量为

$$U=\frac{\overline{X}-\mu_0}{\sigma/\sqrt{n}}\sim N(0,1).$$

当 $\alpha=0.05$ 时，查表知 $u_{\frac{\alpha}{2}}=u_{0.025}=1.96$，该检验的拒绝域为

$$W=\{|U|>u_{\frac{\alpha}{2}}\}=\{|U|>1.96\}.$$

由已知条件，$\bar{x}=163\ 7$，故

$$U=\frac{1\ 637-1\ 600}{150/\sqrt{26}}=1.257\ 8\notin W,$$

所以接受原假设 H_0，因而可以认为这批产品指标的期望值 μ 为 1 600.

2. 解 这是关于正态总体均值的双侧假设检验问题，检验假设为

$$H_0:\mu=\mu_0=0.973 \leftrightarrow H_1:\mu\neq\mu_0.$$

由于总体标准差 $\sigma=0.162$ 已知，故采用 U 检验，检验统计量为

$$U=\frac{\overline{X}-\mu_0}{\sigma/\sqrt{n}}\sim N(0,1).$$

当 $\alpha=0.05$ 时，查表知 $u_{\frac{\alpha}{2}}=\mu_{0.025}=1.96$，该检验的拒绝域为

$$W=\{|U|>u_{\frac{\alpha}{2}}\}=\{|U|>1.96\}.$$

由已知条件，$\bar{x}=0.994$，经计算得

$$U=\frac{0.994-0.973}{0.162/\sqrt{200}}=1.833\ 2\notin W,$$

所以接受原假设 H_0，可以认为新工艺上浆率能够推广.

3. 解 这是关于正态总体均值的双侧假设检验问题，检验假设为

$$H_0:\mu=\mu_0=2.64 \leftrightarrow H_1:\mu\neq\mu_0.$$

由于总体标准差 $\sigma=0.06$ 已知，故采用 U 检验，检验统计量为

$$U=\frac{\overline{X}-\mu_0}{\sigma/\sqrt{n}}\sim N(0,1).$$

当 $\sigma=0.01$ 时，查表知 $u_{\frac{\alpha}{2}}=u_{0.005}=2.58$，该检验的拒绝域为

$$W=\{|U|>u_{\frac{\alpha}{2}}\}=\{|U|>2.58\}.$$

由已知条件，$\bar{x}=2.62$，经计算得

$$U=\frac{2.62-2.64}{0.06/\sqrt{100}}=-3.333\ 3\in W,$$

所以拒绝原假设 H_0，可以认为新工艺对零件的电阻有显著影响.

4. 解 该问题的检验假设为 $H_0:\mu=\mu_0=100 \leftrightarrow H_1:\mu\neq\mu_0$.

因为正态总体方差未知,故取检验统计量

$$T=\frac{\overline{X}-\mu_0}{S/\sqrt{n}}\sim t(n-1).$$

当显著性水平 $\alpha=0.05$ 时,查表得 $t_{\frac{\alpha}{2}}(n-1)=t_{0.025}(8)=2.306$,故拒绝域为

$$W=\{|T|>t_{0.025}(8)\}=\{|T|>2.306\}.$$

经计算检验统计量的值为 $T=0.0544\notin W$,故接受原假设 H_0,可以认为该天打包机工作正常.

5. 解 这是关于正态总体均值的单侧假设检验问题,检验假设为

$$H_0:\mu\leqslant\mu_0=5\leftrightarrow H_1:\mu>\mu_0.$$

由于总体标准差 σ 未知,故采用 T 检验,检验统计量为

$$T=\frac{\overline{X}-\mu_0}{S/\sqrt{n}}\sim t(n-1).$$

当 $\alpha=0.05$ 时,查表知 $t_\alpha(n-1)=t_{0.05}(8)=1.8595$,该检验的拒绝域为

$$W=\{T>t_{0.05}(8)\}=\{T>1.8595\}.$$

由已知条件,$\bar{x}=4.08,S=1.7955$,经计算得

$$T=\frac{4.08-5}{1.79/\sqrt{9}}=-1.5371\notin W,$$

所以接受原假设 H_0,不能认为该农场有残效.

6. 解 这是关于正态总体均值的单侧假设检验问题,检验假设为

$$H_0:\mu\leqslant\mu_0=10\,620\leftrightarrow H_1:\mu>\mu_0.$$

由于总体标准差 σ 未知,故采用 T 检验,检验统计量为

$$T=\frac{\overline{X}-\mu_0}{S/\sqrt{n}}\sim t(n-1).$$

当 $\alpha=0.05$ 时,查表知 $t_\alpha(n-1)=t_{0.05}(9)=1.8331$,该检验的拒绝域为

$$W=\{|T|>t_{0.05}(9)\}=\{|T|>1.8331\}.$$

由已知条件,$\bar{x}=10\,631.4,S=80.9968$,经计算得

$$T=\frac{10\,631.4-10\,620}{80.9968/\sqrt{10}}=0.4450\notin W,$$

所以接受原假设 H_0,不能认为新生产的合金线的抗拉强度要强.

7. 解 该问题的检验假设为 $H_0:\sigma^2=\sigma_0^2=1.6^2\leftrightarrow H_1:\sigma^2\neq\sigma_0^2$.

因为正态总体所有参数均未知,故取检验统计量

$$\chi^2=\frac{(n-1)S^2}{\sigma_0^2}\sim\chi^2(n-1).$$

在显著性水平 $\alpha=0.05$ 下,其拒绝域为

$$W=(0,\chi^2_{0.975}(8))\cup(\chi^2_{0.025}(8),+\infty)=(0,2.18)\cup(17.535,+\infty).$$

经计算检验统计量的值为 $\chi^2=4.965\notin W$,故接受原假设 H_0,认为零件强度的方差没有显著变化.

8. 解 该问题的检验假设为 $H_0:\sigma^2=\sigma_0^2=0.005^2\leftrightarrow H_1:\sigma^2\neq\sigma_0^2$.

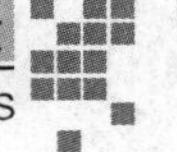

因为正态总体所有参数均未知,故取检验统计量

$$\chi^2=\frac{(n-1)S^2}{\sigma_0^2}\sim\chi^2(n-1).$$

在显著性水平 $\alpha=0.05$ 下,其拒绝域为

$$W=(0,\chi_{0.975}^2(8))\cup(\chi_{0.025}^2(8),+\infty)=(0,2.18)\cup(17.535,+\infty).$$

经计算检验统计量的值为 $\chi^2=20.48\in W$,故拒绝原假设 H_0,不能认为这批导线电阻的标准差仍为 0.005.

9. 解 (1)这是关于正态总体均值的双侧假设检验问题,检验假设为

$$H_0:\mu=\mu_0=0.5\%\leftrightarrow H_1:\mu\neq\mu_0.$$

由于总体标准差 σ 未知,故采用 T 检验,检验统计量为

$$T=\frac{\overline{X}-\mu_0}{S/\sqrt{n}}\sim t(n-1).$$

当 $\alpha=0.05$ 时,查表知 $t_\alpha(n-1)=t_{0.025}(9)=2.2621$,该检验的拒绝域为

$$W=\{|T|>t_{0.025}(9)\}=\{|T|>2.2621\}.$$

由已知条件,$\bar{x}=0.452\%$,$S=0.037\%$,故

$$T=\frac{0.452\%-0.5\%}{0.037\%/\sqrt{10}}=-4.1024\in W,$$

所以拒绝原假设 H_0.

(2)这是关于正态总体方差的双侧假设检验问题,检验假设为

$$H_0:\sigma=\sigma_0=0.04\%\leftrightarrow H_1:\sigma\neq\sigma_0.$$

采用 χ^2 检验法进行检验,其检验统计量为

$$\chi^2=\frac{(n-1)S^2}{\sigma_0^2}\sim\chi^2(n-1).$$

当显著性水平 $\alpha=0.05$ 时,查表得 $\chi_{\frac{\alpha}{2}}^2(n-1)=\chi_{0.025}^2(9)=19.0$,$\chi_{1-\frac{\alpha}{2}}^2(n-1)=\chi_{0.975}^2(9)=2.70$,故拒绝域为

$$W=\{\chi^2<\chi_{0.975}^2(9)\text{ 或 }\chi^2>\chi_{0.05}^2(9)\}.$$

由已知条件,$S=0.037\%$,故

$$\chi^2=\frac{(n-1)S^2}{\sigma_0^2}=7.7006\notin W,$$

所以接受原假设 H_0.

10. 解 这是关于正态总体方差的双侧假设检验问题,检验假设为

$$H_0:\sigma=\sigma_0=1.2\leftrightarrow H_1:\sigma\neq\sigma_0.$$

采用χ^2检验法检验,其检验统计量为

$$\chi^2=\frac{(n-1)S^2}{\sigma_0^2}\sim\chi^2(n-1).$$

当显著性水平 $\alpha=0.05$ 时,查表得 $\chi_{\frac{\alpha}{2}}^2(n-1)=\chi_{0.025}^2(14)=26.1189$,$\chi_{1-\frac{\alpha}{2}}^2(n-1)=\chi_{0.975}^2(14)=5.6287$,故拒绝域为

$$W=\{\chi^2<\chi_{0.975}^2(14)\quad\text{或}\quad\chi^2>\chi_{0.025}^2(14)\}.$$

由已知条件，$S=2.1$，经计算得

$$\chi^2=\frac{(n-1)S^2}{\sigma_0^2}=42.875\in W,$$

所以拒绝原假设 H_0，即可以认为均匀度有显著性变化.

11. 解 这是关于正态总体方差的单侧假设检验问题，检验假设为

$$H_0:\sigma^2\leqslant\sigma_0^2=0.048^2\leftrightarrow H_1:\sigma^2>\sigma_0^2.$$

采用 χ^2 检验法进行检验，其检验统计量为

$$\chi^2=\frac{(n-1)S^2}{\sigma_0^2}\sim\chi^2(n-1).$$

当显著性水平 $\alpha=0.05$ 时，查表得 $\chi^2_{\frac{\alpha}{2}}(n-1)=\chi^2_{0.05}(4)=9.4877$，故拒绝域为

$$W=\{\chi^2>\chi^2_{0.95}(4)\}=\{\chi^2>9.4877\}.$$

由已知条件，$S=0.0882$，故

$$\chi^2=\frac{(n-1)s^2}{\sigma_0^2}=13.5069\in W,$$

所以接受原假设 H_0，即认为维尼纶纤度的方差显著偏大.

12. 解 该问题的检验假设为 $H_0:\mu_1\leqslant\mu_2\leftrightarrow H_1:\mu_1>\mu_2$. 两正态总体所有参数均未知，但方差相等，此时取检验统计量为

$$T=\frac{\overline{X}-\overline{Y}-(\mu_1-\mu_2)}{S_w\sqrt{\frac{1}{n_1}+\frac{1}{n_2}}}\sim t(n_1+n_2-2).$$

显著性水平 $\alpha=0.01$ 时，查表得 $t_\alpha(n_1+n_2-2)=t_{0.01}(21)=2.5176$，故拒绝域为

$$W=\{T>t_{0.01}(21)\}=\{T>2.5176\}.$$

计算得检验统计量的值为 $T=5.4837\in W$，故拒绝原假设 H_0，可以认为型号 A 的计算器平均使用时间明显比型号 B 要长.

13. 解 假设样本 1 和样本 2 分别来自正态总体 $N(\mu_1,\sigma_1^2)$，$N(\mu_2,\sigma_2^2)$，μ_1，μ_2 分别为两种安眠药的平均延长睡眠时间. 题中没有假定方差相等，所以应先检验两总体方差是否相等，若相等再检验两总体的均值，若不相等则因为两组样本容量相等，可先进行配对，再进行均值的比较检验.

先建立检验假设

$$H_0:\sigma_1^2=\sigma_2^2\leftrightarrow H_1:\sigma_1^2\neq\sigma_2^2.$$

采用的检验统计量为

$$F=S_1^2/S_2^2\sim F(n_1-1,n_2-1).$$

这里 $n_1=n_2=10$，取 $\alpha=0.05$，查表得

$$F_{0.025}(9,9)=4.0260,F_{0.975}(9.9)=\frac{1}{F_{0.025}(9,9)}=\frac{1}{4.0260}=0.2484,$$

从而其拒绝域为

$$W=\{F<F_{0.975}(9,9)\text{ 或 }F>F_{0.025}(9,9)\},$$

利用样本计算得 $\bar{x}=2.33$，$\bar{y}=0.57$，$S_1^2=4.009$，$S_2^2=3.0246$，$F=1.3255\notin W$，所以接受 H_0，即认为两个正态总体的方差是相等的.

再建立检验假设
$$H_0:\mu_1=\mu_2 \leftrightarrow H_1:\mu_1\neq\mu_2.$$
根据上面检验结果,应采用方差相等时的 T 检验法,此时检验统计量为
$$T=\frac{\overline{X}-\overline{Y}-(\mu_1-\mu_2)}{S_w\sqrt{\frac{1}{n_1}+\frac{1}{n_2}}}\sim t(n_1+n_2-2).$$
当显著性水平 $\alpha=0.10$ 时,查表得 $t_{\frac{\alpha}{2}}(n_1+n_2-2)=t_{0.05}(18)=1.734\,0$,故拒绝域为
$$W=\{|T|>t_{0.025}(18)\}=\{|T|>1.734\,0\}.$$
计算得检验统计量的值为 $T=2.098\,6\in W$,故拒绝 H_0,即认为在显著性水平 $\alpha=0.10$ 下两总体均值有显著性差异.

14. 解 先作方差齐性检验,此时检验假设为
$$H_0:\sigma_1^2=\sigma_2^2 \leftrightarrow H_1:\sigma_1^2\neq\sigma_2^2.$$
因为所有参数均未知,故在原假设 H_0 成立下,采用检验统计量
$$F=S_1^2/S_2^2\sim F(n_1-1,n_2-1).$$
当显著性水平 $\alpha=0.05$ 时,查表得 $F_{\frac{\alpha}{2}}(n_1-1,n_2-1)=F_{0.025}(7,7)=4.994\,9$,
$$F_{1-\frac{\alpha}{2}}(n_1-1,n_2-1)=\frac{1}{F_{\frac{\alpha}{2}}(n_1-1,n_2-1)}=\frac{1}{4.994\,9}=0.200\,2,$$
故拒绝域为
$$W=\{F<F_{0.975}(7,7)\text{ 或 }F>F_{0.025}(7,7)\}.$$
由题目条件知,$S_A^2=0.905\,5$,$S_B^2=0.807\,0$,计算得检验统计量的值为 $F=1.22\,2\notin W$,故接受原假设 H_0,即在显著性水平 $\alpha=0.05$ 下认为两种温度下强力的方差无显著性差异.

下面再做均值的显著性检验,此时该问题的检验假设为
$$H_0:\mu_1=\mu_2 \leftrightarrow H_1:\mu_1\neq\mu_2.$$
因为所有参数均未知,故在原假设 H_0 成立下,采用检验统计量
$$T=\frac{\overline{X}-\overline{Y}}{S_w\sqrt{\frac{1}{n_1}+\frac{1}{n_2}}}\sim t(n_1+n_2-2).$$
当显著性水平 $\alpha=0.05$ 时,查表得 $t_{\frac{\alpha}{2}}(n_1+n_2-2)=t_{0.025}(14)=2.144\,8$,故拒绝域为
$$W=\{|T|>t_{0.025}(18)\}=\{|T|>2.144\,8\}.$$
由样本值计算知,$\bar{x}=20.437\,5$,$\bar{y}=19.387\,5$,$S_w=0.914\,8$,计算得检验统计量的值为 $t=2.240\,9\in W$,故拒绝 H_0,即可以认为两种温度下的强力有显著性差异.

15. 解 假设 $X_1,X_2,\cdots,X_n$ 来自正态总体 $N(\mu_1,\sigma_1^2)$,$Y_1,Y_2,\cdots,Y_n$ 来自正态总体 $N(\mu_2,\sigma_2^2)$. 题中没有假定方差相等,因为两组样本容量相等,可先进行配对,再进行均值的比较检验.

令 $Z_i=X_i-Y_i$,$i=1,2,\cdots,n$ 样本 $Z_1,Z_2,\cdots,Z_n$ 可视作来自单个正态总体 $N(\mu_1-\mu_2,\sigma_1^2+\sigma_2^2)$. 现建立检验假设
$$H_0:\mu_1=\mu_2 \leftrightarrow H_1:\mu_1\neq\mu_2.$$
在原假设 H_0 成立的条件下,此时检验统计量为

$$T=\frac{\overline{Z}}{S_Z/\sqrt{n}}\sim t(n-1).$$

其拒绝域为

$$W=\{|T|>t_{0.025}(6)\}=\{|T|>2.44691\}.$$

利用样本计算得 $\bar{z}=-0.0257, S_Z^2=0.0085, T=-0.74\notin W$，所以接受原假设 H_0，即认为两化验室测定的结果之间无显著性差异.

16. 解 先建立检验假设

$$H_0:\sigma_1^2=\sigma_2^2\leftrightarrow H_1:\sigma_1^2\neq\sigma_2^2.$$

采用的检验统计量为

$$F=S_1^2/S_2^2\sim F(n_1-1,n_2-1).$$

这里 $n_1=n_2=5$，取 $\alpha=0.05$，查表得

$$F_{0.025}(4,4)=9.6045, F_{0.975}(4,4)=\frac{1}{F_{0.025}(4,4)}=\frac{1}{9.6045}=0.1041,$$

从而其拒绝域为

$$W=\{F<F_{0.975}(4,4)\text{ 或 }F>F_{0.025}(4,4)\}.$$

利用样本计算得 $F=0.8633\notin W$，所以接受原假设 H_0，即可以认为两个正态总体的方差是相等的.

Chapter10 第10章

方差分析与回归分析

Analysis of Variance and Regression

10.1 教学基本要求

1. 了解方差分析的基本思想，掌握单因素方差分析的基本方法；
2. 了解回归分析的基本思想，掌握一元线性回归分析的基本方法.

10.2 知识要点

10.2.1 基本概念

1. 试验指标

对于一项试验来说，衡量试验效果的量称为**试验指标**，简称为**指标**，用 μ 表示. 指标有两类：**定量指标**和**定性指标**. 可以用一个数或一组数来表示的指标，称为**定量指标**；而按性质划分的指标称为**定性指标**.

2. 试验误差

完成一项试验后，所得的试验结果称为指标的**观测值**，用 X 表示. $\varepsilon=X-\mu$ 称为**随机误差**，简称**误差**，或表示为 $X=\mu+\varepsilon$.

3. 因素

影响试验指标的条件称为**因素**. 因素可分为两类：一类是可控因素；另一类是不可控因素. 因素在试验中所处的状态称为**因素的水平**. 为方便起见，今后用大写字母 A,B,C 等表示因素，用大写字母加下标表示该因素的水平，如 $A_1,A_2,\cdots$

根据所考虑的影响指标的因素多少，可把试验分为**单因素试验**和**多因素试验**. 单因素试验就是在一项试验的过程中只有一个因素在改变；如果多于一个因素在改变，则称为多因素试验.

10.2.2 单因素方差分析

1. 模型的结构

设因素 A 有 s 个水平 $A_1, A_2, \cdots, A_s$，在水平 $A_i(i=1,2,\cdots,s)$下，进行 $n_i(n_i \geqslant 2)$次重复试验，则整个方案的总试验次数 $n=\sum\limits_{i=1}^{s} n_i$. 若所有的 $n_1=n_2=\cdots=n_s$，则称为**等重复试验**.

假设在各个水平 $A_i(i=1,2,\cdots,s)$下，$X_{i1}, X_{i2}, \cdots, X_{in_i}$ 是来自同方差的正态总体 $N(\mu_i, \sigma^2)(i=1,2,\cdots,s)$的简单随机样本，其中 $\mu_i(i=1,2,\cdots,s)$和 σ^2 未知，且设不同水平 $A_i(i=1,2,\cdots,s)$下的样本之间相互独立. 具体的试验数据见表 10.1.

表 10.1

水平	观测值				重复数
A_1	X_{11}	X_{12}	$\cdots$	X_{1n_1}	n_1
A_2	X_{21}	X_{22}	$\cdots$	X_{2n_2}	n_2
$\vdots$	$\vdots$	$\vdots$		$\vdots$	$\vdots$
A_s	X_{s1}	X_{s2}	$\cdots$	X_{sn_s}	n_s

由于 $X_{ij}-\mu_i \sim N(0,\sigma^2)$，故 $X_{ij}-\mu_i$ 可视为随机误差，记作 $X_{ij}-\mu_i=\varepsilon_{ij}$. 则得

$$\begin{cases} X_{ij}=\mu_i+\varepsilon_{ij}, \\ \varepsilon_{ij} \sim N(0,\sigma^2), \\ i=1,2,\cdots,s; j=1,2,\cdots,n_i. \end{cases}$$

上式为**单因素试验方差分析的数学模型**.

试验的目的是要比较因素 A 在各水平 A_i 的指标值 μ_i 是否存在显著差异，待检验假设为

$$H_0: \mu_1=\mu_2=\cdots=\mu_s \leftrightarrow H_1: \mu_1, \mu_2, \cdots, \mu_s \text{ 不全相等}.$$

2. 平方和分解

利用平方和分解的方法进行假设检验. 引入**总偏差平方和**

$$S_T=\sum_{i=1}^{s} \sum_{j=1}^{n_i}(X_{ij}-\overline{X})^2,$$

其中，$\overline{X}=\frac{1}{n} \sum\limits_{i=1}^{s} \sum\limits_{j=1}^{n_i} X_{ij}$ 是数据的**总平均**. S_T 能反映全部试验数据之间的差异，因此 S_T 又称为**总变差**. S_T 可分解为两个平方和，即

$$S_T=S_A+S_E.$$

其中，

$$S_A=\sum_{i=1}^{s} n_i(\overline{X}_i-\overline{X})^2, \quad S_E=\sum_{i=1}^{s} \sum_{j=1}^{n_i}(X_{ij}-\overline{X}_i)^2.$$

称 S_A 为因素 A 的**效应平方和**，S_E 为**误差平方和**. 且 S_T，S_E 和 S_A 的自由度分别为 $f_T=n-1$，$f_E=n-s$ 和 $f_A=s-1$.

3. 方差分析表

在 H_0 成立的条件下，S_E 和 S_A 的统计特性：

(1) $\frac{S_E}{\sigma^2}\sim\chi^2(n-s)$，$\frac{S_A}{\sigma^2}\sim\chi^2(s-1)$，且 S_E 与 S_A 相互独立，其中 $n=\sum_{i=1}^{s}n_i$.

(2) $MS_A=\frac{S_A}{s-1}$ 和 $MS_E=\frac{S_E}{n-s}$ 都是 σ^2 的无偏估计. 这里 MS_A 和 MS_E 分别称为因素 A 的**模型均方**和**误差均方**.

(3) $\frac{S_A/(s-1)}{S_E/(n-s)}\sim F(s-1,n-s)$.

可利用(3) 来确定检验 H_0 的临界值，若

$$F=\frac{S_A/(s-1)}{S_E/(n-s)}>F_\alpha(s-1,n-s),$$

则在水平 α 下拒绝 H_0，否则，接受 H_0.

若 $F>F_\alpha(s-1,n-s)$，可在相应栏中标上记号“*”或“**”，以说明其显著程度. 可列成方差分析表 10.2.

表 10.2

方差来源	平方和	自由度	均方	F 值	表值 F_α
因素	S_A	$s-1$	$MS_A=\frac{S_A}{s-1}$	$\frac{MS_A}{MS_E}$	$F_\alpha(s-1,n-s)$
误差	S_E	$n-s$	$MS_E=\frac{S_E}{n-s}$		
总和	$S_T=S_A+S_E$	$n-1$			

10.2.3 一元线性回归

二维码 10-1 第 10 章 基本要求与知识要点 1

1. 一元线性回归模型

设 X 是自变量，Y 是因变量，$(x_1,y_1),(x_2,y_2),\cdots,(x_n,y_n)$ 为 (X,Y) 的 n 组观测值，且

$$y_i=\alpha+\beta x_i+\varepsilon_i,\quad i=1,2,\cdots,n,$$

上式为**一元线性回归模型**. 称 α,β 为回归系数. $y_i=\alpha+\beta x_i$ 称为**总体回归方程**. ε_i 表示其他随机因素对 Y 的影响，称为**随机误差**.

在实际中，ε_i 通常满足以下高斯假设条件：

(1) $E(\varepsilon_i|x_i)=0,i=1,2,\cdots,n$；

(2) $D(\varepsilon_i|x_i)=\sigma^2,i=1,2,\cdots,n$；

(3) $\mathrm{Cov}(\varepsilon_i,x_j)=0,i\neq j,i,j=1,2,\cdots,n$；

(4) $\varepsilon_i\sim N(0,\sigma^2),i=1,2,\cdots,n$.

二维码 10-2 第 10 章 知识要点讲解 1 (微视频)

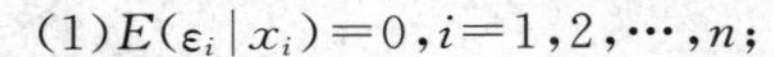

由于 α,β 未知，需要通过 n 组样本观测值 $(x_1,y_1),(x_2,y_2),\cdots,(x_n,y_n)$ 来估计 α 与 β. α 与 β 的估计分别记为 a 与 b. 我们称

$$\hat{y}_i=a+bx_i$$

为**样本回归方程**，其图形称为**回归直线**.

2. 最小二乘估计

寻找一组参数估计值 a,b 使残差平方和

$$Q=\sum_{i=1}^{n}e_i^2=\sum_{i=1}^{n}(y_i-\hat{y}_i)^2=\sum_{i=1}^{n}(y_i-a-bx_i)^2,$$

达到极小值，这就是**最小二乘法**. 我们将最小二乘法获得的 a 和 b 称为 α 和 β 的**最小二乘估计**.

解得

$$b=\frac{L_{xy}}{L_{xx}},\quad a=\bar{y}-b\bar{x},$$

其中

$$\bar{x}=\frac{1}{n}\sum_{i=1}^{n}x_i,\quad \bar{y}=\frac{1}{n}\sum_{i=1}^{n}y_i,$$

$$L_{xx}=\sum_{i=1}^{n}(x_i-\bar{x})^2,\quad L_{xy}=\sum_{i=1}^{n}(x_i-\bar{x})(y_i-\bar{y}).$$

3. 回归方程的显著性检验

变量 Y 与它的平均值 $\overline{Y}$ 之间的总偏离平方和 TSS 可以分解为两部分：

$$\text{TSS}=\text{MSS}+\text{ESS},$$

其中，

$$\text{TSS}=\sum_{i=1}^{n}(y_i-\bar{y})^2,\quad \text{MSS}=\sum_{i=1}^{n}(\hat{y}_i-\bar{y})^2,\quad \text{ESS}=\sum_{i=1}^{n}(y_i-\hat{y}_i)^2.$$

MSS 为**回归平方和**；ESS 为**残差平方和**. 它们的自由度分别为

$$f_T=n-1,\quad f_M=1,\quad f_E=n-2.$$

我们可以用**均方误差** $\hat{\sigma}^2=\text{ESS}/(n-2)$ 来衡量回归效果的好坏. 并称 $\hat{\sigma}=\sqrt{\text{ESS}/(n-2)}$ 为**剩余标准差**.

在零假设 $H_0:\beta=0$ 成立的条件下，构造检验统计量

$$F=\frac{\text{MSS}}{\text{ESS}/(n-2)}.$$

在高斯假定下，$F\sim F(1,n-2)$. 因此，若 $F<F_{0.05}(1,n-2)$，则称 X 与 Y 没有显著的线性关系；若 $F_{0.05}(1,n-2)<F<F_{0.01}(1,n-2)$，则称 X 与 Y 有显著的线性关系；若 $F>F_{0.01}(1,n-2)$，则称 X 与 Y 有十分显著的线性关系.

4. 预测和控制

在模型的假定下，由观测值求得参数 α 和 β 的估计值，从而得到样本回归方程为 $\hat{Y}=a+bX$，并经过检验.

(1)预测问题

定理 设给定点 x_0 处因变量 Y_0 的观测值为 y_0 及样本 $(x_i,y_i)(i=1,2,\cdots,n)$，满足模型：

$$\begin{cases}y_i=\alpha+\beta x_i+\varepsilon_i(i=1,2,\cdots,n)\\ y_0=\alpha+\beta x_0+\varepsilon_0\\ \varepsilon_1,\varepsilon_2,\cdots,\varepsilon_n,\varepsilon_0\sim N(0,\sigma^2),\text{且相互独立}\end{cases},$$

则

①$\hat{y}_0=a+bx_0$ 是 y_0 的最小方差线性无偏估计,且

$$\hat{y}_0 \sim N\left(\alpha+\beta x_0,\left[\frac{1}{n}+\frac{(x_0-\bar{x})^2}{L_{xx}}\right]\sigma^2\right);$$

②$y_0-\hat{y}_0 \sim N\left(0,\left[1+\frac{1}{n}+\frac{(x_0-\bar{x})^2}{L_{xx}}\right]\sigma^2\right)$;

③统计量 t 为

$$t=\frac{y_0-\hat{y}_0}{\hat{\sigma}\sqrt{1+\frac{1}{n}+\frac{(x_0-\bar{x})^2}{L_{xx}}}} \sim t(n-2),\text{其中 } \hat{\sigma}=\sqrt{\frac{\mathrm{ESS}}{n-2}}.$$

利用上述定理,可得出 y_0 的预测区间. 给定置信水平 $1-\alpha$,则 y_0 的置信水平为 $1-\alpha$ 的置信区间为

$$[\hat{y}_0-d,\hat{y}_0+d].$$

其中,$d=\hat{\sigma}t_{\frac{\alpha}{2}}(n-2)\sqrt{1+\frac{1}{n}+\frac{(x_0-\bar{x})^2}{L_{xx}}}$为预报半径.

在实际问题中,常近似认为 $y_0-\hat{y}_0 \sim N(0,\hat{\sigma}_2)$,当 $\alpha=0.05$ 时,预测区间为$[\hat{y}_0-2\hat{\sigma},\hat{y}_0+2\hat{\sigma}]$;当 $\alpha=0.01$ 时,预测区间为$[\hat{y}_0-3\hat{\sigma},\hat{y}_0+3\hat{\sigma}]$.

(2)控制问题 实际问题要求 y_0 落在一定的范围内:$c_1<y_0<c_2$,问如何控制自变量 X 的取值,这就是控制问题.

给定置信水平 $1-\alpha$,当 $\alpha=0.05$ 时,近似地有

$$P(\hat{y}_0-2\hat{\sigma} \leqslant y_0 \leqslant \hat{y}_0+2\hat{\sigma})=0.95.$$

解不等式

$$\begin{cases}\hat{y}_0+2\hat{\sigma} \leqslant c_2 \\ \hat{y}_0-2\hat{\sigma} \geqslant c_1\end{cases}.$$

如果不等式有解,即得自变量 x_0 的控制范围.

10.2.4 残差分析

所谓**残差**,就是实际观测值与回归估计值的差,即

$$e_i=y_i-\hat{y}_i,\quad i=1,2,\cdots,n.$$

残差具有如下性质:

性质 1 $E(e_i)=0,i=1,\cdots,n.$

性质 2 $D(e_i)=\left[1-\frac{1}{n}-\frac{(x_i-\bar{x})^2}{L_{xx}}\right]\sigma^2,i=1,\cdots,n.$

二维码 10-3 第 10 章 基本要求与知识要点 2

二维码 10-4 第 10 章 知识要点讲解 2 (微视频)

10.3 例题解析

例 10.1 某粮食加工厂试验 5 种贮藏方法,检验它们对粮食含水率是否有显著性影响. 在贮藏前这些粮食的含水率几乎没有差别,贮藏后含水率如下:

贮藏方法	粮食含水率/%				
A_1	7.3	8.3	7.6	8.4	8.3
A_2	5.4	7.4	7.1		
A_3	8.1	6.4			
A_4	7.9	9.4	10.0		
A_5	7.1	7.7	7.4		

检验不同的贮藏方法对含水率的影响是否有显著性差异($\alpha=0.05$)?

分析 这是一个单因素方差分析问题.需要检验五种贮藏方法对贮藏后含水率是否有显著性差异.若差异显著,则表明不同贮藏方法对含水率有显著性影响,否则影响不显著.

解 根据题意,假定3个总体满足单因素试验方差分析的假设条件,待检验假设为

$H_0:\mu_1=\mu_2=\mu_3=\mu_4=\mu_5$(5种贮藏方法对含水率的影响无显著性差异).

$H_1:\mu_1,\mu_2,\mu_3,\mu_4,\mu_5$ 不全相等(5种贮藏方法对含水率的影响有显著性差异).

现在,$s=5,n_1=5,n_2=3,n_3=2,n_4=3,n_5=3,n=\sum n_i=16$,

$$T=123.8,T_1=39.9,T_2=19.9,T_3=14.5,T_4=27.3,T_5=22.2,$$

$$S_T=\sum_{i=1}^{s}\sum_{j=1}^{n_i}x_{ij}^2-\frac{T^2}{n}=975.52-\frac{123.8^2}{16}=17.62,f_T=15,$$

$$S_A=\sum_{i=1}^{s}\frac{T_i^2}{n_i}-\frac{T^2}{n}=968.24-\frac{123.8^2}{16}=10.34,f_A=4,$$

$$S_E=S_T-S_A=7.28,f_E=11.$$

得方差分析表如下:

方差来源	平方和	自由度	均方	F值
因素	10.34	4	2.585	3.90
误差	7.28	11	0.662	
总和	17.62	15		

由于 $F=3.90>F_{0.05}(4,11)=3.36$,故在显著性水平 $\alpha=0.05$ 下,拒绝原假设 H_0,即可以认为不同的贮藏方法对含水率有显著性影响.

例 10.2 用4种安眠药在兔子身上进行试验,特选24只健康的兔子,随机把它们均分为4组,每组各服一种安眠药,安眠时间如下表所示:

安眠药	安眠时间/h					
A_1	6.2	6.2	6.0	6.3	6.1	5.9
A_2	6.3	6.5	6.7	6.6	7.1	6.4
A_3	6.8	7.1	6.6	6.8	6.9	6.6
A_4	6.3	6.0	6.9	6.8	6.1	6.8

在显著性水平 $\alpha=0.05$ 下对其进行方差分析,可以得到什么结果?

解 需要检验假设为

$$H_0:\mu_1=\mu_2=\mu_3=\mu_4$$

$$H_1:\mu_1,\mu_2,\mu_3,\mu_4 \text{ 不全相等}$$

现在，$s=4,n_1=n_2=n_3=n_4=6,n=24$. 容易计算

$$T=156,T_1=36.7,T_2=39.6,T_3=40.8,T_4=38.7,$$

$$S_T=\sum_{i=1}^{s}\sum_{j=1}^{n_i}x_{ij}^2-\frac{T^2}{n}=1\,016.96-\frac{156^2}{24}=2.96,f_T=23,$$

$$S_A=\sum_{i=1}^{s}\frac{T_i^2}{n_i}-\frac{T^2}{n}=\frac{6\,092.9}{6}-\frac{156^2}{24}=1.48,f_A=3,$$

$$S_E=S_T-S_A=1.48,f_E=20.$$

得方差分析表如下：

方差来源	平方和	自由度	均方	F 值
因素 A	1.48	3	0.49	6.62
误差	1.48	20	0.074	
总和	2.96	23		

在显著性水平 $\alpha=0.05$ 下，查表得 $F_{0.05}(3,20)=3.10$，由于 $F=6.62>3.10$，故在显著性水平 $\alpha=0.05$ 下，拒绝原假设 H_0，即四种安眠药对兔子的安眠作用有显著的差别.

例 10.3 在钢线碳含量对于电阻效应的研究中，得到如下一批数据：

碳含量 $X/\%$	0.1	0.3	0.40	0.55	0.70	0.80	0.95
20℃时电阻 $Y/\mu\Omega$	15	18	19	21	22.6	23.8	26

求 Y 对 X 的线性回归方程，并检验回归方程的显著性.

解 由表中的数据计算得

$$\bar{x}=\frac{1}{7}\sum_{i=1}^{7}x_i=3.8/7=0.543,\bar{y}=\frac{1}{7}\times145.4=20.77,$$

$$L_{xx}=\sum_{i=1}^{n}(x_i-\bar{x})^2=0.532,L_{xy}=\sum_{i=1}^{n}(x_i-\bar{x})(y_i-\bar{y})=6.679.$$

$$b=\frac{L_{xy}}{L_{xx}}=6.679/0.532=12.55,a=\bar{y}-b\bar{x}=20.77-12.55\times0.543=13.96.$$

所以，得到一元线性回归方程为 $\hat{y}=13.96+12.55x$.

下面利用 F 检验对参数 β 进行检验，此检验假设为

$$H_0:\beta=0\leftrightarrow H_1:\beta\neq0,$$

$$\text{TSS}=L_{yy}=84.034,$$

$$\text{MSS}=\sum_{i=1}^{n}(\hat{y}_i-\bar{y})^2=83.82$$

$$\text{ESS}=\text{TSS}-\text{MSS}=84.034-83.818=0.216$$

从而

$$F=\frac{\text{MMS}}{\text{MSE}}=\frac{83.32}{0.216/(7-2)}=1\,928.70$$

取显著性水平 $\alpha=0.05$，查表得 $F_{0.05}(1,5)=6.61<F$，结果表明 Y 对 X 的线性回归方

程是显著的.

例 10.4 某造纸厂研究纸浆的煮沸时间与纸的均匀度之间的关系,测得一组试验数据如下:

煮沸时间 X/h	1	2	3	4	5	6	7	8	9	10
均匀度 Y	14	20	23	28	36	46	55	66	78	86

(1)求 Y 关于 X 的线性回归方程;

(2)Y 与 X 的线性关系是否显著($\alpha=0.05,\alpha=0.01$)?

(3)求在煮沸时间 $x_0=6.5$ h 时,均匀度的置信度为 95%的预测区间.

解 (1)由表中的数据计算得

$$\bar{x}=\frac{1}{10}\sum_{i=1}^{10}x_i=55/10=5.5,\bar{y}=\frac{1}{10}\times 452=45.2,$$

$$L_{xx}=\sum_{i=1}^{n}(x_i-\bar{x})^2=82.5,L_{xy}=\sum_{i=1}^{n}(x_i-\bar{x})(y_i-\bar{y})=680,$$

$$b=\frac{L_{xy}}{L_{xx}}=680/82.5=8.24,a=\bar{y}-b\bar{x}=45.2-8.24\times 5.5=-0.12,$$

所以,得到一元线性回归方程为 $\hat{y}=-0.12+8.24x$.

(2)检验假设为

$$H_0:\beta=0\leftrightarrow H_1:\beta\neq 0,$$

检验统计量为

$$F=\frac{\text{MSS}/1}{\text{TSS}/(n-2)}\sim F(1,n-2).$$

$$\text{TSS}=L_{yy}=5\,751.6,$$

$$\text{MSS}=\sum_{i=1}^{n}(\hat{y}_i-\bar{y})^2=5\,604.85,$$

$$\text{ESS}=\text{TSS}-\text{MSS}=5\,751.6-5\,604.85=146.75.$$

从而

$$F=\frac{\text{MMS}}{\text{MSE}}=\frac{5\,604.85/1}{146.75/8}=305.54.$$

取显著性水平 $\alpha=0.05$,查表得 $F_{0.05}(1,8)=5.32<F$, 当显著性水平 $\alpha=0.01$,查表得 $F_{0.01}(1,8)=11.26<F$.说明在两种显著性水平下均拒绝原假设,即认为纸浆的煮沸时间与纸的均匀度的线性关系是十分显著的.

(3)在煮沸时间 $x_0=6.5$ h 时,均匀度 y_0 的概率为 $1-\alpha$ 的预测区间为$[\hat{y}_0-d,\hat{y}_0+d]$,其中

$$d=\hat{\sigma}t_{\frac{\alpha}{2}}(n-2)\sqrt{1+\frac{1}{n}+\frac{(x_0-\bar{x})^2}{L_{xx}}},\hat{\sigma}=\sqrt{\frac{\text{ESS}}{n-2}}.$$

将 $x_0=6.5$ 代入回归方程得到

$$\hat{Y}=-0.12+8.24\times 6.5=53.44,$$

这就是说,均匀度的预测值为 53.44.

当 $\alpha=0.05$，$n=10$ 时，查 t 分布表得 $t_{0.025}(8)=2.306$，而

$$\hat{\sigma}=\sqrt{\mathrm{ESS}/(n-2)}=\sqrt{146.75/8}=\sqrt{18.34375}=4.2829,$$

$$d=\hat{\sigma}t_{\frac{\alpha}{2}}(n-2)\sqrt{1+\frac{1}{n}+\frac{(x_0-\bar{x})^2}{L_{xx}}}$$

$$=4.2829\times 2.306\sqrt{1+\frac{1}{10}+\frac{(6.5-5.5)^2}{82.5}}=10.41$$

于是均匀度的置信度为95%的预测区间为[43.03,63.85].

例 10.5 为考察某种维尼纶纤维的耐水性能，安排了一组试验，测得其甲醇浓度 X 及相应的"缩醇化度"Y 数据如下：

X	18	20	22	24	26	28	30
Y	26.86	28.35	28.75	28.87	29.75	30.00	30.36

(1)作散点图；

(2)建立一元线性回归模型；

(3)对建立的回归模型作显著性检验($\alpha=0.01$).

解 (1)散点图如图 10.1 所示：

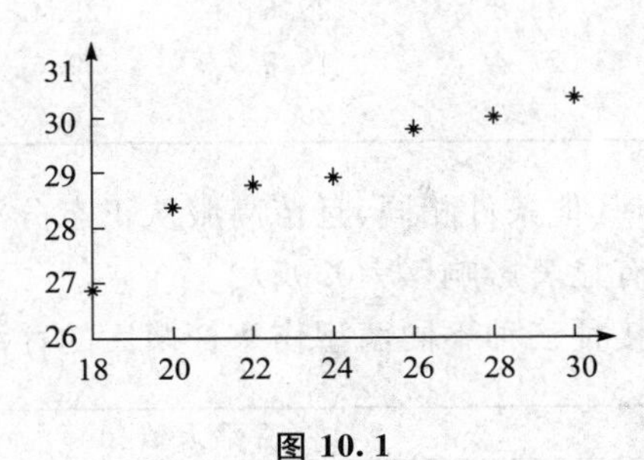

图 10.1

(2)计算列表如下：

$$\bar{x}=1/7\sum_{i=1}^{7}x_i=168/7=24,\bar{y}=1/7\times 202.94=28.9914,$$

$$L_{xx}=\sum_{i=1}^{n}(x_i-\bar{x})^2=112,L_{xy}=\sum_{i=1}^{n}(x_i-\bar{x})(y_i-\bar{y})=29.6,$$

$$b=\frac{L_{xy}}{L_{xx}}=29.6/112=0.2643,a=\bar{y}-b\bar{x}=28.9914-0.2643\times 24=22.6482,$$

所以，得到一元线性回归方程为 $\hat{y}=22.6482+0.2643x$.

(3)要检验回归模型是否显著，此检验假设为

$$H_0:\beta=0\leftrightarrow H_1:\beta\neq 0,$$

检验统计量为

$$F=\frac{\mathrm{MSS}/1}{\mathrm{TSS}/(n-2)}\sim F(1,n-2).$$

$$\mathrm{TSS}=L_{yy}=8.4931,$$

二维码 10-5 第 10 章
典型例题讲解
（微视频）

$$MSS=\sum_{i=1}^{n}(\hat{y}_i-\bar{y})^2=7.822\,9,$$

$$ESS=TSS-MSS=8.493\,1-7.822\,9=0.670\,2.$$

从而

$$F=\frac{MMS}{MSE}=\frac{7.822\,9/1}{0.670\,2/5}=58.362\,4.$$

当 $\alpha=0.01$，查表知 $F_{0.01}(1,5)=16.26$，检验统计量的值为 $F>F_{0.01}$，故拒绝原假设 H_0，即在显著性水平 0.01 下回归模型是显著的.

10.4 同步练习

1. 设某苗圃对某种树木的种子制定了 5 种不同的处理方法，每种方法处理了 6 粒种子进行育苗试验. 一年后观察树高获得资料如下表：

处理方法	树苗高 X_{ij}/cm					
1	32.9	29.0	25.8	33.5	41.7	37.2
2	37.3	27.7	23.4	33.4	29.2	55.6
3	20.8	33.8	28.6	23.4	22.7	30.9
4	31.0	27.4	19.5	29.6	23.2	18.7
5	20.7	17.6	29.4	27.7	25.5	19.5

已知除处理方法不同外，其他条件相同，且苗高服从正态分布，等方差. 试判断种子的不同处理方法对苗木生长是否有显著影响($\alpha=0.05$)？

2. 下表给出了小白鼠在接种三种不同菌型伤寒杆菌后的存活天数：

菌型	存活天数/d									
Ⅰ	2	4	3	2	4	7	7	2	5	4	
Ⅱ	5	6	8	5	10	7	12	6	6		
Ⅲ	7	11	6	6	7	9	5	10	6	3	10

二维码 10-6 第 10 章
自测题及解析

设存活天数服从具有相同方差的正态分布. 试问三种菌型的平均存活天数有无显著差异($\alpha=0.05$)？

3. 设回归模型为

$$\begin{cases} y_i=\alpha+\beta x_i+\varepsilon_i, i=1,2,\cdots,n, \\ \text{各 } \varepsilon_i \text{ 独立同分布，且服从 } N(0,\sigma^2) \end{cases}$$

试求 α,β 的最大似然估计，它们与最小二乘估计一致吗？

4. 某医院用光电比色计检验尿汞时，得尿汞含量与消光系数读数的结果如下：

尿汞含量(X)	2	4	6	8	10
消光系数(Y)	64	138	205	285	360

用最小二乘法求 Y 关于 X 的一元线性回归方程.

5. 病虫测报站为了能较准确地预报第三代棉铃虫的产卵期，以便能适时采取杀虫措施，保证棉花丰收. 它们统计了近 9 年的当地 6 月份平均气温和 7 月份卵见期数据如下：

年序	6 月份平均气温 X/℃	7 月份卵见期 Y/日
1	23.9	20
2	24.6	14
3	24.1	18
4	22.7	27
5	22.3	26
6	23.1	18
7	22.9	24
8	23.5	16
9	22.9	24

试根据这些数据建立线性预报方程，并检验其显著性($\alpha=0.01$).

同步练习答案与提示

1. 解 根据题意，待检验假设为

$H_0:\mu_1=\mu_2=\mu_3=\mu_4=\mu_5 \leftrightarrow H_1:\mu_1,\mu_2,\mu_3,\mu_4,\mu_5$ 不全相等

由题设，$s=5, n_1=n_2=n_3=n_4=n_5=6, n=30$. 容易计算有

$T=843, T_1=206.4, T_2=186.6, T_3=160.2, T_4=149.4, T_5=140.4$,

$$S_T=\sum_{i=1}^{s}\sum_{j=1}^{n_i}x_{ij}^2-\frac{T^2}{n}=24\,897.16-\frac{843^2}{30}=1\,208.86,$$

$$S_A=\sum_{i=1}^{s}\frac{T_i^2}{n_i}-\frac{T^2}{n}=24\,186.18-\frac{843^2}{30}=497.88,$$

$$S_E=S_T-S_A=710.98.$$

得方差分析表如下：

方差来源	平方和	自由度	均方	F 值
因素 A	497.88	4	124.47	4.38
误差	710.98	25	28.44	
总和	1 208.86	29		

由于 $F=4.38>F_{0.05}(4,25)=2.758\,7$，故在显著性水平 $\alpha=0.05$ 下，拒绝 H_0，即认为种子的 5 种不同的处理方法对苗木生长有显著影响.

2. 解 根据题意，待检验假设为

$$H_0:\mu_1=\mu_2=\mu_3 \leftrightarrow H_1:\mu_1,\mu_2,\mu_3 \text{ 不全相等}.$$

由题设，$s=3, n_1=10, n_2=9, n_3=11, n=30$，容易计算

$$T=185, T_1=40, T_2=65, T_3=80,$$

$$S_T = \sum_{i=1}^{s}\sum_{j=1}^{n_i} x_{ij}^2 - \frac{T^2}{n} = 1\ 349.00 - \frac{185^2}{30} = 208.17,$$

$$S_A = \sum_{i=1}^{s} \frac{T_i^2}{n_i} - \frac{T^2}{n} = 1\ 211.26 - \frac{185^2}{30} = 70.43,$$

$$S_E = S_T - S_A = 208.17 - 70.43 = 137.74.$$

得方差分析表如下：

方差来源	平方和	自由度	均方	F 值
因素 A	70.43	2	35.21	6.90
误差	137.74	27	5.10	
总和	208.17	29		

由于 $F=6.90>F_{0.05}(2,27)=3.35$，故在显著性水平 $\alpha=0.05$ 下，拒绝 H_0，即认为 3 种不同菌型的存活天数有显著差异.

3. 解 事实上，由于 $\varepsilon_1,\cdots,\varepsilon_n$ 相互独立且同服从 $N(0,\sigma^2)$，即

$$\varepsilon_i = Y_i - \alpha - \beta x_i \sim N(0,\sigma^2),\quad i=1,2,\cdots,n.$$

故 ε_i 的密度函数为

$$f(\varepsilon_i) = \frac{1}{\sqrt{2\pi\sigma^2}}\exp\left[-\frac{1}{2\sigma^2}(y_i - a - bx_i)^2\right],\quad i=1,2,\cdots,n.$$

则 $Y_1,\cdots,Y_n$ 的似然函数为

$$L = \prod_{i=1}^{n} f(\varepsilon_i) = \left(\frac{1}{\sqrt{2\pi\sigma^2}}\right)^n \exp\left[-\frac{1}{2\sigma^2}\sum_{i=1}^{n}(y_i - a - bx_i)^2\right].$$

显然，要 L 取最大值，只要上式右端指数的平方和为最小，即只须

$$Q(a,b) = \sum_{i=1}^{n}(y_i - a - bx_i)^2$$

取最小值. 显然，这与最小二乘估计完全相同. 因而 α,β 的最大似然估计就是 α,β 的最小二乘估计. 则可以解得：

$$b = \frac{L_{xy}}{L_{xx}},\quad a = \bar{y} - b\bar{x}.$$

4. 解 由表中数据得：

$$\bar{x}=\frac{1}{5}\sum x=6,\bar{y}=\frac{1}{5}\sum y=210.4,$$

$$L_{xx} = \sum_{i=1}^{n} x_i^2 - n\bar{x}^2 = 220 - 5\times 6^2 = 40,$$

$$L_{yy} = \sum_{i=1}^{n} y_i^2 - n\bar{y}^2 = 275\ 990 - 5\times 210.4^2 = 54\ 649.2,$$

$$L_{xy} = \sum_{i=1}^{n} x_i y_i - n\,\overline{x}\,\overline{y} = 7\ 790 - 5\times 6\times 210.4 = 1\ 478,$$

$$b = \frac{L_{xy}}{L_{xx}} = 1\ 478/40 = 36.95, a = 210.4 - 36.95\times 6 = -11.3,$$

所以，得到一元线性回归方程为 $\hat{y}=-11.3+36.95x$.

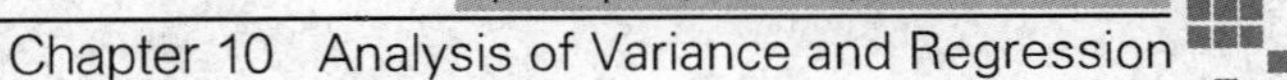

5. 解 由表中数据得

$$\bar{x}=\frac{1}{9}\sum x=23.33,\quad \bar{y}=\frac{1}{9}\sum y=20.78,$$

$$L_{xx}=\sum_{i=1}^{n}x_i^2-n\bar{x}^2=4\,904.44-9\times 23.33^2=4.44,$$

$$L_{xy}=\sum_{i=1}^{n}x_iy_i-n\,\overline{x}\overline{y}=4\,339.9-9\times 23.33\times 20.78=-23.43,$$

$$b=\frac{L_{xy}}{L_{xx}}=\frac{-23.43}{4.44}=-5.28,a=20.78+5.28\times 23.33=143.96,$$

所以,得到一元线性回归方程为 $\hat{y}=143.96-5.28x$.

要检验回归关系是否显著,此检验假设为

$$H_0:\beta=0\leftrightarrow H_1:\beta\neq 0,$$

检验统计量为

$$F=\frac{\text{MSS}/1}{\text{TSS}/(n-2)}\sim F(1,n-2).$$

$$\text{TSS}=L_{yy}=\sum_{i=1}^{n}y_i^2-n\bar{y}^2=4\,057-9\times 20.78^2=171.56,$$

$$\text{MSS}=\sum_{i=1}^{n}(\hat{y}_i-\bar{y})^2=123.68,$$

$$\text{ESS}=\text{TSS}-\text{MSS}=171.56-123.68=47.88.$$

从而

$$F=\frac{\text{MMS}}{\text{MSE}}=\frac{123.68/1}{47.88/7}=18.08.$$

当 $\alpha=0.01$,查表知 $F_{0.01}(1,7)=12.25$,检验统计量的值为 $F>F_{0.01}$,故拒绝原假设 H_0,即在显著性水平 0.01 下回归模型是显著的.

综合测试题一

一、填空题(每小题 3 分,共 15 分)

1. 设随机事件 A,B 及 $A\cup B$ 的概率分别是 0.4,0.3 和 0.6. 若 $\overline{B}$ 表示 B 的对立事件,那么事件 $A\overline{B}$ 的概率 $P(A\overline{B})=$ ________.

2. 设随机变量 X 服从(0,2)内的均匀分布,则随机变量 $Y=X^2$ 在(0,4)内的概率密度函数为________________.

3. 设 X 和 Y 为两个随机变量,且 $P(X\geqslant 0,Y\geqslant 0)=3/7$,$P(X\geqslant 0)=P(Y\geqslant 0)=4/7$,则 $P(\max\{X,Y\}\geqslant 0)=$ ________.

4. 设随机变量 $X_{ij}\,(i,j=1,2,\cdots,n;n\geqslant 2)$ 独立同分布,$E(X_{ij})=2$,则行列式

$$Y=\begin{vmatrix} X_{11} & X_{12} & \cdots & X_{1n} \\ X_{21} & X_{22} & \cdots & X_{2n} \\ \vdots & \vdots & \ddots & \vdots \\ X_{n1} & X_{n2} & \cdots & X_{nn} \end{vmatrix}$$

的数学期望 $E(Y)=$ ________.

5. 设来自正态总体 $X\sim N(\mu,0.9^2)$ 容量为 9 的随机样本的样本均值 $\overline{X}=5$,则未知参数 μ 的置信水平为 0.95 的置信区间为________________.

二、单项选择题(每小题 3 分,共 15 分)

1. 设事件 A、B 满足 $P(B)>0$,$P(A\mid B)=1$,则必有(　　).

(A) $P(A\cup B)>P(A)$;　　(B) $P(A\cup B)>P(B)$;

(C) $P(A\cup B)=P(A)$;　　(D) $P(A\cup B)=P(B)$.

2. 设随机变量 X 服从正态分布 $N(\mu_1,\sigma_1^2)$,Y 服从正态分布 $N(\mu_2,\sigma_2^2)$,且 $P(|X-\mu_1|<1)>P(|Y-\mu_2|<1)$,则必有(　　).

(A) $\sigma_1<\sigma_2$;　(B) $\sigma_1>\sigma_2$;　(C) $\mu_1<\mu_2$;　(D) $\mu_1>\mu_2$.

3. 将一枚硬币重复掷 n 次,以 X 和 Y 分别表示正面向上和反面向上的次数,则 X 和 Y 的相关系数等于(　　).

(A) -1;　(B) 0 ;　(C) 1/2 ;　(D) 1.

4. 设总体 X 服从两点分布 $B(1,p)$,$X_1,X_2,\cdots,X_n$ 是来自 X 的样本. 由中心极限定理知,当 n 充分大时,随机变量 $Z_n=\dfrac{1}{n}\sum\limits_{i=1}^{n}X_i^2$ 近似服从于(　　).

(A) $B(1,p)$;　(B) $B(n,p)$;　(C) $N(0,1)$;　(D) $N\left(p,\dfrac{p(1-p)}{n}\right)$.

5. 设 n 个随机变量 $X_1,X_2,\cdots,X_n$ 独立同分布，

$$D(X_1)=\sigma^2,\overline{X}=\frac{1}{n}\sum_{i=1}^{n}X_i,S^2=\frac{1}{n-1}\sum_{i=1}^{n}(X_i-\overline{X})^2,S_n^2=\frac{1}{n}\sum_{i=1}^{n}(X_i-\overline{X})^2.$$

则下面叙述正确的是(　　).

(A)S 是 σ 的最大似然估计量；　　(B)S^2 是 σ^2 的矩估计量；

(C)S_n^2 是 σ 的无偏估计量；　　(D)S_n 是 σ 的最大似然估计量.

三、(本题满分 10 分)

假设随机变量 X 服从参数为 λ 的指数分布，求 $Y=1-\mathrm{e}^{-\lambda X}$ 的概率密度函数.

四、(本题满分 10 分)

设随机变量 X,Y 相互独立且均服从标准正态分布 $N(0,1)$，试求：(1) 概率 $P(X^2+Y^2\leqslant 2)$；(2) 概 率 $P(X>0,Y\leqslant 0)$.

五、(本题满分 12 分)

设某种电子元件的使用寿命 X 的概率密度为

$$p(x)=\begin{cases}2\mathrm{e}^{-2(x-\theta)}, & 若\ x>\theta,\\ 0, & 若\ x\leqslant\theta,\end{cases}$$

其中，$\theta>0$ 是未知参数，又设 $X_1,X_2,\cdots,X_n$ 是来自 X 的样本，求参数 θ 的最大似然估计量 $\hat{\theta}$，并讨论其无偏性.

六、(本题满分 12 分)

玻璃杯成箱出售，每箱 20 只. 假设每箱含 0、1、2 只次品的概率分别为 0.8、0.1 和 0.1. 顾客购买一箱玻璃杯，购买时，售货员随机取一箱，而顾客随机地查看 4 只，若无次品，则买下该箱玻璃杯，试求：

(1) 顾客买下该箱的概率 α；

(2) 在顾客买下的一箱中，确实没有次品的概率 β.

七、(本题满分 12 分)

一汽车沿一街道行驶，需要通过三个均设有红绿信号灯的路口，每个信号灯为红或绿与其他信号灯为红或绿相互独立，且红绿两种信号显示的时间相等. 以 X 表示该汽车首次遇到红灯前已通过的路口的个数，(1)求 X 的分布律；(2)求$E\left(\frac{1}{1+X}\right)$.

八、(本题满分 14 分)

设 x 固定时，y 为正态随机变量，对 x,y 的观察值如下：

x	-2.0	0.6	1.4	1.3	0.1	-1.6	-1.7	0.7	-1.8	-1.1
y	-6.1	-0.5	7.2	6.9	-0.2	-2.1	-3.9	3.8	-7.5	-2.1

(1)求 y 关于 x 的一元线性回归模型；

(2)线性关系的显著性检验($\alpha=0.01$)；

(3)$x_0=0.5$ 时，y_0 的置信水平为95%的预测区间.

综合测试题二

一、填空题(每小题3分,共15分)

1. 甲、乙两人独立地对同一目标射击一次，其命中率分别为0.6和0.5.现已知目标被命中，则它是甲射中的概率为________.

2. 设随机变量 X 服从正态分布 $N(\mu,\sigma^2)(\sigma>0)$，且二次方程 $y^2+4y+X=0$ 无实根的概率为1/2，则 $\mu=$________.

3. 设随机变量 X 和 Y 相互独立，且均服从区间[0,3]上的均匀分布，则 $P(\max\{X,Y\}\leqslant 1)=$________.

4. 设随机变量 X 服从参数为 λ 的泊松分布，且已知 $E[(X-1)(X-2)]=1$，则 $\lambda=$________.

5. 设总体 X 服从正态分布 $N(0,2^2)$，而 $X_1,X_2,\cdots,X_{15}$ 是来自总体 X 的简单随机样本，则随机变量 $Y=\dfrac{X_1^2+\cdots+X_{10}^2}{2(X_{11}^2+\cdots+X_{15}^2)}$ 服从________分布，参数为________.

二、单项选择题(每小题3分,共15分)

1. 设事件 A、B 满足 $0<P(A)<1$，$P(B)>0$，$P(B|A)=P(B|\overline{A})$，则必有(　　).

(A)$P(A|B)=P(\overline{A}|B)$；　　(B)$P(A|B)\neq P(\overline{A}|B)$；

(C)$P(AB)=P(A)P(B)$；　　(D)$P(AB)\neq P(A)P(B)$.

2. 设随机变量 X 的密度函数为 $p(x)$，且 $p(-x)=p(x)$，$F(x)$ 是 X 的分布函数，则对任意实数 a，有(　　).

(A) $F(-a)=1-\int_0^a p(x)\mathrm{d}x$；　　(B) $F(-a)=1/2-\int_0^a p(x)\mathrm{d}x$；

(C)$F(-a)=F(a)$；　　(D)$F(-a)=2F(a)-1$.

3. 设二维随机变量(X,Y)的概率分布律为

Y \ X	0	1
0	0.4	a
1	b	0.1

已知随机事件$\{X=0\}$与$\{X+Y=1\}$相互独立,则(　　).

(A)$a=0.2,b=0.3$;　　(B)$a=0.4,b=0.1$;

(C)$a=0.3,b=0.2$;　　(D)$a=0.1,b=0.4$.

4. 对于任意两个随机变量X和Y,若$E(XY)=E(X)\cdot E(Y)$,则(　　).

(A)$D(XY)=D(X)\cdot D(Y)$;　　(B)$D(X+Y)=D(X)+D(Y)$;

(C)X和Y独立;　　(D)X和Y不独立.

5. 设总体X服从正态分布$N(4,9)$,$X_1,X_2,\cdots,X_9$是来自该总体的样本,$\overline{X}=1/9\sum_{i=1}^{9}X_i$,则$P(\overline{X}\geqslant 4)=$(　　).

(A)1/9;　　(B)1/3;　　(C)1/2;　　(D)2/3.

三、(本题满分 12 分)

已知$X\sim N(1,9)$,$Y\sim N(0,16)$,X和Y的相关系数为$\rho_{XY}=-1/2$,$Z=\frac{X}{3}+\frac{Y}{2}$,试求:(1)$E(Z)$,$D(Z)$;(2)$\rho_{XZ}$.

四、(本题满分 10 分)

一生产线生产的产品成箱包装,每箱的重量是随机的.假设每箱平均重 50 kg,标准差为 5 kg.若用最大载重量为 5 t 的汽车承运,试利用中心极限定理说明每辆车最多可以装多少箱,才能保障不超载的概率大于 0.977.

五、(本题满分 12 分)

设总体X的概率分布为

X	0	1	2	3
p	θ^2	$2\theta(1-\theta)$	θ^2	$1-2\theta$

其中$\theta(0<\theta<1/2)$是未知参数,利用总体X的如下样本值

$$3,1,3,0,3,1,2,5,$$

求θ的矩估计值和最大似然估计值.

六、(本题满分 12 分)

某种羊毛在处理前后,各抽取样本,测得含脂率(%)如下:

处理前:19　18　21　30　66　42　8　12　30　27

处理后:15　13　7　24　19　4　8　20

假设羊毛含脂率服从正态分布，问处理后含脂率的标准差有无显著性变化？($\alpha=0.05$)

七、(本题满分 12 分)

掷一枚骰子 60 次，结果如下：

点数	1	2	3	4	5	6
次数	7	8	12	11	9	13

试在显著性水平 $\alpha=0.05$ 下，检验这枚骰子是否均匀.

八、(本题满分 12 分)

在单因素方差分析中，因素 A 有三个水平，每个水平各做 4 次重复试验. 请完成下列方差分析表，并在显著性水平 $\alpha=0.05$ 下对因素 A 是否显著做出检验.

方差分析表

来源	平方和	自由度	均方和	F 值
因素 A	4.2			
误差	2.5			
总和	6.7			

综合测试题三

一、填空题(每小题 3 分，共 15 分)

1. 设 A,B 为随机事件，已知 $P(AB)=0.2$，$P(B)=0.6$，则 $P(\overline{A}B)=$________.

2. 设 $X\sim N(1,2)$，$Y\sim N(0,2)$ 且相互独立，则方差 $D(X-Y-1)=$________.

3. 设总体 $X\sim N(0,1)$，$X_1,X_2,\cdots,X_{10}$ 为一个样本，$\overline{X}$ 为样本均值，则统计量 $\sum_{i=1}^{10}(X_i-\overline{X})^2\sim$________.

4. 一批产品共 10 个正品和 2 个次品，任意抽取两次，每次抽一个，抽后不放回. 则第二次抽到的是次品的概率为________.

5. 设随机变量 $T\sim t(n)$，且 $1<\alpha<2$，则概率 $P(|T|<t_{1-\frac{\alpha}{2}}(n))=$________.

二、单项选择题(每小题 3 分，共 15 分)

1. 设事件 A,B 满足 $A\subset B$，则下列选项正确的是(　　)

(A)$P(A\cup B)=P(A)+P(B)$； (B)$P(AB)=P(A)P(B)$；

(C)$P(A-B)=P(A)-P(B)$； (D)$P(B-A)=P(B)-P(A)$.

2.设 $P(A)=P(B)=P(C)=1/4$，$P(AB)=P(AC)=0$，$P(BC)=1/16$，则事件 A、B、C 都不发生的概率为(　　).

(A)9/16； (B)5/16； (C)3/16； (D)11/16.

3.下列各函数是某随机变量分布函数的是(　　).

(A)$F(x)=\begin{cases}1,0\leqslant x\leqslant 1\\0,其他\end{cases}$； (B) $F(x)=\int_{-\infty}^{x}f(t)\mathrm{d}t$，且$\int_{-\infty}^{+\infty}f(t)\mathrm{d}t=1$；

(C)$F(x)=\begin{cases}0,x\leqslant 0\\1-\mathrm{e}^{-x},x>0\end{cases}$； (D)$F(x)=\begin{cases}0,x\leqslant 0\\1,x>0\end{cases}$.

4.设随机变量 X、Y，已知 $\mathrm{Cov}(X,Y)=0$，则必有(　　)

(A)X 与 Y 独立； (B)$E(XY)=E(X)E(Y)$；

(C)X 与 Y 不独立； (D)$D(X-Y)=D(X)-D(Y)$.

5.设 $X_1,X_2,\cdots,X_n$ 为总体 $X\sim N(\mu,\sigma^2)$ 的一个样本，$\overline{X}$ 为样本均值，S 为样本标准差，μ 未知，σ^2 未知. 则 μ 的置信水平为 $1-\alpha$ 的置信区间为(　　).

(A)$\left(\overline{X}-\frac{\sigma}{\sqrt{n}}u_{\frac{\alpha}{2}},\overline{X}+\frac{\sigma}{\sqrt{n}}u_{\frac{\alpha}{2}}\right)$； (B)$\left(\overline{X}-\frac{S}{\sqrt{n}}t_{\alpha}(n-1),\overline{X}+\frac{S}{\sqrt{n}}t_{\alpha}(n-1)\right)$；

(C)$\left(\overline{X}-\frac{\sigma}{\sqrt{n}}u_{\alpha},\overline{X}+\frac{\sigma}{\sqrt{n}}u_{\alpha}\right)$； (D)$\left(\overline{X}-\frac{S}{\sqrt{n}}t_{\frac{\alpha}{2}}(n-1),\overline{X}+\frac{S}{\sqrt{n}}t_{\frac{\alpha}{2}}(n-1)\right)$.

三、(本题满分 10 分)

一批同样规格的产品是由甲、乙、丙 3 个车间生产的，其产量分别占总产量的 60%、30%、10%. 已知甲、乙、丙 3 个车间的产品次品率分别为 0.01、0.02、0.04，现任取一产品，求：(1)该产品是次品的概率；(2)若取出的为次品，则它是丙车间生产的概率.

四、(本题满分 10 分)

设 $X_1,X_2,\cdots,X_9$ 为正态总体 $X\sim N(\mu,\sigma^2)$ 的一个样本，记统计量

$$Y_1=\frac{1}{6}(X_1+\cdots+X_6),Y_2=\frac{1}{3}(X_7+X_8+X_9),S^2=\frac{1}{2}\sum_{i=7}^{9}(X_i-Y_2)^2.$$

试证：$Z=\frac{\sqrt{2}(Y_1-Y_2)}{S}$服从自由度为 2 的 t 分布.

五、(本题满分 10 分)

某班级学生的考试成绩服从正态分布，其中均方差 $\sigma=5$ 已知. 随机抽取 9 名学生，算得平均成绩为 $\bar{x}=76$，问在 5% 的显著性水平下，能否认为该班级学生的平均成绩 $\mu=79$？

(已知 $u_{0.025}=1.96$；$u_{0.05}=1.64$；$t_{0.05}(8)=1.9$；$t_{0.025}(8)=2.3$)

六、(本题满分 10 分)

设随机变量 X 服从参数 $\lambda=1/2$ 的指数分布，现对 X 进行三次独立观测，试求至少有一

次观测值大于 4 的概率.

七、(本题满分 15 分)

设离散型随机变量 X 和 Y 服从两点分布：$X \sim B(1,0.5)$，$Y \sim B(1,0.5)$，且 X、Y 相互独立. 试求：

(1)(X,Y)的联合分布律；(2)$P(X=Y)$；(3)方差 $D(X^2-Y^2)$.

八、(本题满分 15 分)

设二维连续型随机变量(X,Y)的联合密度函数为

$$f(x,y)=\begin{cases} k(x+y), & 0<x<y<1 \\ 0, & \text{其他} \end{cases},$$

(1)求常数 k；(2)求 X 与 Y 的边缘密度函数 $f_X(x)$ 及 $f_Y(y)$；(3)判断 X 与 Y 是否相互独立.

综合测试题四

一、填空题(每小题 3 分，共 15 分)

1. 将 C,C,E,E,I,N,S 七个字母随机地排成一排，则恰好排成英文单词 SCIENCE 的概率为________.

2. 设随机变量 X 在$[-1,2]$上服从均匀分布，定义随机变量

$$Y=\begin{cases} -1, & \text{若 } X<0 \\ 0, & \text{若 } X=0, \\ 1, & \text{若 } X>0 \end{cases}$$

则方差 $D(Y)=$________.

3. 设随机变量 X 和 Y 的数学期望分别为 2，-2，方差分别为 1，4，而相关系数为-0.5，则由切比雪夫不等式得 $P(|X+Y|\geqslant 6)\leqslant$________.

4. 设 $X_1,X_2,\cdots,X_{15}$ 为来自正态总体 $N(0,2^2)$ 的一个简单随机样本，则随机变量 $Y=\dfrac{X_1^2+\cdots+X_{10}^2}{2(X_{11}^2+\cdots+X_{15}^2)}$服从________分布，自由度为________.

5. 设总体 X 的概率密度为 $f(x)=1/2\mathrm{e}^{-|x|}(-\infty<x<+\infty)$，$X_1,X_2,\cdots,X_n$ 为总体 X 的一个简单随机样本，则统计量 $S^2=\dfrac{1}{n-1}\sum\limits_{i=1}^{n}(X_i-\overline{X})^2$ 的数学期望 $E(S^2)=$________.

二、单项选择题(每小题 3 分,共 15 分)

1. 设 A,B 是两个事件,且 $0<P(A)<1$、$P(B)>0$,$P(B|\overline{A})=P(B|A)$,则有(　　).

(A)$P(\overline{A}|B)=P(A|B)$;　　(B)$P(\overline{A}|B)\neq P(A|B)$;

(C)$P(AB)=P(A)P(B)$;　　(D)$P(AB)\neq P(A)P(B)$.

2. 设随机变量 X 服从正态分布 $N(\mu,\sigma^2)$,则随着 σ 的增大,概率 $P(|X-\mu|\leqslant\sigma)$(　　).

(A)单调增大;　(B)保持不变;　(C)单调减小;　(D)增减不定.

3. 设二维随机变量(X,Y)服从二维正态分布,则随机变量 $\xi=X+Y$,$\eta=X-Y$,不相关的充分必要条件为(　　).

(A)$E(X)=E(Y)$;　　(B)$E(X^2)+E^2(X)=E(Y^2)+E^2(Y)$;

(C)$E(X^2)=E(Y^2)$;　　(D)$E(X^2)-E^2(X)=E(Y^2)-E^2(Y)$.

4. 设 $X_1,X_2,\cdots,X_n$ 为来自正态总体 $N(\mu,\sigma^2)$的简单随机样本,$\overline{X}$ 为样本均值,记

$$S_1^2=\frac{1}{n-1}\sum_{i=1}^{n}(X_i-\overline{X})^2,\quad S_2^2=\frac{1}{n}\sum_{i=1}^{n}(X_i-\overline{X})^2,$$

$$S_3^2=\frac{1}{n-1}\sum_{i=1}^{n}(X_i-\mu)^2,\quad S_4^2=\frac{1}{n}\sum_{i=1}^{n}(X_i-\mu)^2.$$

则服从自由度为 $n-1$ 的 t 分布的随机变量是(　　).

(A)$t=\dfrac{\overline{X}-\mu}{S_1/\sqrt{n-1}}$;　　(B)$t=\dfrac{\overline{X}-\mu}{S_2/\sqrt{n-1}}$;

(C)$t=\dfrac{\overline{X}-\mu}{S_3/\sqrt{n}}$;　　(D)$t=\dfrac{\overline{X}-\mu}{S_4/\sqrt{n}}$.

5. 设 $X_1,X_2,\cdots,X_n$ 为独立同分布的随机变量序列,且服从参数为 $\lambda(\lambda>0)$的指数分布,记 $\Phi(x)$为标准正态分布函数,则(　　).

(A) $\lim\limits_{n\to\infty}P\left\{\dfrac{\lambda\sum_{i=1}^{n}X_i-n}{\sqrt{n}}\leqslant x\right\}=\Phi(x)$;　(B) $\lim\limits_{n\to\infty}P\left\{\dfrac{\sum_{i=1}^{n}X_i-n\lambda}{\sqrt{n\lambda}}\leqslant x\right\}=\Phi(x)$;

(C) $\lim\limits_{n\to\infty}P\left\{\dfrac{\sum_{i=1}^{n}X_i-n\lambda}{\lambda\sqrt{n}}\leqslant x\right\}=\Phi(x)$;　(D) $\lim\limits_{n\to\infty}P\left\{\dfrac{\sum_{i=1}^{n}X_i-\lambda}{\sqrt{n\lambda}}\leqslant x\right\}=\Phi(x)$.

三、(本题满分 10 分)

设分别有来自编号为Ⅰ、Ⅱ和Ⅲ的三个地区的各 10 名、15 名和 25 名考生的报名表,其中女生的报名表分别为 3 份、7 份和 5 份. 随机地取一个地区的报名表,从中抽取一份,

(1)求抽到的一份是女生表的概率;

(2)已知抽到的一份是女生表,求它来自地区Ⅰ的概率.

四、(本题满分 10 分)

设随机变量 X 和 Y 同分布,X 的概率密度为

$$f_X(x)=\begin{cases}\frac{3}{8}x^2, & 0<x<2\\ 0, & \text{其他}\end{cases}.$$

已知事件 $A=\{X>a\}$ 和 $B=\{Y>a\}$ 相互独立，且 $P(A\cup B)=3/4$. 试求：
(1)常数 a；(2)$1/X^2$ 的数学期望.

五、(本题满分 10 分)

设随机变量 X 的概率密度函数为

$$f(x;\alpha,\beta)=\begin{cases}\frac{\beta\alpha^\beta}{x^{\beta+1}}, & x>\alpha\\ 0, & x\leqslant\alpha\end{cases},$$

其中参数 $\alpha>0,\beta>1$. 设 $X_1,X_2,\cdots,X_n$ 为来自总体 X 的一个简单随机样本，
(1)当 $\alpha=1$ 时，求未知参数 β 的矩估计量；
(2)当 $\beta=2$ 时，求未知参数 α 的最大似然估计量.

六、(本题满分 10 分)

设随机变量 X 的概率密度函数为

$$f(x)=\begin{cases}\frac{1}{3\sqrt[3]{x^2}}, & 1\leqslant x\leqslant 8\\ 0, & \text{其他}\end{cases},$$

$F(x)$是 X 的分布函数，试求随机变量 $Y=F(X)$的分布函数.

七、(本题满分 15 分)

设二维随机变量(X,Y)的联合概率分布律为

Y \ X	-1	0	1
-1	a	0	0.2
0	0.1	b	0.2
1	0	0.1	c

其中 a,b,c 为常数，且 Y 的数学期望 $E(Y)=0.2$，$P(X\leqslant 0\mid Y\leqslant 0)=0.5$. 记 $Z=X+Y$，试求：(1)a,b,c 的值；(2)Z 的概率分布；(3)$P(Y=Z)$.

八、(本题满分 15 分)

设二维随机变量(X,Y)的联合概率密度为

$$f(x,y)=\begin{cases}1, & 0<x<1,0<y<2x\\ 0, & \text{其他}\end{cases},$$

(1)求(X,Y)的边缘密度函数 $f_X(x)$和 $f_Y(y)$；(2)X 和 Y 是否相互独立？(3)求 $Z=2X-Y$ 的概率密度 $f_Z(z)$.

综合测试题五

一、填空题(每小题 3 分,共 15 分)

1. 设 A,B 为随机事件,若 $P(A)=0.6,P(B)=0.7,P(A\cup B)=1$,则 $P(A\bar{B})$________.

2. 袋中有 10 个球,其中有 4 个黑球 3 个白球和 3 个红球,现将袋中球一一摸出来,则第二次摸到的是黑球的概率为________.

3. 在四次独立重复试验中,事件 A 至少发生一次的概率为 65/81,则事件 A 在每次试验中发生的概率为________.

4. 设 $X\sim E(1/2),Y\sim N(3,9)$,且 $\rho_{XY}=1/4$,则 $D(X-Y)=$________.

5. 设 $X_1,X_2,\cdots,X_n$ 是来自正态总体 $N(\mu,\sigma^2)$ 的一个样本,σ^2 已知,则 μ 的置信水平为 $1-\alpha$ 的置信区间为____________.

二、单项选择题(每小题 3 分,共 15 分)

1. 下列各函数可以作为某个随机变量分布函数的是(　　).

(A) $F(x)=\dfrac{1}{1+x^2}$;

(B) $F(x)=\int_{-\infty}^{x}f(t)\mathrm{d}t$,且$\int_{-\infty}^{+\infty}f(t)\mathrm{d}t=1$;

(C) $F(x)\begin{cases}\dfrac{1}{1+x^2}, & x\leqslant 0\\ 1, & x>0\end{cases}$;

(D) $F(x)=\begin{cases}0, & x<0\\ 0.5, & x=0;\\ 1, & x>0\end{cases}$

2. 设 X 与 Y 相互独立,分布律分别为 $\begin{array}{c|cc} X & 0 & 1\\ \hline p & 0.3 & 0.7\end{array}$,$\begin{array}{c|cc} Y & 0 & 1\\ \hline p & 0.3 & 0.7\end{array}$,则必有(　　).

(A) $X=Y$;

(B) $P(X=Y)=1$;

(C) $P(X=Y)=0.58$;

(D) $P(X=Y)=0$.

3. 设随机变量 X,Y,已知 $\rho_{XY}=0$,则下列不成立的是(　　).

(A) $\mathrm{Cov}(X,Y)=0$

(B) $D(X-Y)=D(X)+D(Y)$;

(C) $E(XY)=E(X)E(Y)$;

(D) X 与 Y 相互独立.

4. 设 $X_1,X_2,\cdots,X_n$ 为来自正态总体 $X\sim N(0,1)$ 的简单随机样本,$\overline{X}=\dfrac{1}{n}\sum\limits_{i=1}^{n}X_i$,$S=\sqrt{\dfrac{1}{n-1}\sum\limits_{i=1}^{n}(X_i-\overline{X})^2}$ 则(　　).

(A) $\overline{X}\sim N(0,1)$;

(B) $n\overline{X}\sim N(0,1)$;

(C) $\sum\limits_{i=1}^{n}X_i^2\sim\chi^2(n-1)$;

(D) $\sqrt{n}\cdot\overline{X}/S\sim t(n-1)$.

5. 方差分析的方法属于(　　)问题.

(A)参数估计；　　(B)单侧假设检验；

(C)分布假设检验；　　(D)双侧假设检验.

三、(本题满分 10 分)

仓库中有 10 箱同种产品，其中甲、乙、丙三厂各生产了其中的 5、3、2 箱，三厂的次品率分别为 0.1、0.3、0.4. 从 10 箱产品中任取一箱，从该箱中任取一件进行检验，结果发现该件产品为次品，问该箱产品最有可能是哪个厂家生产的？

四、(本题满分 12 分)

对某校大一学生的数学成绩进行调查，其结果 X 近似服从正态分布 $X \sim N(75,100)$，依此计算：

(1) 成绩超过 85 分的学生占该年级的比例；(2) 成绩低于 60 分的学生占该年级的比例.

(下列为标准正态分布表，$\Phi(x)=\int_{-\infty}^{x}\frac{1}{\sqrt{2\pi}}e^{-\frac{t^2}{2}}dt$)

X	1	1.5	2	2.5	3
$\Phi(x)$	0.841 3	0.933 2	0.977 2	0.993 8	0.998 7

五、(本题满分 10 分)

设总体 X 的概率密度函数为 $f(x)=\begin{cases}(\theta+1)x^{\theta}, & 0<x<1\\ 0, & \text{其他}\end{cases}$，其中，$\theta>-1$ 是未知参数，$X_1,X_2,\cdots,X_n$ 是来自总体 X 的样本. 分别用矩法和最大似然估计法求 θ 的估计量.

六、(本题满分 12 分)

某地小麦良种千粒重为 33 g. 现从外地引入另一种良种，在 9 个小区种植，计算千粒重的平均值为 $\bar{x}=35.2$ g，样本标准差 $s=\frac{1}{8}(x_i-\bar{x})^2=1.65$ g. 若千粒重服从正态分布，问引入良种的千粒重是否高于当地小麦良种的千粒重？($\alpha=0.05$)(已知：$t_{0.05}(9)=1.833$，$t_{0.05}(8)=1.860$，$\chi^2_{0.05}(9)=16.92$，$\chi^2_{0.05}(8)=15.50$，$u_{0.05}=1.64$)

七、(本题满分 14 分)

设随机变量 X 的概率密度函数为 $f(x)=ke^{-|x|}$，$-\infty<x<+\infty$ 求：(1) 常数 k；(2)$P(0\leqslant X\leqslant 1)$；(3)$X$ 的分布函数 $F(x)$.

八、(本题满分 12 分)

设 $X_1,X_2,\cdots,X_n$ 是来自总体 X 的简单随机样本，且 $E(X^k)=\alpha_k$，$k=1,2,\cdots,2m$. 证明当 n 充分大时，统计量 $T=\frac{1}{n}\sum_{i=1}^{n}X_i^m$ 近似服从正态分布，并指出其分布参数.

综合测试题一答案与提示

一、填空题

1. 0.3. 提示：$P(AB)=P(A)+P(B)-P(A+B)=0.4+0.3-0.6=0.1$，

$$P(A\bar{B})=P(A)-P(AB)=0.4-0.1=0.3.$$

2. $X_1,X_2,\cdots,X_n$. 提示：$Y=X^2$ 在$(0,4)$内的分布函数为

$$F(y)=P(Y\leqslant y)=P(X^2\leqslant y)=P(0<X\leqslant\sqrt{y})=1/2\sqrt{y},$$

于是 Y 在$(0,4)$内的概率密度为 $f(y)=\dfrac{1}{4\sqrt{y}}$.

3. 5/7. 提示：令 $A=\{X\geqslant 0\}$，$B=\{Y\geqslant 0\}$，则 $AB=\{X\geqslant 0,Y\geqslant 0\}$，$A\cup B=\max\{X,Y\}\geqslant 0$，$P(\max\{X,Y\}\geqslant 0)=P(A)+P(B)-P(AB)=4/7+4/7-3/7=5/7$.

4. 0. 提示：$E(Y)=\sum(-)^{\tau}E(X_{1p_1},X_{2p_2},\cdots,X_{np_n})=\sum(-)^{\tau}E(X_{1p_1})E(X_{2p_2})\cdots E(X_{np_n})=2^n\sum(-1)^{\tau}=0$（因为按行列式的奇、偶排列项是成对出现的）

5. (4.412,5.588). 提示：μ 的置信水平为 0.95 的置信区间为

$$\left(\overline{X}-\mu_{\frac{\alpha}{2}}\frac{\sigma}{\sqrt{n}},\overline{X}+\mu_{\frac{\alpha}{2}}\frac{\sigma}{\sqrt{n}}\right)=\left(5-1.96\times\frac{0.9}{\sqrt{9}},5+1.96\times\frac{0.9}{\sqrt{9}}\right)=(4.412,5.588).$$

二、选择题

1. (C). 提示：$P(AB)=P(B)P(A|B)=P(B)$，所以 $P(A\cup B)=P(A)+P(B)-P(AB)=P(A)$.

2. (A). 提示：$P(|X-\mu_1|<1)=P\left(\dfrac{|X-\mu_1|}{\sigma_1}<\dfrac{1}{\sigma_1}\right)=2\Phi\left(\dfrac{1}{\sigma_1}\right)-1$，同理，$P(|X-\mu_2|<1)=2\Phi\left(\dfrac{1}{\sigma_2}\right)-1$，因此 $\Phi\left(\dfrac{1}{\sigma_1}\right)>\Phi\left(\dfrac{1}{\sigma_2}\right)$，由分布函数单调非减性质可得 $\sigma_1<\sigma_2$.

3. (A). 提示：因为 $X+Y=n$，所以 $\mathrm{Cov}(X,Y)=\mathrm{Cov}(X,n-X)=-D(X)$，$D(X)=D(n-Y)=-D(Y)$，于是 X 和 Y 的相关系数为 $\rho_{XY}=\dfrac{\mathrm{Cov}(X,Y)}{\sqrt{D(X)D(Y)}}=-1$.

4. (D). 提示：因 $E(Z_n)=\dfrac{1}{n}\sum\limits_{i=1}^{n}E(X_i^2)=\dfrac{1}{n}\sum\limits_{i=1}^{n}(D(X_i)+(E(X_i))^2)=p(1-p)+p^2=p$，$D(Z_n)=\dfrac{1}{n^2}\sum\limits_{i=1}^{n}D(X_i^2)=\dfrac{1}{n}(E(X_i^4)-[E(X_i^2)]^2)=\dfrac{p(1-p)}{n}$，由中心极限定理可得，当 n 充分大时，随机变量 Z_n 近似服从 $N\left(p,\dfrac{p(1-p)}{n}\right)$.

5.(D).提示：S^2 是 σ^2 的无偏估计量，S_n^2 是 σ^2 的最大似然估计量，由最大似然估计的不变性，可得 S_n 也是 σ 的最大似然估计量.

三、解

由题意，X 的概率密度为 $f(x)=\begin{cases}\lambda e^{-\lambda x}, & x>0\\ 0, & x\leqslant 0\end{cases}$.

而 Y 的分布函数为 $F(y)=P(Y\leqslant y)=P(1-e^{-\lambda X}\leqslant y)=P(e^{\lambda X}\geqslant 1-y)$.

当 $1-y\leqslant 0$，即 $y\geqslant 1$ 时，　　$F(y)=1$；

当 $1-y>0$，即 $y<1$ 时，$F(y)=P\left(X\leqslant -\dfrac{1}{\lambda}\ln(1-\lambda)\right)=\displaystyle\int_{-\infty}^{-\frac{1}{\lambda}\ln(1-y)} p(x)\mathrm{d}x$.

当 $\ln(1-y)<0$，即 $0<y<1$ 时，$F(y)=-e^{-\lambda x}\Big|_0^{-\frac{1}{\lambda}\ln(1-y)}=1-(1-y)=y$.

当 $\ln(1-y)\geqslant 0$，即 $y<0$ 时，　$F(y)=0$.

综上可得，Y 的分布函数为 $F(y)=\begin{cases}0, & y\leqslant 0\\ y, & 0<y<1,\\ 1, & y\geqslant 1\end{cases}$

从而可得 Y 的概率密度函数为 $f(y)=\begin{cases}1, & 0<y<1\\ 0, & \text{其他}\end{cases}$.

四、解

(1)(X,Y) 的联合密度函数 $p(x,y)$ 为

$$f(x,y)=\frac{1}{2\pi}\exp\left(-\frac{x^2+y^2}{2}\right),\quad -\infty<x<\infty,-\infty<y<\infty.$$

$$P(X^2+Y^2\leqslant 2)=\iint_{x^2+y^2\leqslant 2} f(x,y)\mathrm{d}x\mathrm{d}y=\frac{1}{2\pi}\iint_{x^2+y^2\leqslant 2}\exp\left(-\frac{x^2+y^2}{2}\right)\mathrm{d}x\mathrm{d}y$$

$$\xlongequal{x=r\cos\theta,y=r\sin\theta}\frac{1}{2\pi}\int_0^{2\pi}\mathrm{d}\theta\int_0^{\sqrt{2}}\exp\left\{-\frac{r^2}{2}\right\}r\mathrm{d}r=1-\frac{1}{e}.$$

(2)$P(X>0,Y\leqslant 0)=P(X>0)P(Y\leqslant 0)=(1-\Phi(0))\Phi(0)=1/4$.

五、解

样本 $x_1,x_2,\cdots,x_n$ 的似然函数为

$$L(\theta;x_1,x_2,\cdots,x_n)=\prod_{i=1}^{n}2e^{-2(x_i-\theta)}=2^n\exp\left(-2\sum_{i=1}^{n}x_i+2n\theta\right),x_i>\theta,i=1,2,\cdots,n.$$

由于 $L(\theta)$ 是 θ 的单调增函数，且当 $x_i>\theta,(i=1,2,\cdots,n)$，即 $\min\{x_1,x_2,\cdots,x_n\}>\theta$ 时 $L(\theta)>0$，所以 θ 的最大似然估计量为 $\hat{\theta}=\min(X_1,X_2,\cdots,X_n)=X_{(1)}$.

为了计算 $E(\hat{\theta})$，需先求出 $\hat{\theta}$ 的密度函数. $\hat{\theta}$ 的密度函数为

$$f(x)=\begin{cases}2ne^{-2n(x-\theta)}, & x>\theta\\ 0, & \text{其他}\end{cases}.$$

所以 $E(\hat{\theta})=E(X_{(1)})=\displaystyle\int_\theta^{+\infty}x2ne^{-2n(x-\theta)}\mathrm{d}x=\frac{1}{2n}+\theta\neq\theta$. 故 $\hat{\theta}$ 不是 θ 的无偏估计.

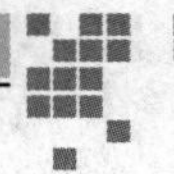

六、解

设事件 A={顾客买下所察看的一箱}，B_i={箱中恰有 i 件次品}，$i=0,1,2$.
由题设知 $P(B_0)=0.8,P(B_1)=0.1,P(B_2)=0.1$；

$$P(A|B_0)=1,P(A|B_1)=\frac{C_{19}^4}{C_{20}^4}=4/5,\quad P(A|B_2)=\frac{C_{18}^4}{C_{20}^4}=12/19$$

(1) 由全概率公式得

$$\alpha=P(A)=\sum_{i=0}^{2}P(B_i)P(A|B_i)=0.8\times1+0.1\times4/5+0.1\times12/19\approx0.94.$$

(2) 由贝叶斯公式

$$\beta=P(B_0|A)=\frac{P(B_0)P(A|B_0)}{P(A)}=0.8/0.94=0.85.$$

七、解

(1) X 的可能值为 0,1,2,3，设 A_i={汽车在第 i 个路口首次遇到红灯}，则

$P(A_i)=P(\overline{A}_i)=1/2,i=1,2,3$，且 A_1,A_2,A_3 相互独立.

$P(X=0)=P(A_1)=1/2,P(X=1)=P(\overline{A}_1A_2)=P(\overline{A}_1)P(A_2)=1/4,$

$P(X=2)=P(\overline{A}_1\cdot\overline{A}_2\cdot A_3)=P(\overline{A}_1)P(\overline{A}_2)P(A_3)=1/8,$

$P(X=3)=P(\overline{A}_1\cdot\overline{A}_2\cdot\overline{A}_3)=P(\overline{A}_1)P(\overline{A}_2)P(\overline{A}_3)=1/8.$

(2) $E\left(\frac{1}{1+X}\right)=1\times1/2+1/2\times1/4+1/3\times1/8+1/4\times1/8=67/96.$

八、解

(1) 将 y 关于 x 的数据列表如下：

序号	x_i	y_i	x_i^2	y_i^2	x_iy_i
1	−2.0	−6.1	4.00	37.21	12.2
2	0.6	−0.5	0.36	0.25	−0.3
3	1.4	7.2	1.96	51.84	10.08
4	1.3	6.9	1.69	47.61	8.97
5	0.1	−0.2	0.01	0.04	−0.02
6	−1.6	−2.1	2.56	4.41	3.36
7	−1.7	−3.9	2.89	15.21	6.63
8	0.7	3.8	0.49	14.44	2.66
9	−1.8	−7.5	3.24	56.25	13.5
10	−1.1	−2.1	1.21	4.41	2.31
Σ	−4.1	−4.5	18.41	231.67	59.39

经计算得

$$\bar{x}=-0.41,\quad \bar{y}=-0.45,$$

$$L_{xy}=\sum_{i=1}^{10}x_iy_i-10\,\bar{x}\bar{y}=59.39-10\times(-0.41)\times(-0.45)=57.545,$$

$$L_{xx}=\sum_{i=1}^{10}x_i^2-10\bar{x}^2=18.41-10\times(-0.41)^2=16.729,$$

$$b=\frac{L_{xy}}{L_{xx}}=3.44,a=\bar{y}-b\bar{x}=0.96,$$

所以 y 关于 x 的一元线性回归模型为 $\hat{y}=0.98+3.44x$.

(2)检验 y 与 x 的线性相关关系是否显著,此检验假设为

$$H_0:\beta=0\leftrightarrow H_1:\beta\neq 0.$$

检验统计量为

$$F=\frac{S_{回}/1}{S_{残}/(n-2)}\sim F(1,n-2).$$

当显著性水平 $\alpha=0.01$,查表得 $F_{0.01}(1,8)=11.26$,其拒绝域为 $W=(11.26,+\infty)$. 经计算得回归平方和为 $S_{回}=197.945\,3$,残差平方和为 $S_{残}=31.699\,7$,因此 F 检验的统计量值为 $F=\dfrac{197.945\,3/1}{31.699\,7/8}=49.96\in W$,拒绝原假设,即可以认为线性关系是显著的.

(3)在 $x_0=0.5$ 时,均匀度 y_0 的概率为 $1-\alpha$ 的预测区间为$(\hat{y}_0-\Delta,\hat{y}_0+\Delta)$,
其中

$$\Delta\sqrt{F_{0.05}(1,n-2)\hat{\sigma}_{y_0}^2}\ ,\quad \hat{\sigma}_{y_0}^2=\hat{\sigma}^2\sqrt{\left[1+\frac{1}{n}+\frac{(x_0-\bar{x})^2}{L_{xx}}\right]}.$$

经计算得

$$\hat{\sigma}^2=S_{残}/(n-2)=31.699\,7/8=3.962\,5,$$

$$\hat{\sigma}_{y_0}^2=3.962\,5\times\sqrt{1+1/10+\frac{(0.5+0.41)^2}{16.729}}=4.248\,3,$$

$$\Delta=\sqrt{5.32\times 4.179\,7}=4.754\,0,\quad \hat{y}=0.98+3.44\times 0.5=2.7,$$

于是均匀度 y_0 的概率为 95% 的预测区间为$(-2.054,7.454)$.

综合测试题二答案与提示

一、填空题

1. 3/4. 提示:设 A 表示甲命中目标,B 表示乙命中目标,C 表示目标被命中,依题意有 $P(C)=P(A\cup B)=P(A)+P(B)-P(AB)=0.6+0.5-0.6\times 0.5=0.8$. $A\subset C$,所

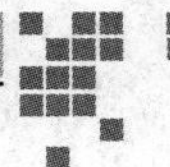

以 $P(A \mid C) = \frac{P(AC)}{P(C)} = \frac{P(A)}{P(C)} = 0.6/0.8 = 3/4$.

2. 4. 提示：$\frac{X-\mu}{\sigma} \sim N(0,1)$，二次方程无实根的充要条件是 $X \geqslant 4$，于是 $1/2 = P(X \geqslant 4) = P\left(\frac{X-\mu}{\sigma} \geqslant \frac{4-\mu}{\sigma}\right) = 1 - \Phi\left(\frac{4-\mu}{\sigma}\right)$，即 $\Phi\left(\frac{4-\mu}{\sigma}\right) = 0.5$，由正态分布的对称性知 $\Phi(0) = 0.5$，因此 $\mu = 4$.

3. 1/9. 提示：方法一：X 和 Y 的联合密度函数为

$$f(x,y) = \begin{cases} 1/9, & x \in [0,3], y \in [0,3] \\ 0, & \text{其他} \end{cases},$$

于是 $\quad P(\max\{X,Y\} \leqslant 1) = P(X \leqslant 1, Y \leqslant 1) = \int_0^1\int_0^1 1/9 \mathrm{d}x\mathrm{d}y = 1/9$;

方法二：利用几何概型，略.

4. 1. 提示：$E(X) = \lambda, E(X^2) = D(X) + (E(X))^2 = \lambda + \lambda^2, E[(X-1)(X-2)] = E(X^2) - 3E(X) + 2 = \lambda^2 - 2\lambda + 2$，由此解得 $\lambda = 1$.

5. $F(10,5)$. 提示：$\frac{X_i}{2}, i = 1,2,\cdots,n$ 相互独立且均服从 $N(0,1)$ 分布，

$$Y_1 = \frac{X_1^2 + \cdots + X_{10}^2}{4} \sim \chi^2(10), \quad Y_2 = \frac{X_{11}^2 + \cdots + X_{15}^2}{4} \sim \chi^2(5),$$

且二者相互独立. 由 F 分布的构造可得

$$Y = \frac{Y_1/10}{Y_2/5} = \frac{X_1^2 + \cdots + X_{10}^2}{2(X_{11}^2 + \cdots + X_{15}^2)} \sim F(10,5).$$

二、选择题

1. (C). 提示：由 $P(B \mid A) = P(B \mid \overline{A})$，得 $\frac{P(AB)}{P(A)} = \frac{P(\overline{A}B)}{P(\overline{A})} = \frac{P(B) - P(AB)}{1 - P(A)}$，得 $P(AB) = P(A)P(B)$.

2. (B). 提示：当 $a > 0$ 时，

$$F(-a) = \int_{-\infty}^{-a} f(x)\mathrm{d}x \xlongequal{\text{令} t = -x} \int_{\infty}^{a} f(-t)(-\mathrm{d}t)$$

$$= \int_0^{\infty} f(t)\mathrm{d}t - \int_0^a f(t)\mathrm{d}t = 1/2 - \int_0^a f(x)\mathrm{d}x;$$

当 $a \leqslant 0$ 时，$F(-a) = \int_{-\infty}^{-a} f(x)\mathrm{d}x = \int_{-\infty}^{0} f(x)\mathrm{d}x + \int_0^{-a} f(x)\mathrm{d}x$

$$= 1/2 + \int_0^a f(-t)(-1)\mathrm{d}t = 1/2 - \int_0^a f(x)\mathrm{d}x.$$

3. (D). 提示：依题意有 $a + b = 0.5$，$P(X=0, X+Y=1) = P(X=0, Y=1) = a$，$P(X=0) = 0.4 + a$，$P(X+Y=1) = P(X=0,Y=1) + P(X=1,Y=0) = a+b$，于是有 $a = (0.4+a)(a+b)$，即 $2a = 0.4 + a$，从而解得 $a = 0.1, b = 0.4$.

4. (B). 提示：因为 $\mathrm{Cov}(X,Y) = E(XY) - E(X)\cdot E(Y) = 0$，从而

$$D(X+Y) = D(X) + D(Y) + 2\mathrm{Cov}(X,Y) = D(X) + D(Y).$$

5.(C).提示:依题意有 $\overline{X} \sim N(4,1)$,即 $\overline{X}-4 \sim N(0,1)$,故 $P(\overline{X} \geqslant 4)=P(\overline{X}-4 \geqslant 0)=1-P(\overline{X}-4<0)=1-\Phi(0)=0.5$.

三、解

$$E(Z)=E\left(\frac{X}{3}+\frac{Y}{2}\right)=\frac{1}{3}E(X)+\frac{1}{2}E(Y)=\frac{1}{3};$$

$$D(Z)=D\left(\frac{X}{3}+\frac{Y}{2}\right)=\frac{1}{9}D(X)+\frac{1}{4}D(Y)+2\times\frac{1}{2}\times\frac{1}{3}\rho_{XY}\sqrt{D(X)D(Y)}$$
$$=\frac{1}{9}\times 9+\frac{1}{4}\times 16-2\times\frac{1}{2}\times\frac{1}{3}\times\frac{1}{2}\times\sqrt{9\times 16}=3;$$

$$\mathrm{Cov}(X,Z)=\mathrm{Cov}\left(X,\frac{1}{3}X+\frac{1}{2}Y\right)=\frac{1}{3}D(X)+\frac{1}{2}\mathrm{Cov}(X,Y)$$
$$=\frac{1}{3}D(X)+\frac{1}{2}\rho_{XY}\sqrt{D(X)D(Y)}$$
$$=\frac{1}{3}\times 9+\frac{1}{2}\times\left(-\frac{1}{2}\right)\times\sqrt{9\times 16}=0.$$

所以 $\rho_{XZ}=0$.

四、解

设最多可以装 n 箱,每箱的重量为 $X_1,X_2,\cdots,X_n$,且 $E(X_k)=0.05$,$D(X_k)=0.005^2$,$k=1,2,\cdots,n$.

由中心极限定理得

$$\frac{\sum\limits_{k=1}^{n}X_k-0.05n}{0.005\sqrt{n}}\sim N(0,1).$$

于是

$$P\left(\sum_{k=1}^{n}X_k\leqslant 5\right)=P\left[\frac{\sum\limits_{k=1}^{n}X_k-0.05n}{0.005\sqrt{n}}\leqslant\frac{5-0.05n}{0.005\sqrt{n}}\right]=\Phi\left(\frac{5-0.05n}{0.005\sqrt{n}}\right)\geqslant 0.977.$$

从而 $\dfrac{5-0.05n}{0.005\sqrt{n}}\geqslant 2$.解得 $n\leqslant 98.01$,所以取 $n=98$.

五、解

依题意有 $\quad E(X)=0\times\theta^2+1\times 2\theta(1-\theta)+2\times\theta^2+3\times(1-2\theta)=3-4\theta$,

样本均值 $\quad \bar{x}=\dfrac{1}{8}\times(3+1+3+0+3+1+2+3)=2.$

令 $E(X)=\bar{x}$,即 $3-4\theta=2$,解得 θ 的矩估计值为 $\hat{\theta}=1/4$.

对于给定的样本值,似然函数为

$$L(\theta)=4\theta^6(1-\theta)^2(1-2\theta)^4.$$
$$\ln L(\theta)=\ln 4+6\ln\theta+2\ln(1-\theta)+4\ln(1-2\theta),$$
$$\frac{\mathrm{d}\ln(\theta)}{\mathrm{d}\theta}=\frac{6}{\theta}+\frac{2}{1-\theta}-\frac{8}{1-2\theta}=\frac{6-28\theta+24\theta^2}{\theta(1-\theta)(1-2\theta)}.$$

令$\frac{\mathrm{d}\ln L(\theta)}{\mathrm{d}\theta}=0$,解得$\theta_{1,2}=\frac{7\pm\sqrt{13}}{12}$.因$\frac{7+\sqrt{13}}{12}>1/2$不合题意,

所以θ的最大似然估计值为$\hat{\theta}=\frac{7-\sqrt{13}}{12}$.

六、解

该问题的检验假设为$H_0:\sigma_1^2=\sigma_2^2 \leftrightarrow H_1:\sigma_1^2\neq\sigma_2^2$.

因为所有参数均未知,故在原假设H_0成立下,采用检验统计量

$$F=S_1^2/S_2^2\sim F(n_1-1,n_2-1)$$

当显著性水平$\alpha=0.05$时,查表得$F_{\frac{\alpha}{2}}(n_1-1,n_2-1)=F_{0.025}(9,7)=4.82$,$F_{1-\frac{\alpha}{2}}(n_1-1,n_2-1)=\frac{1}{F_{\frac{\alpha}{2}}(n_2-1,n_1-1)}=1/4.20=0.238$,

故拒绝域为

$$W=\{F<F_{0.975}(9,7)\quad 或\quad F>F_{0.025}(9,7)\}.$$

由题目条件知,$S_1^2=281.122$,$S_2^2=49.643$,计算得检验统计量的值为$F=5.663\in W$,故拒绝H_0,认为处理后含脂率的标准差有显著性变化.

七、解

设出现点数i的概率为p_i,则检验假设为

$$H_0:p_1=p_2=\cdots=p_6=1/6.$$

由皮尔逊定理,检验统计量为

$$\chi^2=\sum_{i=1}^{6}\frac{(n_i-np_i)^2}{np_i}\sim\chi^2(5).$$

在显著性水平$\alpha=0.05$下,查表知,$\chi^2_{0.05}(5)=11.0705$,故拒绝域为

$$W=\{\chi^2\geqslant 11.0705\}.$$

经计算,检验统计量值为

$$\chi^2=\frac{(7-10)^2}{10}+\frac{(8-10)^2}{10}+\cdots+\frac{(13-10)^2}{10}=2.8\notin W.$$

故接受原假设,即可以认为这枚骰子是均匀的.

八、解

依题意,补充的方差分析表如下所示:

方差分析表

来源	平方和	自由度	均方和	F值
因素 A	4.2	2	2.1	7.5
误差	2.5	9	0.28	
总和	6.7	11		

对于显著性水平$\alpha=0.05$,查表知$F_{0.05}(2,9)=4.26$,故拒绝域为$W=\{F\geqslant 4.26\}$.由于$F=7.5>4.26$,因而认为因素A是显著的.

综合测试题三答案与提示

一、填空题

1. 0.4； 2. 4； 3. $\chi^2(9)$； 4. 1/6； 5. $\alpha-1$.

二、单项选择题

1. (A)； 2. (B)； 3. (C)； 4. (B)； 5. (D).

三、解

设 A_1:取到的产品是甲车间生产的；A_2:取到的产品是乙车间生产的；A_3:取到的产品是丙车间生产的；B:取到的产品是次品.

则(1) $P(B)=P(A_1)P(B|A_1)+P(A_2)P(B|A_2)+P(A_3)P(B|A_3)$

$$=0.6\times0.01+0.3\times0.02+0.1\times0.04=0.016;$$

(2) $P(A_3|B)=\dfrac{P(A_3B)}{P(B)}=\dfrac{P(A_3)P(B|A_3)}{P(B)}=0.25.$

四、证明

易知 $E(Y_1)=E(Y_2)=\mu, D(Y_1)=\dfrac{\sigma^2}{6}, D(Y_2)=\dfrac{\sigma^2}{3}.$

由于 Y_1,Y_2 相互独立，所以

$$U=\frac{(Y_1-Y_2)-E(Y_1-Y_2)}{D(Y_1-Y_2)}=\frac{Y_1-Y_2}{\sigma/\sqrt{2}}\sim N(0,1).$$

由正态总体样本方差的性质知，$\chi^2=\dfrac{2S^2}{\sigma^2}$ 服从自由度为 2 的 χ^2 分布.

由于 Y_1 与 Y_2，Y_1 与 S^2，Y_2 与 S^2 独立，因此 Y_1-Y_2 与 S^2 独立.

所以，由 t 分布的构造，可得

$$Z=\frac{\sqrt{2}(Y_1-Y_2)}{S}=\frac{U}{\sqrt{\chi^2/2}}\sim t(2).$$

五、解

由题意知，检验假设为

$$H_0:\mu=79\leftrightarrow H_1:\mu\neq79.$$

由于 σ^2 已知，利用 U 检验，得拒绝域为

$$W=\left\{(x_1,\cdots,x_9)\mid \frac{|\bar{x}-79|}{\sigma/\sqrt{9}}\geqslant u_{0.025}\right\}.$$

计算可得 $\frac{|\bar{x}-79|}{\sigma/\sqrt{9}}=9/5=1.8<u_{0.025}=1.96$. 所以在 5% 的显著性水平下，可以认为该班级学生的平均成绩 $\mu=79$.

六、解

设 A 表示在一次观测中的观测值大于 4，则

$$P(A)=P(X>4)=\int_4^{+\infty}\frac{1}{2}e^{-\frac{x}{2}}dx=e^{-2}.$$

设 Y 表示三次独立观测中事件 A 发生的次数，则 $Y\sim B(3,e^{-2})$.

所以，P{三次独立观测中至少有一次观测值大于 4}

$$=P(Y\geqslant 1)=1-P(Y=0)=1-e^{-6}.$$

七、解

(1)由于 X、Y 相互独立，且 $X\sim B(1,0.5)$，$Y\sim B(1,0.5)$，所以 (X,Y) 的分布律为

X \ Y	0	1
0	0.25	0.25
1	0.25	0.25

(2) $P(X=Y)=P(X=0,Y=0)+P(X=1,Y=1)=0.5$.

(3)由于

X^2-Y^2	-1	0	1
p	0.25	0.5	0.25

所以 $$D(X^2-Y^2)=E(X^2-Y^2)^2=0.5.$$

另解，由于 X、Y 相互独立，所以 X^2，Y^2 相互独立，因此

$$D(X^2-Y^2)=D(X^2)+D(Y^2)=0.5.$$

八、解

(1) 由 $\iint\limits_{R^2}f(x,y)dxdy=1$ 可得 $\int_0^1 dy\int_0^y k(x+y)dx=1\Rightarrow k=2$.

(2) $f_X(x)=\int_{-\infty}^{+\infty}f(x,y)dy=\int_x^1 2(x+y)dy=\begin{cases}1+2x-3x^2, & 0<x<1\\ 0, & \text{其他}\end{cases}$,

$$f_Y(x)=\int_{-\infty}^{+\infty}f(x,y)dx=\int_0^y 2(x+y)dx=\begin{cases}3y^2, & 0<y<1\\ 0, & \text{其他}\end{cases}.$$

(3) 由于 $f(x,y)\neq f_X(x)f_Y(x)$，所以 X 与 Y 不相互独立.

综合测试题四答案与提示

一、填空题

1. 1/1 260.

2. 8/9. 提示：先求出 Y 的分布律，注意概率 $P(X=0)=0$.

3. 1/12. 提示：$E(X+Y)=0, D(X+Y)=D(X)+D(Y)+2\mathrm{Cov}(X,Y)=3$.

4. $F,(10,5)$.

5. $E(S^2)=2$.

二、单项选择题

1. (C). 提示：$P(B|\overline{A})=P(B|A)\Rightarrow P(A\overline{B})P(A)=P(A)P(AB)$
$\Rightarrow[P(B)-P(AB)]P(A)=[1-P(A)]P(AB)\Rightarrow P(AB)=P(A)P(B)$.

2. (B). 提示：$P\{|X-\mu|\leqslant\sigma\}=P\left\{\dfrac{|X-\mu|}{\sigma}\leqslant 1\right\}=\Phi(1)-\Phi(-1)$.

3. (D). 提示：ξ,η 不相关 $\Leftrightarrow \mathrm{Cov}(\xi,\eta)=E[(X+Y)(X-Y)]-E(X+Y)E(X-Y)=0\Leftrightarrow E[(X+Y)(X-Y)]=E(X+Y)E(X-Y)\Leftrightarrow E(X^2)-[E(X)]^2=E(Y^2)-[E(Y)]^2$.

4. (B). 提示：$\dfrac{\overline{X}-\mu}{\sigma/\sqrt{n}}\sim N(0,1)$，而

$$\frac{(n-1)S_1^2}{\sigma^2}\sim\chi^2(n-1);\frac{nS_2^2}{\sigma^2}\sim\chi^2(n-1);\frac{(n-1)S_3^2}{\sigma^2}\sim\chi^2(n);\frac{nS_4^2}{\sigma^2}\sim\chi^2(n).$$

5. (A). 提示：$\dfrac{\sum\limits_{i=1}^{n}X_i-E(\sum\limits_{i=1}^{n}X_i)}{\sqrt{D(\sum\limits_{i=1}^{n}X_i)}}\overset{\text{近似}}{\sim}N(0,1), E(\sum\limits_{i=1}^{n}X_i)=\dfrac{n}{\lambda}, D(\sum\limits_{i=1}^{n}X_i)=\dfrac{n}{\lambda^2}$.

三、解

设 A_1、A_2 和 A_3 分别表示抽取的一份报名表来自 Ⅰ、Ⅱ 和 Ⅲ 区，B 表示抽取的报名表是女生表，则

$$P(A_1)=1/5;\quad P(A_2)=3/10;\quad P(A_3)=1/2;$$
$$P(B|A_1)=3/10;\quad P(B|A_2)=7/15;\quad P(B|A_3)=1/5.$$

(1)由全概率公式知

$$P(B)=P(A_1)P(B|A_1)+P(A_2)P(B|A_2)+P(A_3)P(B|A_3)=3/10.$$

(2)由贝叶斯公式知

$$P(A_1|B)=\frac{P(A_1B)}{P(B)}=\frac{P(A_1)P(B|A_1)}{P(B)}=1/5.$$

四、解

(1)由于 X 和 Y 同分布，所以 $P(A)=P(B)$.

又事件 A 和 B 相互独立，则 $P(A)P(B)=P(AB)$.

因此，$P\{A\cup B\}=P(A)+P(B)-P(AB)=2P(A)-[P(A)]^2=3/4$，解得 $P(A)=1/2$.

由 $P(A)=1/2$ 知 $0<a<2$. 故

$$P\{x>a\}=\int_a^{+\infty}f_X(x)\mathrm{d}x=1/2，所以 a=\sqrt[3]{4}.$$

(2)
$$E\left(\frac{1}{X^2}\right)=\int_{-\infty}^{+\infty}\frac{1}{x^2}f_X(x)\mathrm{d}x=\int_0^2 3/8\mathrm{d}x=3/4.$$

五、解

(1)当 $\alpha=1$ 时，有

$$E(X)=\int_{-\infty}^{+\infty}xf(x;\alpha,\beta)\mathrm{d}x=\int_1^{+\infty}\frac{\beta}{x^{\beta}}\mathrm{d}x=\frac{\beta}{\beta-1}.$$

令 $E(X)=\overline{X}$，解得 $\beta=\dfrac{\overline{X}}{\overline{X}-1}$. 所以参数 β 的矩估计量为

$$\hat{\beta}=\frac{\overline{X}}{\overline{X}-1}.$$

(2)当 $\beta=2$ 时，X 的密度函数为

$$f(x;\alpha)=\begin{cases}\dfrac{2\alpha^2}{x^3}, & x>\alpha\\ 0, & x\leqslant\alpha\end{cases}.$$

对于总体 X 的样本值 $x_1,x_2,\cdots x_n$，似然函数为

$$L(\alpha)=\prod_{i=1}^{n}f(x_i;\alpha)=\begin{cases}\dfrac{2^n\alpha^{2n}}{(x_1\cdots x_n)^3}, & x_1>\alpha,\cdots,x_n>\alpha\\ 0, & 其他\end{cases},$$

当 $x_1>\alpha,\cdots,x_n>\alpha$ 时，$L(\alpha)$ 为 α 的增函数，因而 α 的最大似然估计为

$$\hat{\alpha}=\min\{x_1,\cdots,x_n\},$$

则 α 的最大似然估计量为

$$\hat{\alpha}=\min\{X_1,\cdots,X_n\}.$$

六、解

易见，当 $x<1$ 时，$F(x)=0$；当 $x>8$ 时，$F(x)=1$.

对于 $1\leqslant x\leqslant 8$ 时,有

$$F(x)=\int_1^x \frac{1}{3\sqrt[3]{t^2}}\mathrm{d}t=\sqrt[3]{x}-1.$$

故 X 的分布函数为

$$F(x)=\begin{cases}0, & x<1\\ \sqrt[3]{x}-1, & 1\leqslant x\leqslant 8.\\ 1, & x>8\end{cases}$$

由 $Y=F(X)$ 知,随机变量 Y 的取值在$[0,1]$上.因此

当 $y<0$ 时,有 $F_Y(y)=0$;当 $y>1$ 时,有 $F_Y(y)=1$;

当 $0\leqslant y\leqslant 1$ 时,有

$$\begin{aligned}F_Y(y)&=P(Y\leqslant y)=P(F(X)\leqslant y)=P(\sqrt[3]{X}-1\leqslant y)\\&=P(X\leqslant(1+y)^3)=F((1+y)^3)=y.\end{aligned}$$

于是,$Y=F(X)$ 的分布函数为

$$F_Y(y)=\begin{cases}0, & y<0\\ y, & 0\leqslant y\leqslant 1.\\ 1, & y>1\end{cases}$$

七、解

(1)由(X,Y) 概率分布的性质知

$$a+b+c=0.4, \qquad ①$$

由 $E(Y)=-0.2$ 可得

$$-a+c=-0.1, \qquad ②$$

由 $P\{X\leqslant 0\mid Y\leqslant 0\}=0.5$ 可得

$$\frac{a+b+0.1}{a+b+0.5}=0.5, \qquad ③$$

解方程组 ①②③ 得

$$a=0.2,\quad b=0.1,\quad c=0.1.$$

(2)

(X,Y)	$(-1,-1)$	$(-1,0)$	$(-1,1)$	$(0,-1)$	$(0,0)$	$(0,1)$	$(1,-1)$	$(1,0)$	$(1,1)$
$Z=X+Y$	-2	-1	0	-1	0	1	0	1	2
P	0.2	0.1	0	0	0.1	0.1	0.2	0.2	0.1

因此 Z 的概率分布为

$Z=X+Y$	-2	-1	0	1	2
P	0.2	0.1	0.3	0.3	0.1

(3) $P\{Y=Z\}=P\{X=0\}=0+b+0.1=0.2$.

八、解

(1)因为 $f_X(x)=\int_{-\infty}^{+\infty}f(x,y)\mathrm{d}y$,所以

当 $x\leqslant 0$ 或 $x\geqslant 1$ 时,由于 $f(x,y)=0$,故 $f_X(x)=0$;

当 $0<x<1$ 时,有 $f_X(x)=\int_{-\infty}^{+\infty}f(x,y)\mathrm{d}y=\int_0^{2x}\mathrm{d}y=2x$,

综上所述,可得

$$f_X(x)=\begin{cases}2x, & 0<x<1\\ 0, & 其他\end{cases}.$$

同样,因为 $f_Y(y)=\int_{-\infty}^{+\infty}f(x,y)\mathrm{d}x$,所以

当 $y\leqslant 0$ 或 $y\geqslant 2$ 时,由于 $f(x,y)=0$,故 $f_Y(y)=0$;

当 $0<y<2$ 时,有$f_Y(y)=\int_{-\infty}^{+\infty}f(x,y)\mathrm{d}x=\int_{\frac{y}{2}}^{1}\mathrm{d}x=1-\frac{y}{2}$,

综上所述,可得

$$f_Y(y)=\begin{cases}1-\dfrac{y}{2}, & 0<y<2\\ 0, & 其他\end{cases}.$$

(2)由于 $f(x,y)\neq f_X(x)f_Y(y)$,所以 X 和 Y 不相互独立.

(3) $Z=2X-Y$ 的分布函数为

$$F_Z(z)=P(Z\leqslant z)=P(2X-Y\leqslant z)=\iint\limits_{2x-y\leqslant z}f(x,y)\mathrm{d}x\mathrm{d}y.$$

当 $z<0$ 时,有 $F_Z(z)=0$,则 $f_Z(z)=F'_Z(z)=0$;

当 $0\leqslant z<2$ 时,有

$$F_Z(z)=\iint\limits_{2x-y\leqslant z}f(x,y)\mathrm{d}x\mathrm{d}y=1-\int_{\frac{z}{2}}^{1}\mathrm{d}x\int_0^{2x-z}\mathrm{d}y=1-\left(1-\frac{z}{2}\right)^2,$$

从而 $$f_Z(z)=F'_Z(z)=1-\frac{z}{2};$$

当 $z\geqslant 2$ 时,有

$$F_Z(z)=\iint\limits_{2x-y\leqslant z}f(x,y)\mathrm{d}x\mathrm{d}y=\int_0^1\mathrm{d}x\int_0^{2x}\mathrm{d}y=1,$$

从而 $$f_Z(z)=F'_Z(z)=0.$$

综上所述,$Z=2X-Y$ 的密度函数为

$$f_Z(z)=\begin{cases}1-\dfrac{z}{2}, & 0<z<2\\ 0, & 其他\end{cases}.$$

综合测试题五答案与提示

一、填空题

1. 0.3； 2. 0.4； 3. 1/3； 4. 10；

5. $\left(\overline{X}-\frac{\sigma}{\sqrt{n}}u_{\frac{\alpha}{2}},\overline{X}+\frac{\sigma}{\sqrt{n}}u_{\frac{\alpha}{2}}\right)$.

二、选择题

1.(C)； 2.(C)； 3.(D)； 4.(D)； 5.(B).

三、解

设 $A_i(i=1,2,3)$ 分别表示甲、乙、丙厂生产的产品，B 表示产品为次为，

则 $P(A_1)=0.5\quad P(A_2)=0.3,\quad P(A_3)=0.2,$

$P(B|A_1)=0.1,\quad P(B|A_2)=0.3,\quad P(B|A_3)=0.4.$

所以 $P(A_1|B)=\dfrac{P(B|A_1)P(A_1)}{\sum\limits_{i=1}^{3}P(B|A_i)P(A_i)}=5/22, P(A_2|B)=\dfrac{P(B|A_2)P(A_2)}{\sum\limits_{i=1}^{3}P(B|A_i)P(A_i)}=9/22,$

$P(A_3|B)=\dfrac{P(B|A_3)P(A_3)}{\sum\limits_{i=1}^{3}P(B|A_i)P(A_i)}=8/22,$

由于 $P(A_2|B)$ 最大，所以最有可能是乙厂生产的.

四、解

(1) $P(X>85)=1-P(X\leqslant 85)=1-\Phi\left(\frac{85-75}{10}\right)1-\Phi(1)=0.158\,7;$

(2) $P(X<60)=\Phi\left(\frac{60-75}{10}\right)=\Phi(-1.5)=1-\Phi(1.5)=0.066\,8.$

五、解

(1) $E(X)=\int_{-\infty}^{+\infty}xf(x)\mathrm{d}x=\int_0^1 x(\theta+1)x^{\theta}\mathrm{d}x=\frac{\theta+1}{\theta+2},$

由 $E(X)=\overline{X}$ 得 $\frac{\theta+1}{\theta+2}=\overline{X}$，故矩法估计量为 $\hat{\theta}=\frac{2\overline{X}-1}{1-\overline{X}}$；

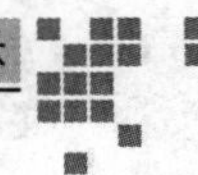

(2)θ 的似然函数为 $L(x;\theta)=(\theta+1)^n\left(\prod_{i=1}^{n}x_i\right)^{\theta}(0<x_i<1)$,

所以 $$\ln L(x;\theta)=n\ln(\theta+1)+\theta\sum_{i=1}^{n}\ln x_i,$$

令 $$\frac{\mathrm{d}\ln L(x;\theta)}{\mathrm{d}\theta}=\frac{n}{\theta+1}+\sum_{i=1}^{n}\ln x_i=0,\qquad 得\ \theta=-1-\frac{n}{\sum_{i=1}^{n}\ln x_i},$$

故 θ 的最大似然估计量为 $$\hat{\theta}=-1-\frac{n}{\sum_{i=1}^{n}\ln X_i}.$$

六、解

检验假设为 $$H_0:\mu\leqslant 33\leftrightarrow H_1:\mu>33.$$

由于 σ^2 未知,用 T 检验法,拒绝域为:

$$W=\left\{(x_1,x_2,\cdots x_n)\mid \frac{\bar{x}-\mu}{S/\sqrt{n}}\geqslant t_\alpha(n-1)\right\}.$$

将 $n=9,t_{0.05}(8)=1.860$ 代入检验统计量,得

$$T=\frac{\bar{x}-\mu}{s/\sqrt{n}}=\frac{35.2-33}{1.65/3}=4>1.860.$$

所以,在显著性水平 $\alpha=0.05$ 下,应拒绝 H_0,即认为新良种的千粒重显著高于本地良种的千粒重.

七、解

(1)$\int_{-\infty}^{+\infty}f(x)\mathrm{d}x=1\Rightarrow\int_{-\infty}^{0}k\mathrm{e}^{x}\mathrm{d}x+\int_{0}^{+\infty}k\mathrm{e}^{-x}\mathrm{d}x=1\Rightarrow k=1/2$;

(2)$P(0\leqslant X\leqslant 1)=\int_0^1\frac{1}{2}\mathrm{e}^{-x}\mathrm{d}x=\frac{1}{2}(1-\mathrm{e}^{-1})=\frac{\mathrm{e}-1}{2\mathrm{e}}$;

(3) 当 $x<0$ 时, $F(x)=\int_{-\infty}^{x}f(t)\mathrm{d}t=\int_{-\infty}^{x}\frac{1}{2}\mathrm{e}^{t}\mathrm{d}t=\frac{1}{2}\mathrm{e}^{x}$,

当 $x\geqslant 0$ 时,$F(x)=\int_{-\infty}^{x}f(t)\mathrm{d}t=\int_{-\infty}^{0}\frac{1}{2}\mathrm{e}^{t}\mathrm{d}t+\int_0^x\frac{1}{2}\mathrm{e}^{-t}\mathrm{d}t=1-\frac{1}{2}\mathrm{e}^{-x}$,

所以 $$F(x)=\begin{cases}\frac{1}{2}\mathrm{e}^{x}, & x<0\\ 1-\frac{1}{2}\mathrm{e}^{-x}, & x\geqslant 0\end{cases}.$$

八、证明

由 $X_1,X_2,\cdots,X_n$ 独立同分布得 $X_1^k,X_2^k,\cdots X_n^k$ 独立同分布,且 $E(X_i^{2k})<\infty$.

故由林德贝格-列维中心极限定理得

$$\lim_{n\to\infty}P\left\{\frac{\sum_{i=1}^{n}X_i^k-n\alpha_k}{\sqrt{n(\alpha_{2k}-\alpha_k^2)}}\leqslant x\right\}=\frac{1}{\sqrt{2\pi}}\int_{-\infty}^{x}\mathrm{e}^{-\frac{t^2}{2}}\mathrm{d}t,$$

由此得
$$\lim_{n\to\infty}P\left\{\frac{T-\alpha_k}{\sqrt{\frac{\alpha_{2k}-\alpha_k^2}{n}}}\leqslant x\right\}=\frac{1}{\sqrt{2\pi}}\int_{-\infty}^{x}\mathrm{e}^{-\frac{t^2}{2}}\mathrm{d}t,$$

即 $T\sim N\left(\alpha_k,\frac{\alpha_{2k}-\alpha_k^2}{n}\right)$.

二维码 1　拓展综合训练一及参考答案

二维码 2　拓展综合训练二及参考答案

二维码 3　拓展综合训练三及参考答案